高等教育"十四五"系列教材

物联网技术导论

WULIANWANG JISHU DAOLUN

主　编　郭文书　刘小洋　王立娟

副主编　李雁星　郑士基　钟杰林

　　　　李　敏　冯家乐　江　维

　　　　熊薇薇　苏明霞

华中科技大学出版社

http://www.hustp.com

中国·武汉

内 容 简 介

本书定位于物联网工程的"物联网技术导论"这一专业课教材。全书分五篇,共十二章,全面地讲述了物联网的框架体系、知识体系、相关技术以及行业实际应用案例。从构成物联网的"感知、网络和应用"三个层面,详细介绍了条码、RFID、传感器、蓝牙、WiFi、ZigBee、6LoWPAN、WiMAX、无线定位、M2M、数据挖掘、中间件、云计算、嵌入式系统开发、物联网安全等关键技术。

本书图文并茂,在写作构思和结构编排上力图为读者提供全面、系统的讲述,使读者不仅对物联网有一个较为清晰的了解和认识,还能进一步理解物联网相关理论和关键技术。

本书可作为物联网工程专业、计算机科学与技术专业、计算机网络工程等相关专业的高职、本科及研究生教学的专业教材,企业营销管理及物流管理等专业的选修课教材;也可作为需要了解物联网知识的企业管理者、科研人员、高等院校教师等的参考书。

为了方便教学,本书还配有电子课件等教学资源包,任课老师可以发邮件至 hustpeiit@163.com 免费索取。

图书在版编目(CIP)数据

物联网技术导论/郭文书,刘小洋,王立娟主编.—武汉:华中科技大学出版社,2017.6(2024.8 重印)
ISBN 978-7-5680-2860-8

Ⅰ.①物… Ⅱ.①郭… ②刘… ③王… Ⅲ.①互联网络-应用-高等学校-教材 ②智能技术-应用-高等学校-教材 Ⅳ.①TP393.4 ②TP18

中国版本图书馆 CIP 数据核字(2017)第 107782 号

物联网技术导论
Wulianwang Jishu Daolun
郭文书　刘小洋　王立娟　主编

策划编辑:康　序
责任编辑:狄宝珠
责任校对:张　琳
责任监印:朱　玢
出版发行:华中科技大学出版社(中国·武汉)　　电话:(027)81321913
　　　　　武汉市东湖新技术开发区华工科技园　　邮编:430223
录　排:武汉楚海文化传播有限公司
印　刷:武汉市首壹印务有限公司
开　本:787mm×1092mm　1/16
印　张:14.25
字　数:373 千字
版　次:2024 年 8 月第 1 版第 5 次印刷
定　价:48.00 元

前言 PREFACE

20 世纪 50 年代,晶体管的发明尤其是小规模集成电路的出现,推动了计算机的快速发展。人们在大量数据运算以及数据信息的分析处理方面的能力得到了空前的提升,标志着人类社会迈入信息革命的第一步——信息处理革命。

20 世纪 60 年代,美国国防部下属的高级研究计划局(DARPA)于 1969 年创建了第一个由 4 台计算机组成的分组数据交换网 ARPAnet。至 1983 年,为了解决计算机网络之间互联的问题,TCP/IP 协议成为网际网的标准协议,ARPAnet 分解成两个网络,一个是进行试验研究用的科研网络 ARPAnet,另一个是军用的计算机网络 MILnet。1986 年,美国国家科学基金会(NSF)围绕六个大型计算机中心建设计算机网络 NSFnet,代替 ARPAnet 成为 Internet 的主干网络。1991 年,NSF 和美国政府支持地方网络接入。至 1992 年,Internet 概念成型,人类社会进入商业化的全球互联网时代。这标志着人类社会迈入信息革命的第二步——信息传输革命。

在人类社会前两次信息革命中,计算机解决了数据运算与信息处理问题,互联网解决了数据与信息的传输问题。但不管是计算机还是互联网,信息大都需要人工的操作录入到计算机中或传输到互联网上,也就是说,信息的起点和终点都是人。这对于人类改造物质世界的能力与效率的要求来说,显然还不够。能否让物质世界中的各个物品自动将人类所需的信息采集并传输到互联网络中进行处理,处理后的信息能否自动作用于万物?这正是物联网要解决的问题——信息获取与应用革命。

物联网概念自 2005 年 11 月 17 日,在突尼斯举行的信息社会世界高峰会议(WSIS)上国际电信联盟(ITU)发布的《ITU 互联网报告 2005:物联网》报告中提出以来,受到了全世界各国的高度重视。2009 年 8 月 7 日温家宝在无锡视察中科院物联网技术研发中心时指出,"要早一点谋划未来,早一点攻破核心技术","建设感知中国中心,要大力发展传感网、物联网"。3 个月之后,在《让科技引领中国持续发展》讲话中,温家宝再次明确物联网为五大重点扶持的新型科技领域之一。在我国的"十二五"发展规划中,物联网产业已被列入国家战略性新兴产业写入了政府工作报告。各个省市自治区相继建设了以物联网为主的产业基地。

为了推动物联网产业的发展,提供其所需的专业技术人才,中华人民共和国人力资源和社会保障部颁发了《国家中长期人才发展规划纲要(2010—2020年)》和《专业技术人才知识更新工程实施方案》,要求加强人才队伍建设,不断更新专业技术知识,提高专业技术人员的学习能力和应用能力;国家工信部颁布的《物联网"十二五"发展规划》中,明确提出要加大力度培养各类物联网人才,建立健全激励机制,造就一批领军人才和技术带头人。为此,我国教育部于2010年初下发高校设置物联网工程专业申报通知,正式接受国内各高校的物联网工程专业的申报工作。2012年9月,物联网工程正式列入我国普通高等学校本科专业目录(专业代码:080905),成为国内理工类院校设立新专业的热点。

"物联网技术导论"是物联网工程专业的专业基础课程,开设目的在于帮助学生在学习专业课程之前能够从整体上对物联网工程体系结构、关键技术以及主要应用领域有个初步认知,为后续的专业课程学习打下良好的基础。同时,本书也可以作为信息大类专业技术人员、公务人员以及相关工程师认知物联网的参考用书。

本书由大连科技学院郭文书、文华学院刘小洋、大连科技学院王立娟任主编,由武汉华夏理工学院熊薇薇和苏明霞、南宁学院李雁星、武汉设计工程学院董句、江门职业技术学院郑士基、南宁学院钟林杰和李敏任副主编。其中,郭文书编写了第1章,刘小洋编写了第2章,王立娟编写了第3章,苏明霞编写了第4章,李雁星编写了第5章,熊薇薇编写了第6章和第7章,董句编写了第8章,钟林杰和李敏编写了第9章,郑士基编写了第10章、第11章和第12章,最后由郭文书审核并统稿了全书。

本书在编写过程中,引用了大量科研机构、公司和个人的文献资料,相关信息列在参考文献中,若有遗漏或其他要求请及时联系编者。在此表示衷心的感谢。

为了方便教学,本书还配有电子课件等教学资源包,任课老师可以发邮件至hustpeiit@163.com 免费索取。

限于编者水平及经验,不当之处,望各位斧正。

编　者

2024 年 5 月

目录 CONTENTS

1

第三篇 网 络 篇

第四篇　应　用　篇

第五篇 安 全 篇

愿　景

物联网的概念这几年来持续得到关注,物联网能带给社会哪些变革,给企业带来哪些效益,给人们生活带来哪些便利? 我们不妨想象一下以下情景。

情景 1　平静的海面上,一个个海洋监测节点不时地将所在海域的浪高、风速、海流等数据信息通过太空中的卫星发回到岸边的相关机构,当上述数据超过警戒线时,海岸边的报警装置自动启动,海岸边的人们就会得到及时的警报……果真如此的话,发生在 2004 年 12 月 26 日的印尼海啸也就不会给附近海域的人们带去如此严重的损失和灾难。

情景 2　一位老年智障患者,因无法想起家的位置而漫无目的地行走在城市里,家人得知老人失踪后,通过智能手机终端连接到由遍布城市各个街区的无线传感节点组成的网络中,根据老人身上的芯片发出的信息,快速地定位到老人所处的位置,及时将老人接回家中。

情景 3　在安装了大量检测环境指标检测节点的一个矿山井区巷道中,工人们正在操纵机械设备紧张地工作,突然某个传感器感知到其所在位置附近的瓦斯含量不断增高,超过警戒数值后,向巷道内的辅助通风机构发出控制信息,通风机构开始启动,并通过声光等信号向工人们发出撤离警报。由于警报和自动处理措施及时启动,从而避免了一场因瓦斯爆炸而造成人员伤亡和财产损失的灾难。

情景 4　节假日拥挤的商场内,消费者推着满满一购物车的商品来到结算通道,不做停留地通过,然后直接在 POS 终端前刷卡结算,快速地完成购物。因为,每件商品内都有一个射频识别芯片,结算通道内的感应器会直接累加每件商品的价格,从而实现商品的快速结算。

情景 5　年轻夫妇在节假日去远方的老家看望父母。在此期间,家里的智能家居系统会代替主人完成家居内的各项检查和料理工作。比如,温湿度感应节点通过控制加湿器及窗户实现居室内温湿度的自动调整;通过感应花盆内的湿度,自动完成花卉的浇灌;自动完成鱼缸调温换水;定时为宠物添加食粮;远方主人也可以通过智能终端手机遥控家居设施,远程查看居室内的各种状况等。

情景 6　一座城市的电网从电厂、供电系统、配电系统到用户终端系统均实现智能调控功能,用户的用电信息实时传送到智能调控系统,根据用户用电分布信息,动态调整各个线路的供电功率。

情景 7　一座城市的智能化管理系统中,通过大量分布于整座城市的视频识别节点,可以准确地识别违章车辆的牌号,在自动通知车主的同时将相关数字化信息存储到信息系统中;也可以实时监控重要公共场所安全状况,通过人脸识别技术,及时定位跟踪各类违法犯罪分子。

情景 8 在一座智能化蔬菜基地中,通过各类传感器,可以自动感知土壤的湿度、成分、墒情等信息,并通过对比标准值,动态地控制灌溉、施肥、通风等设施,实现农耕操作的自动化运行;根据各种病虫害感知节点,实时监控环境质量;在产出品中放置识别标签,以便于运输人员、销售人员及消费者监控跟踪产品状态、产地、品质等信息,实现绿色农产品的全程化保障。

……

上述情景为我们展示了未来人类社会的信息化美景,而这些美好愿景中的核心技术就是本书将要介绍的物联网技术。随着技术的进步,相信这些情景会在不远的将来成为你身边的现实。

第1篇

Part 1
WULIANWANG
GAISHU

物联网概述

第 1 篇
物联网概述

第 1 章 物联网概述

自 20 世纪 50 年代中期开始，全球展开的信息科学和信息技术革命，正以前所未有的方式对社会变革的方向起着决定作用。具体表现为，首先，在生产活动的范围广泛的工作过程中，引入了信息处理技术，从而使这些部门的自动化水平达到一个新的高度；其次，电讯与计算机系统合二为一，成就了计算机信息网络的高速发展和广泛应用，从而使人类活动各方面表现出信息活动的特征；最后，信息和信息机器成了一切活动的积极参与者，甚至参与了人类的知觉活动、概念活动和原动性活动。

根据这三个方面的实际影响和发展，人们提出了信息领域的三次革命浪潮，如图 1-1 所示。

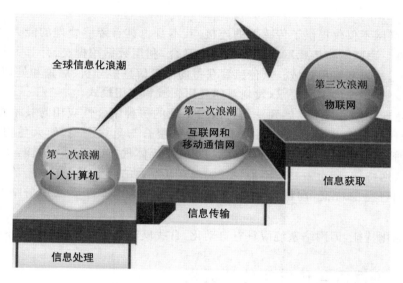

图 1-1　三次信息化浪潮

在人类社会前两次信息化浪潮中，计算机解决了数据运算与信息处理问题，互联网解决了数据与信息的传输问题。但不管是计算机还是互联网，信息大都需要人工的操作录入到计算机中或传输到互联网上，也就是说，信息的起点和终点都是人。这对于人类改造物质世界的能力与效率的要求来说，显然还不够。能否让物质世界中的各个物品自动将人类所需的信息采集并传输到互联网络中进行处理，处理后的信息能否自动作用于万物？这正是物联网要解决的问题。

 ## 1.1　物联网定义

早期的物联网是指依托射频识别（radio frequency identification，RFID）技术和设备，按约定的通信协议与互联网相结合，使物品信息实现智能化识别和管理，实现物品信息互联而形成的网络。随着技术和应用的发展，物联网内涵不断扩展。现代意义的物联网可以实现对物品的感知识别控制、网络化互联和智能处理有机统一，从而形成高智能决策。

2011年中华人民共和国工业和信息化部电信研究院发布的《物联网白皮书(2011年)》认为:物联网是通信网和互联网的拓展应用和网络延伸,它利用感知技术与智能装置对物理世界进行感知识别,通过网络传输互联,进行计算、处理和知识挖掘,实现人与物、物与物信息交互和无缝链接,达到对物理世界实时控制、精确管理和科学决策目的。

从上述定义,我们可以看出,与传统的互联网相比,物联网有其鲜明的特征。

首先,它是各种感知技术的广泛应用。物联网上部署了海量的多种类型感知标签和传感器,每个感知标签或传感器都是一个信息源,不同类别的感知标签或传感器所采集的信息内容和信息格式不同。传感器获得的数据具有实时性,按一定的频率周期性地采集环境信息,不断更新数据。

其次,它是一种建立在传统通信网和互联网上的应用型网络。物联网技术的重要基础和核心仍旧是互联网,通过各种有线和无线网络与互联网融合,将物体的信息实时准确地传递出去。在物联网上的传感器定时采集的信息需要通过网络传输,由于其数量极其庞大,形成了海量信息,在传输过程中,为了保障数据的正确性和及时性,必须适应各种异构网络和协议。

最后,物联网不仅仅提供了传感器的连接,其本身也具有智能处理的能力,能够对物体实施智能控制。物联网将传感器和智能处理相结合,利用数据挖掘、云计算、嵌入式系统等各种智能技术,扩充其应用领域。从传感器获得的海量信息中分析、加工和处理出有意义的数据,以适应不同用户的不同需求,发现新的应用领域和应用模式。

物联网是现代信息技术发展到一定阶段后出现的一种聚合性应用与技术提升,将各种感知技术、现代网络技术和人工智能与自动化技术聚合与集成应用,使人与物实现智慧对话,创造一个智慧的世界。物联网的本质概括起来主要体现在以下三个方面:

一是互联网特征,即对需要联网的"物"实现互联互通的网络;

二是识别与通信特征,即纳入物联网的"物"一定要具备自动识别与"物-物"通信的功能;

三是智能化特征,即网络系统应具有自动化、自我反馈与智能控制的特点。

1.2 物联网与传统网络的区别

进入20世纪90年代以来,伴随着TCP/IP协议族带动计算机互联网技术的应用普及,人类进入了以信息网络为代表的信息时代。在这20余年的发展历程中,因特网成了主要的信息分享平台。人们通过因特网从事科研、生产、管理、金融、娱乐等诸多活动,在这些广泛的应用中,有一个显著的特征就是,从信息传播的一条完整过程中,"人"的角色不可替代,无论是信息的采集上传至网络,还是由网络获取信息,应用于具体的事务,都绕不开"人"这一关键角色。如图1-2所示。

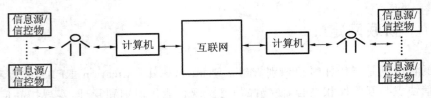

图1-2 人联网示意图

图1-2中显示"人"串在整个信息传播与应用的过程中,不可或缺。离开"人"的存在,信息的传播就会中断。所以,我们可以称传统的计算机网络为"人联网"。

人在获取信息和应用信息方面存在着一些不可避免的缺陷,能否绕开人在信息传播与应用中的诸多弊端,让信息传输更快捷、更准确呢?这就是我们要发展的"物联网",如图1-3所示。

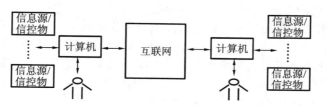

图1-3 物联网示意图

图1-3表明,在信息的整个传播与应用过程中,"人"脱离了信息传播的链条,成为一个监控者。如果这一链条中的信息没有差错和故障,人是不必干预这一过程的,"物"与"物"之间实现了信息的自动传输,其准确性和便捷性自然会远远高于"人联网"。

对比"人联网"和"物联网",我们可以发现,其实两者并不是对立的,而是信息技术发展不同阶段的结果。当我们称时下为"信息时代"的时候,我们更多依据的是整个社会对信息的需求与应用程度。可以说,"人联网"造就了信息时代。随着人类对信息技术应用的更高水平的期待,我们能否大胆预言一下,"物联网"所造就的将是一个什么时代?对此,我们应该有足够的理由和信心去期待下一个时代——智能时代的到来。

1.3 物联网的体系结构

物联网的体系架构由感知层、网络层、应用层组成。物联网体系结构如图1-4所示。

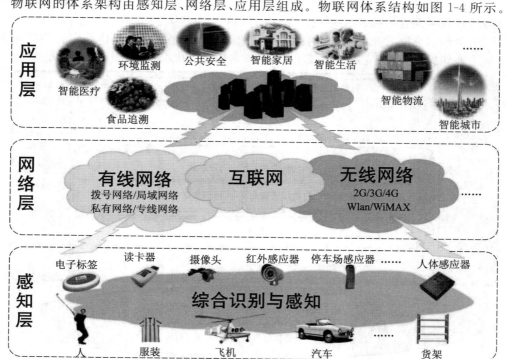

图1-4 物联网体系结构

感知层:物联网的神经末梢。物联网感知层解决的是"人与物、物与物"之间的数据信息交换问题,实现"识别物体、采集信息"的功能。人们通过感知层不仅要采集物品本身的自然属性信息(如位置、重量、体积、温湿度、气味、成分含量等),也包括人为附加到物品上的对人类管理物品有重要作用的附加信息(如产品的生产日期、型号规格、生产商、价格、主要成分、产地等)。以往人们获取这类信息往往都是通过手动人工方式,在物联网中,通过相关的感知技术能够实现信息的自动获取,并通过网络层传输到管理控制中心进行下一步的处理。

网络层:主要用来将感知层收集到的信息安全可靠地传输到信息处理层,然后根据不同的应用需求进行信息处理。在物联网中,要求网络层能够把感知层感知到的数据无障碍、高可靠性、高安全性地进行传送。它解决的是感知层所获得的数据在一定范围内,尤其是远距离的传输问题。同时,物联网网络层将承担比现有网络更大的数据量和面临更高的服务质量要求。所以,现有网络尚不能满足物联网的需求,这就意味着物联网需要对现有网络进行融合和扩展,利用新技术以实现更加广泛和高效的互联功能。

应用层:应用层主要接收网络层传递的信息,经过分析处理,实现特定的智能化应用和服务任务。即结合各个应用行业领域的特点,将物联网的优势与行业的生产经营、信息化管理、组织调度结合起来,形成各类的物联网解决方案,构建智能化的行业应用。应用层包括应用基础设施、中间件和各种物联网应用。应用基础设施、中间件为物联网应用提供信息处理、计算等通用基础服务设施及资源调用接口,以此为基础实现物联网在众多领域的各种应用。

在各层之间,所传递的信息多种多样,这其中关键是物品的信息,包括在特定应用系统范围内能唯一标识物品的识别码和物品的静态与动态信息。同时,信息是双向传递的,如各层之间的交互。

1.4 物联网技术体系和标准化

物联网涉及感知、控制、网络通信、微电子、计算机、软件、嵌入式系统、微机电等技术领域。因此,物联网涵盖的关键技术也非常多。2011 年中华人民共和国工业和信息化部(简称工信部)电信研究院发布的《物联网白皮书(2011 年)》将物联网技术体系划分为感知关键技术、网络通信关键技术、应用关键技术、共性技术和支撑技术,具体如图 1-5 所示。

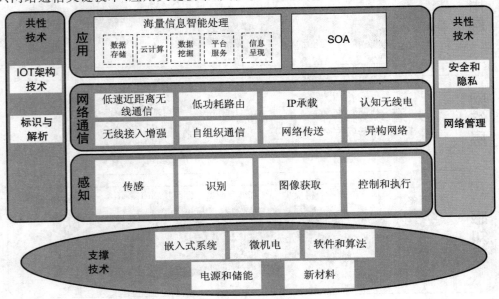

图 1-5 物联网技术体系(引自工信部电信研究院)

1.4.1 感知、网络通信和应用关键技术

传感和识别技术是物联网感知物理世界获取信息和实现物体控制的首要环节。传感器将物理世界中的物理量、化学量、生物量转化成可供处理的数字信号。识别技术实现对物联网中物体标识和位置信息的获取。

网络通信技术主要实现物联网数据信息和控制信息的双向传递、路由和控制，重点包括低速近距离无线通信技术、低功耗路由、自组织通信、无线接入M2M通信增强、IP承载技术、网络传送技术、异构网络融合接入技术以及认知无线电技术。

应用层技术综合运用高性能计算、人工智能、数据库和模糊计算等技术，对收集的感知海量数据信息进行通用处理，重点涉及数据存储、并行计算、数据挖掘、平台服务、信息呈现等。

面向服务的体系架构（service-oriented architecture，SOA）是一种松耦合的软件组件技术，它将应用程序的不同功能模块化，并通过标准化的接口和调用方式联系起来，实现快速可重用的系统开发和部署。SOA可提高物联网架构的扩展性，提升应用开发效率，充分整合和复用信息资源。

1.4.2 支撑技术

物联网支撑技术包括嵌入式系统、微机电系统（micro electro-mechanical systems，MEMS）、软件和算法、电源和储能、新材料技术等。

微机电系统可实现对传感器、执行器、处理器、通信模块、电源系统等的高度集成，是支撑传感器节点微型化、智能化的重要技术。

嵌入式系统是满足物联网对设备功能、可靠性、成本、体积、功耗等的综合要求，可以按照不同应用定制裁剪的嵌入式计算机技术，是实现物体智能的重要基础。

软件和算法是实现物联网功能、决定物联网行为的主要技术，重点包括各种物联网计算系统的感知信息处理、交互与优化软件与算法、物联网计算系统体系结构与软件平台研发等。

电源和储能是物联网关键支撑技术之一，包括电池技术、能量储存、能量捕获、恶劣情况下的发电、能量循环、新能源等技术。

新材料技术主要是指应用于传感器的敏感元件实现的技术。传感器敏感材料包括湿敏材料、气敏材料、热敏材料、压敏材料、光敏材料等。新敏感材料的应用可以使传感器的灵敏度、尺寸、精度、稳定性等特性获得改善。

1.4.3 共性技术

物联网共性技术涉及网络的不同层面，主要包括架构技术、标识和解析、安全和隐私、网络管理技术等。

物联网架构技术目前处于概念发展阶段。物联网需具有统一的架构、清晰的分层，支持不同系统的互操作性，适应不同类型的物理网络，适应物联网的业务特性。

标识和解析技术是对物理实体、通信实体和应用实体赋予的或其本身固有的一个或一组属性，并能实现正确解析的技术。物联网标识和解析技术涉及不同的标识体系、不同体系的互操作、全球解析或区域解析、标识管理等。

安全和隐私技术包括安全体系架构、网络安全技术、"智能物体"的广泛部署对社会生活

带来的安全威胁、隐私保护技术、安全管理机制和保证措施等。

网络管理技术重点包括管理需求、管理模型、管理功能、管理协议等。为实现对物联网广泛部署的"智能物体"的管理,需要进行网络功能和适用性分析,开发适合的管理协议。

1.4.4 标准化

物联网标准是国际物联网技术竞争的制高点。由于物联网涉及不同专业技术领域、不同行业应用部门,物联网的标准既要涵盖面向不同应用的基础公共技术,也要涵盖满足行业特定需求的技术标准;既包括国际/国家标准,也包括行业标准。

物联网标准体系相对庞杂,若从物联网总体、感知层、网络层、应用层、共性关键技术标准体系等五个层次可初步构建标准体系。物联网标准体系涵盖架构标准、应用需求标准、通信协议、标识标准、安全标准、应用标准、数据标准、信息处理标准、公共服务平台类标准,每类标准还可能会涉及技术标准、协议标准、接口标准、设备标准、测试标准、互通标准等方面。

物联网总体性标准:包括物联网导则、物联网总体架构、物联网业务需求等。

感知层标准体系:主要涉及传感器等各类信息获取设备的电气和数据接口、感知数据模型、描述语言和数据结构的通用技术标准、RFID 标签和读写器接口和协议标准、特定行业和应用相关的感知层技术标准等。

网络层标准体系:主要涉及物联网网关、短距离无线通信、自组织网络、简化 IPv6 协议、低功耗路由、增强的机器对机器(machine to machine,M2M)无线接入和核心网标准、M2M模组与平台、网络资源虚拟化标准、异构融合的网络标准等。

应用层标准体系:包括应用层架构、信息智能处理类技术标准,以及行业、公众应用类标准。应用层架构重点是面向对象的服务架构,包括 SOA 体系架构、面向上层业务应用的流程管理、业务流程之间的通信协议、元数据标准以及 SOA 安全架构标准。信息智能处理类技术标准包括云计算、数据存储、数据挖掘、海量智能信息处理和呈现等。云计算技术标准重点包括开放云计算接口、云计算开放式虚拟化架构(资源管理与控制)、云计算互操作、云计算安全架构等。

共性关键技术标准体系:包括标识和解析、服务质量、安全、网络管理技术标准。标识和解析标准体系包括编码、解析、认证、加密、隐私保护、管理,以及多标识互通标准。安全标准重点包括安全体系架构、安全协议、支持多种网络融合的认证和加密技术、用户和应用隐私保护、虚拟化和匿名化、面向服务的自适应安全技术标准等。

1.5 物联网亟待解决的关键问题

1.5.1 国家安全问题

物联网产业将是下一个万亿元级规模的产业,也是把"双刃剑"。物联网推动经济和社会发展的同时,将对国家安全问题提出挑战。因为物联网将涵盖的领域包括电网、油气管道、供水等民生和国家战略性产业,甚至包括军事领域的信息与控制。物联网让世界上的万事万物都能参与"互联互通",不能再采取物理隔离等强制手段来人为地干预信息的交换,对一个国家或单位而言,也就意味着没有任何东西可以隐藏。

在网络社会里,任何人都可以通过一个终端进入网络,网络中的不法分子和网络病毒已严重威胁着我们网络的安全,黑客恶意攻击政府网站,导致信息泄露,危害国家利益。物联网络是全球商品联动的网络,一旦出现商业信息泄露,将造成巨大的经济损失,危及国家经济安全。

如何保证商业机密、地方政府甚至国家的机密不被泄露已成为一道难题。由于发达国家在技术人才储备、基础设施建设和技术利用上往往占有优势,因此,虽然理论上世界上各个国家在物联网面前都是平等的,但实际上存在着发展上的不平衡,彼此面临的国家安全问题并不对等,发展中国家有更多的忧患。大型企业、政府机构与国外机构进行项目合作,如何确保企业商业机密、国家机密不被泄露,这不仅是一个技术问题,也涉及国家安全问题,必须引起足够重视。

1.5.2 标准体系问题

标准是对于一切技术的统一规范,如果没有这个统一的标准,就会使整个产业混乱、市场混乱,更多的时候会让用户不知如何去选择应用。从互联网的发展历程来看,统一的技术标准和一体化的协调机制是现在互联网能遍布全球的重要原因。标准化体系的建立将成为发展物联网产业的先决条件。对于物联网,谁掌握标准谁将变得主动。国际标准方面,物联网的国际标准化工作分散在不同的标准组织。不同标准组织的工作侧重点不同,也有少量重叠和交叉,标准化工作也处于不同的阶段。目前已经积极开展与传感网相关的标准化工作的主要组织包括 ISO/IEC JTC1 WG7、ITU-T、IETF、IEEE802.15、IEEE 1451、ZigBee 联盟等。2008 年 6 月,首届 ISO/IEC 传感网国际标准化大会在中国召开,中国代表提出的传感网体系架构、标准体系、演进路线、协同架构等代表传感网发展方向的顶层设计被 ISO/IEC 国际标准认可,已纳入 ISO/IEC SGSN 总体技术文档中。2009 年 10 月,由中国、美国、韩国、德国、法国、英国等国家联合成立了 ISO/IEC JTC1 传感网标准化工作组 WG7。

物联网的标准化涉及网络的不同层面不同环节,涉及各类传感设备和网元的互联互通和互操作,因此物联网的标准化是物联网发展的关键要素。物联网是一个多设备、多网络、多应用、互联互通、互相融合的一个大网。这里面既有传感器、计算机,又有通信网络,需要把所有这些系统都连在一起。因此,所有的接口、通信协议都需要有国家标准来指引。由于各行业应用特点及用户需求不同,国内目前尚未形成统一的物联网技术标准规范,这成了物联网发展的最大障碍。

从技术上讲,物联网应用包括三个层次:一是传感网络,即以二维码、RFID、传感器为主,实现"物"的识别;二是传输网络,即通过现有的互联网、广电网络、通信网络或未来的 NGN 网络,实现数据的传输与计算;三是应用网络,即输入/输出控制终端,可基于现有的手机、PC 等终端进行。由此可以看到,物联网是建立在多种行业多种标准共存的异构网之上,实现各种不同需要的数据、图像和声音间的通信的。而这些成熟的网络如何完成物联网对它们的要求,这就是一个完整的标准体系的问题。标准的制定将是一个长期探索和不断完善的过程。虽然当前世界上有相当数量的国家和技术力量正在积极地从事着物联网方面的研究工作,但物联网本身还存在着亟待解决的缺乏完整的标准体系问题。

当前应尽快明确一个统一合理的标准,这已经成为物联网发展的一个关键因素。目前,我国物联网技术的研发水平已位于世界前列,在一些关键技术上处于国际领先地位,与德国、美国、日本等国一起,成为国际标准制定的主要国家,逐步成为全球物联网产业链中重要的一环。在物联网的基础标准领域,中国要积极参与制定国际标准,并按照国际标准建设国内的物联网;同时,尽快着手制定物联网相关标准体系,坚持国际标准和国内标准同步推进的原则,着手研究和制定我国物联网标准,统一技术和接口标准,进一步确立并扩大我国在物联网领域国际标准制定上的发言权。

1.5.3 信息安全问题

信息是有价值的,物联网中所包含的丰富信息也不例外。随着以物联网为代表的新技术的兴起,信息安全也正告别传统的病毒感染、网络黑客及资源滥用等阶段,迈进了一个复杂多变、综合交互的新时期。基于射频识别技术本身的无线通信特点和物联网所具备的便捷信息获取能力,如果信息安全措施不到位,或者数据管理存在漏洞,物联网就能够使我们所生活的世界的一切"无所遁形"。我们可能会面临黑客、病毒的袭击等威胁,嵌入了射频识别标签的物品还可能不受控制地被跟踪、被定位和被识读,这势必带来对物品持有者个人隐私的侵犯或企业机密泄露等问题。破坏了信息的合法有序使用的要求,可能导致人们的生活、工作完全陷入崩溃,社会秩序混乱,甚至直接威胁到人类的生命安全。

因此,有关部门要吸取互联网发展过程中的经验和教训,做到趋利避害、未雨绸缪,尽早研究物联网技术推广应用和物联网产业发展过程中可能遇到或发生的新问题、新情况,制定有关规范物联网发展的法律、政策,通过法律、行政、经济等手段,有效调节物联网技术引发的各种新型社会关系、社会矛盾,规范物联网技术的合法应用,为我国物联网产业的发展提供有效的法律、政策保障,使我国的物联网真正发展成为一个开放、安全、可信任的网络。

1.5.4 商业模式完善问题

物联网召唤着新的商业模式。物联网作为一个新生事物,虽然前景广阔、相关产业参与意愿强烈、发展很快,但其技术研发和应用都尚处于初级阶段,且成本还较高。虽然已出现了一些小范围的应用实践,如国内在上海建设的浦东机场防入侵系统、停车收费系统以及服务于世博会的"车务通""E物流"等项目,但是物联网本身还没有形成成熟的商业模式和推广应用体系,商业模式不清晰,未形成共赢的、规模化的产业链。

物联网分为感知、网络、应用三个层次,在每一个层面上,都将有多种选择去开拓市场。这样,在未来物联网建设过程中,商业模式变得异常关键。虽然物联网市场前景广阔,但是整个行业目前尚未出现稳定和有利可图的商业模式,也没有任何产业可以在这一点上统一引领物联网的发展浪潮。

物联网涉及终端制造商、应用开发商、网络运营商、系统集成商、最终用户等多个环节。例如在应用环节,物联网耦合度低、附加值低、同质化竞争严重。应用开发商未降低开发成本,往往绑定上游供货商,缺乏竞争机制。其他三个环节也存在一些问题。原有的商业模式需要更新升级来适应规模化、快速化、跨领域化的应用,而更关键的是要真正建立一个多方共赢的商业模式,这才是推动物联网能够长远有效发展的核心动力。

物联网产业链涉及范围广,运营商要通过平台、标准等发挥在产业链中的核心及主导作用,充分调动各方积极性,才能争取更多的主动权。要实现多方共赢,就必须让物联网真正成为一种商业的驱动力,而不是一种行政的强制力,让产业链内所有参与物联网建设的各个环节都能从中获益,获取相应的商业回报,才能够使物联网得以持续快速地发展。

在商业模式上,根据运营主体来分,运营业务可分成电信自营业务、虚拟运营业务和合作运营业务。运营商可以采用开放的物联网商业运作模式。对于标准化数据传输业务应采用电信自营方式,利用运营商自有管道、自有应用系统与管理平台直接面向客户进行销售、安装、维护。对于有较强行业壁垒的客户群,当虚拟运营商具备较大行业资源优势时,可以充分发挥虚拟运营商的能力,合力推广,实现共赢。对于专业特性强,而服务提供商具有丰富经验的行业,运营商应采用合作运营的方式。

物联网在中国的发展是一个任重而道远的过程,有着行政与商业双重使命,它的实现将是一个涉及信息技术、社会观念、管理体系、应用模式等多方协调、合作及观念转变的过程,将是一个由点突破、逐步推进的过程。在这一过程中,在政府的引导下,在运营商的主导下,建立多方共赢的商业模式,激发参与各方的参与热情,使参与各方均有收益,物联网才能够真正拥有长效、可持续的发展。

 ## 1.6 物联网的发展现状、前景与应用领域

1.6.1 物联网发展现状与前景

物联网是继计算机、互联网之后的又一新的信息科学技术,目前,世界主要国家已将物联网作为抢占新一轮经济科技发展制高点的重大战略,我国也将物联网作为战略性新兴产业予以重点关注和推进,将物联网发展上升为国家发展战略,并在《"十二五"规划纲要》中明确提出,要推动物联网关键技术研发重点领域的应用示范,成为近年发展"互联网+"国家行动计划中的重要内容。

物联网是国家战略性新兴产业的重要组成部分,是继计算机、互联网和移动通信之后的新一轮信息技术革命,正成为推动信息技术在各行各业更深入应用的新一轮信息化浪潮。发展物联网产业,是实现技术自主可控,保障国家安全的迫切需要;是促进产业结构调整,推进"两化"融合的迫切需要;是发展战略性新兴产业,带动经济增长的迫切需要;是提升整体创新能力,建设创新型国家的迫切需要。物联网产业作为新一代信息技术产业中最为重要的一支,其发展的战略意义巨大。

我国科技部相关官员在"2016 国际开放物联技术与标准峰会暨 W3C 万维物联网工作组会议"上表示,在科技部积极推动重点研发计划中,物联网与智慧城市重点专项有望在2016 年启动实施。工信部官员也透露,将继续支持各类物联网产业技术联盟的发展,有效整合产业链上下游协同创新。

根据现行政策,重点专项将组织产学研优势力量协同攻关,提出整体解决方案。这个重点专项启动实施将对物联网产业化有巨大的推动作用。"这意味着'物联网技术'到'物联网市场'的演进周期将大为缩短,由于物联网各研发阶段的边界模糊,技术更新和成果转化将更加快捷。"业内人士说。

根据欧洲 EPOSS 研究机构在《Internet of Things in 2020》报告中分析预测,未来物联网的发展将经历四个阶段:2010 年之前的 RFID 被广泛应用于物流、零售和制药领域,主要处于闭环的行业应用阶段;2010—2015 年物体互联;2015—2020 年物体进入半智能化阶段,物联网与互联网走向融合;2020 年之后,物体进入全智能化阶段,无线传感网络得到规模化应用,将进入泛在网的发展阶段。

据美国权威咨询机构 Forrester 预测,到 2020 年世界上物联网业务将达到互联网业务的 30 倍,物联网将会形成下一个万亿元级别的通信业务。其中,仅是在智能电网和机场防入侵系统方面的市场规模就有上千亿元。中关村物联网产业联盟、北京市长城企业战略研

究所(简称长城战略咨询)联合发布的《物联网产业发展研究(2010)》报告预测,2010—2020年这十年,中国物联网产业将经历应用创新、技术创新、服务创新三个阶段,形成公共管理和服务、企业应用、个人和家庭应用三大细分市场。如图1-6所示。

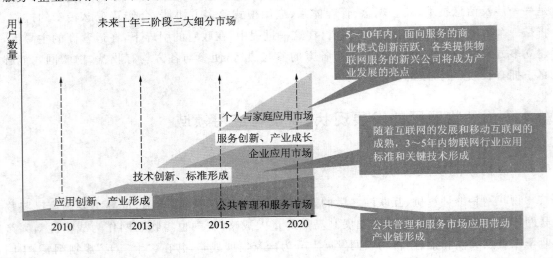

图1-6 中国2010—2020年十年三阶段三大细分市场(来源:中关村物联网产业联盟)

从已有的发展数据看,我国从2009年到2014年,物联网行业市场规模复合增长率达到27.1%;前瞻产业研究院发布的《中国物联网行业应用领域市场需求与投资预测分析报告》预计到2018年,物联网行业市场规模将超过1.5万亿元,复合增长率将超过30.0%。2010年后的几年我国物联网行业持续快速发展。据中国物联网研究发展中心预计,到2020年我国物联网产业规模将达到2万亿元,产业链发展潜力显著。

1.6.2 物联网主要应用领域

1. 零售行业

美国沃尔玛首先在零售领域运用物联网,通过使用RFID标签技术,零售商可实现对商品从生产、存储、货架、结账到离开商场的全程监管,货物短缺或货架上产品脱销的概率得到了很大降低,商品失窃也得到遏制。RFID标签未来也将允许消费者自己进行结算,而不再需要长时间等待结账。

2. 物流行业

物流是指物品从供应地向接收地的实体流动过程,现代物流系统是从供应、采购、生产、运输、仓储、销售到消费的供应链。物流信息化的目标就是帮助物流业务实现"6R",即将顾客所需要的产品(right product),在合适的时间(right time),以正确的质量(right quality)、正确的数量(right quantity)、正确的状态(right status)送达指定的地点(right place),并实现总成本最小。物联网技术的出现从根本上改变了物流中信息的采集方式,提高了从生产、运输、仓储到销售各环节的物品流动监控、动态协调的管理水平,极大地提高了物流效率。

3. 医药行业

物联网在医药领域的应用已体现在生产、零售与物流的应用上,除此之外,在打击假药制造和提高药物的使用效果上,物联网将有很大的应用空间。RFID芯片在打击假药制造上已经得到应用,未来RFID芯片在医药领域的全面应用将能够减少因服用假药、过量服药或者服用相克药物而失去生命的病例。物联网在医疗领域的应用则可以实现医疗设备管理、医院信息化平台建设、重症病人自动监护、远程患者健康检测及咨询等。

同时,物联网技术在医院管理中也大有用武之地。比如,老弱患者、重症患者、智障患者、精神类患者的监护等,通过感知手链,可以及时掌握上述患者的空间位置、状态以及饮食用药情况等重要信息,对提升医院的护理水平和效率大有益处。

4. 智能电网

按照美国能源部的定义,智能电网是指一个完全自动化的电力传输网络,能够监视和控制每个用户和电网节点,保证从电厂到终端用户整个输配电过程中所有节点之间的信息和电能的双向流动,其构成包括数据采集、数据传输、信息集成、分析优化和信息展现五个方面。

5. 智能家居

智能家居可以定义为一个过程或者一个系统,利用先进的计算机技术、网络通信技术、综合布线技术,将与家居生活有关的各种子系统有机地结合在一起,实现家电设备、家居用品的远程控制与管理,同时也可以完成水、电、煤气以及安保等的监控。

6. 智能交通

智能交通是一种先进的一体化交通综合管理系统,在智能交通体系中,车辆靠自己的智能装置在道路上自由行驶,公路靠自身的智能装置将交通流量调整至最佳状态,借助于这个系统,公交公司能够有序灵活地调度车辆,管理人员将对道路车辆的行踪掌握得一清二楚。智能交通领域中物联网的主要功能可以概括为五点:①车辆控制;②交通监控;③运营车辆高度管理;④交通信息查询;⑤智能收费。除此之外,智能收费功能还可以用在加油站的付款、公交车的电子票务等领域。

7. 环境保护

物联网传感器网络可以广泛地应用于生态环境监测、生物种群研究、气象和地理研究、洪水监测、火灾监测,具体包括:①水情监测;②动植物生长管理;③空气监测;④地质灾害监测;⑤火险监测;⑥应急通信等。

8. 智能化农业

1)智能化培育控制

物联网通过光照、温度、湿度等各式各样的无线传感器,可以实现对农作物生产环境中的温度、湿度信号以及光照、土壤温度、土壤含水量、CO_2浓度、叶面湿度、露点温度等环境参数进行实时采集。同时在现场布置摄像头等监控设备,实时采集视频信号。用户通过计算机或手机,随时随地观察现场情况,查看现场温湿度等数据,并可以远程控制智能调节指定设备,如自动开启或者关闭浇灌系统、温室卷帘等。

2)农副产品安全溯源

在农副产品运输和仓储阶段,物联网技术可对运输车辆进行位置信息查询和视频监控,及时了解车厢和仓库内外的情况、感知其温湿度变化。用户可以通过无线传感网络与计算机或手机的连接进行实时观察并进行远程控制,为粮食的安全运送和存储保驾护航。

对于消费者来说,每个农副产品都有唯一标识的电子标签,上面记录该农副产品从种植、采摘或养殖、屠宰到运输、销售的全过程的档案资料,包括畜禽信息,饲料信息,化肥农药信息,运输过程中温度、水分控制情况,疾病防疫等。消费者可以凭借农副产品对应的追溯码,通过网站、电话或短信形式查询该农副产品的来源、运输渠道、质量检疫等多方面的信息。一旦产品出现质量问题,便可追踪溯源查出问题所在。

除了上述常见应用外,物联网还可以广泛应用于工业生产监控、矿产资源开采、环境监控、城市管理、国防军事等领域,这里就不一一详述了。

本章小结

(1)物联网的产生是人类信息技术不断发展的结果,在计算机技术(信息处理)、网络技术(信息传输)的基础上提出的又一次信息技术革命(信息获取与应用)。

(2)物联网包括感知层、网络层和应用层,是一个完整的信息获取、传输以及应用的体系结构。

(3)物联网技术层面既包括传统的支撑技术,如微机电系统技术、嵌入式控制技术、软件技术等,也包括自身发展所需要的共性技术,如物联网架构技术、标识及解析技术、安全及隐私技术、应用层面开发与管理技术以及各种技术的标准化等。

(4)物联网还是个全新的概念,但全球应用领域广阔,发展潜力巨大。

习 题

(1)分别说明物联网体系中"感知层""网络层"和"应用层"的功能。

(2)从人类信息技术的发展历程中,说明物联网产生的必然性。

(3)物联网与计算机互联网有何联系与不同?

(4)物联网为什么如此重视无线网络技术的应用?

(5)试说明物联网对信息安全性要求高的原因。

(6)试列举身边物联网应用实例。

第2篇
Part 1
GANZHIPIAN 感知篇

第2篇
感知篇

感知层主要功能是识别物体、采集信息。与人体结构中皮肤和五官的作用相似，通过感知层，物联网可以实现对物体的感知。把传感器装备到电网、铁路、桥梁、隧道、公路、建筑、供水系统、大坝、油气管道以及家用电器等各种真实物体上，通过互联网连接起来，进而运行特定的程序，达到远程控制或者实现物与物的直接通信，从而给物体赋予"智能"，实现人与物体的沟通和对话，也可以实现物体与物体互相间的沟通和对话。

在这一篇中我们将重点介绍条码、射频识别、传感器以及模式识别等几种常用感知技术。

第②章 物联网感知技术——条码技术

实际上,条码/二维码技术由来已久,并不算是物联网的全新技术。该技术在实际信息感知过程中,通常需要人工手动操作,这并不符合物联网的自动信息感知的要求。之所以在这里介绍这一技术,是因为在当今的生产、流通、服务等环节或领域内作为一种物品信息感知技术,其应用非常广泛,通过相关的设施和软件技术,可以实现一定程度的自动化信息读取。因此,作为物联网感知技术的铺垫,在此做简单介绍。

 ## 2.1 条码技术概述

2.1.1 条码发展历程

条码技术是 20 世纪中期发展起来并广泛应用的集光、机、电和计算机技术为一体的高新技术,是将数据进行自动采集并输入计算机的重要方法和手段。它解决了计算机应用中数据采集的"瓶颈",实现了信息的快速、准确获取与传输,是信息管理系统和管理自动化的基础。图 2-1 所示为条码/二维码图例。

图 2-1 条码/二维码图例

条形码最早出现在 20 世纪 40 年代,20 世纪 70 年代左右得到实际应用和发展。20 世纪 40 年代,美国的乔·伍德兰德(Joe Woodland)和伯尼·西尔沃(Berny Silver)两位工程师研究用代码表示食品项目及相应的自动识别设备,于 1949 年获得了美国专利。20 年后乔·伍德兰德作为 IBM 公司的工程师成为北美统一代码 UPC 码的奠基人。以吉拉德·费伊塞尔(Girard Fessel)为代表的几位发明家,于 1959 年提请了一项专利,将 0~9 中每个数字用七段平行条表示。但是,这种码不方便识读。不久,布宁克(E. F. Brinker)申请了另一项专利,该专利是将条形码标识贴在有轨电车上。20 世纪 60 年代后期西尔沃尼亚(Sylvania)发明的一个系统,被北美铁路系统采纳。这两项可以说是条形码技术最早期的应用。

1970 年美国超级市场委员会制定出通用商品代码 UPC 码,许多团体也提出了各种条形码符号方案。UPC 码首先在杂货零售业中试用,这为以后条形码的统一和广泛采用奠定了基础。次年布莱西公司研制出布莱西码及相应的自动识别系统,用以库存验算。这是条形码技术第一次在仓库管理系统中的实际应用。1972 年蒙那奇·马金(Monarch Marking)等人研制出库德巴(Code bar)码,到此美国的条形码技术进入新的发展阶段。

1973 年美国统一编码协会(简称 UCC)建立了 UPC 条形码系统,实现了该码制的标准化。同年,食品杂货业把 UPC 码作为该行业的通用标准码制,为条形码技术在商业流通销售领域里的广泛应用,起到了积极的推动作用。

1974 年 Intermec(易腾迈)公司的戴维·阿利尔(David Allair)博士研制出 39 码,很快被美国国防部所采纳,作为军用条形码码制。后来广泛应用于工业领域。

1976 年在美国和加拿大超级市场上,UPC 码的成功应用给人们带来很大的鼓舞,尤其是欧洲人对此产生了极大兴趣。次年,欧洲共同体在 UPC-A 码基础上制定出欧洲物品编码 EAN-13 码和 EAN-8 码,签署了"欧洲物品编码"协议备忘录,并正式成立了欧洲物品编码协会(简称 EAN)。

从 20 世纪 80 年代开始,人们围绕提高条形码符号的信息密度,开展了多项研究,条形码技术日趋成熟。先后研制出适应各个行业标准、适应发展需要的各种类型的条形码。条码的类型日益丰富起来,例如我们经常可以在超市见到的 EAN 码和 UPC 码。

除此之外二维码在近几年也迅速发展起来,由于二维码具有储存量大、保密性高、追踪性高、抗损性强、备援性大、成本便宜等特性,而这些特性特别适用于表单、安全保密、追踪、证照、存货盘点、资料备援等方面,因此,二维码逐渐成为应用最广的条码。

2.1.2　条码标准组织

1970 年美国食品杂货工业协会发起组成了美国统一编码协会(简称 UCC),UCC 的成立标志着美国工商界全面接受了条码技术。1972 年 UCC 组织将 UPC 条码作为统一的商品代码,用于商品标识,并且确定通用商品代码 UPC 条码作为条码标准在美国和加拿大普遍应用。这一措施为今后商品条码的统一和广泛应用奠定了基础。

1973 年欧洲的法国、英国、德国、丹麦等 12 个国家的制造商和销售商发起并筹建了欧洲的物品编码系统,并于 1977 年成立欧洲物品编码协会,简称 EAN。EAN 推出了与 UPC 条码兼容的商品条码:EAN 条码。这一新生事物在欧洲一出现,立刻引起世界上许多国家的制造商和销售商的兴趣。世界上许多非欧美地区的国家也纷纷加入了 EAN。1981 年,欧洲物品编码协会改名为国际物品编码协会(简称 IAN)。由于习惯叫法,直到今天仍然称 EAN 组织。

我国于 1988 年成立中国物品编码协会,并于 1991 年 4 月正式加入 EAN 组织。目前我国商品使用的前缀码就是 EAN 国际组织分配给我国的 690、691、692、693。

由于条码技术与计算机技术结合使用有很多优点,所以它不但在商品流通领域得到广泛应用,在其他领域如邮电、银行、图书馆、物流管理,甚至当今最热门的电子商务,产、供、销一体化的供应链管理中都得到广泛的应用。所以还有很多用于管理的条码也应运而生,比如 128 条码、39 码、交叉二五码、Codabar 码等,这些条码都是用于管理系统的一维条码。

2.1.3　条码识别原理

条码设备可以分为两类:条码识读设备和条码打印设备。条码识读设备是用来读取条码信息的设备;条码打印设备主要是用于条码标签的制作打印。

如图 2-2 所示,由于不同颜色的物体,其反射的可见光的波长不同,白色物体能反射各种波长的可见光,黑色物体则吸收各种波长的可见光。所以,当条形码扫描器光源发出的光经光阑及透镜 1 照射到黑白相间的条形码上时,反射光经透镜 2 聚焦后,照射到光电转换器上,于是光电转换器接收到与白条和黑条相应的强弱不同的反射光信号,并转换成相应的电信号输出到放大整形电路。白条、黑条的宽度不同,相应的电信号持续时间长短也不同。但是,由光电转换器输出的与条形码的"条"和"空"相应的电信号一般仅为 10 mV 左右,不能直接使用,因而先要将光电转换器输出的电信号送放大器放大。放大后的电信号仍然是一个模拟电信号。为了避免由条形码中的疵点和污点导致错误信号,在放大电路后需加一整形电路,把模拟信号转换成数字电信号,以便计算机系统能准确判读。

整形电路的脉冲数字信号经译码器译成数字、字符信息。它通过识别起始、终止字符来判别出条形码符号的码制及扫描方向;通过测量脉冲数字电信号 0、1 的数目来判别出"条"和"空"的数目。通过测量 0、1 信号持续的时间来判别"条"和"空"的宽度。这样便得到了条形码符号的"条"和"空"的数目及相应的宽度和所用码制。根据码制所对应的编码规则,便可将条形码符号换成相应的数字、字符信息,通过译码接口电路送给计算机系统进行数据处理与管理。

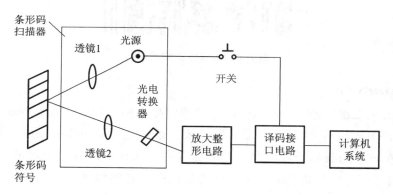

图 2-2 条码识别原理框图

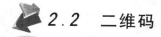 **2.2 二维码**

2.2.1 二维码概述

一维条码虽然提高了资料收集与资料处理的速度,但由于受到资料容量的限制,一维条码仅能标识商品,而不能描述商品。因此,一维条码通常需要依赖计算机网络中的资料库才能得到商品的信息。要提高条码信息密度,可用两种方法来解决:①在一维条码的基础上向二维码方向扩展;②利用图像识别原理,采用新的几何形体和结构设计出二维码。前者发展出堆叠式二维条码,后者则有矩阵式二维条码的出现,构成现今二维码的两大类型。

堆叠式二维条码的编码原理是建立在一维条码的基础上,将一维条码的高度变窄,再依需要堆成多行,其在编码设计、检查原理、识读方式等方面都继承了一维条码的特点。但由于行数增加,对行的辨别、解码算法则与一维条码有所不同。较具代表性的堆叠式二维条码有:PDF417 码、Code16K 码、Supercode 码和 Code49 码等。

矩阵式二维条码是以矩阵的形式组成,在矩阵相应元素位置上,用点(dot)的出现表示二进制的"1",不出现表示二进制的"0"。点的排列组合确定了矩阵码所代表的意义。其中,点可以是方点、圆点或其他形状的点。矩阵码是建立在计算机图像处理技术、组合编码原理等基础上的图形符号自动辨识的码制。

2.2.2 常见的二维码

1. PDF417 码

PDF417 码是美国符号科技(Symbol Technologies, Inc.)发明的二维码。目前 PDF417 码主要是预备应用于运输包裹与商品资料标签。PDF417 码是一种高密度、高信息含量的便携式数据文件,是实现证件及卡片等大容量、高可靠性信息自动存储、携带并可用机器自动识读的理想手段。如图 2-3 所示。

图 2-3　PDF417 二维码图例

2. Data Matrix 码

Data Matrix 二维码原名 Data-code,由美国国际数据公司(International Data Matrix,简称 ID Matrix)于 1989 年发明。Data Matrix 二维码是一种矩阵式二维条码,其发展的构想是希望在较小的条码标签上存入更多的资料。Data Matrix 二维码的最小尺寸是目前所有条码中最小的,尤其适用于小零件的标识以及直接印刷在物品实体上。如图 2-4 所示。

图 2-4　Data Matrix 二维码图例

Data Matrix 二维码主要用于电子行业小零件的标识,如英特尔的奔腾处理器的背面就印制了这种码。

3. Maxicode 码

Maxicode 码是一种中等容量、尺寸固定的矩阵式二维码,它由紧密相连的六边形模组和位于符号中央位置的定位图形所组成。Maxicode 码是特别为高速扫描而设计的,主要应用于包裹搜寻和追踪上。国际物流巨头 UPS 除了将 Maxicode 码应用到包裹的分类、追踪作业上,还打算将其推广到其他应用上。1992 年与 1996 年所推出的 Maxicode 码的符号规格略有不同。如图 2-5 所示。

4. QR 码

QR 码于 1994 年由日本 DENSO WAVE 公司发明。日本的 QR 码标准 JIS X 0510 在 1999 年 1 月发布,而其对应的 ISO 国际标准 ISO/IEC18004,则在 2000 年 6 月获得批准。根据 DENSO WAVE 公司的网站资料显示,QR 码标准属于开放式的标准,QR 码的规格公开。如图 2-6 所示。

图 2-5　Maxicode 二维码图例

图 2-6　QR 二维码图例

QR 码具有超高速识读、全方位识读、纠错能力强、能有效表示汉字等特点。QR 码外观呈正方形的不规则黑白点图像,其中 3 个角印有较小的"回"字形正方图案,供解码软体作定位用。该码无须对准,以任何角度扫描,资料均可被正确读取。而 QR 是英文"quick response"的缩写,即快速反应的意思,皆因用户只需以手机镜头拍下 QR 二维码图形,利用内置的读取软件就可马上解读其内容。而一般的 QR 二维码图形的储存量,可以是 7089 个数字、4296 个字母、2953 个二进制数、1817 个日文汉字或 984 个中文汉字。

在我国,目前普遍采用的二维码为 QR 码。其扫描工具就是我们常用的手机,因此也称为"手机二维码"。手机二维码是二维码技术在手机上的应用。手机二维码由一个二维码矩阵图形和一个二维码号,以及下方的说明文字构成。

用户通过手机摄像头对二维码图形进行扫描,或输入二维码号即可以进入相关网页进行浏览。手机二维码具有信息量大、纠错能力强、识读速度快、全方位识读等优点。将手机需要访问、使用的信息编码到二维码中,利用手机的摄像头识读,这就是手机二维码。

手机二维码可以印刷在报纸、杂志、广告、图书、包装以及个人名片等多种载体上,用户通过手机摄像头扫描二维码或输入二维码下面的号码、关键字即可实现手机上网查看,快速便捷地浏览网页,下载图文、音乐、视频,获取优惠券,参与抽奖,了解企业产品信息,而省去了在手机上输入网址的烦琐过程,实现一键上网。同时,还可以方便地用手机识别和存储名片、自动输入短信、获取公共服务(如天气预报)、实现电子地图查询定位、手机阅读等多种功能。随着网络的进一步发展,二维码可以为网络浏览、下载、在线视频、网上购物、网上支付等提供方便的入口。

 ## *2.3* 条码/二维码发展趋势

从 20 世纪 70 年代至今,条码技术及应用都取得了长足的发展。符号表示已由一维条码发展到二维条码,目前又出现了将一维条码和二维条码结合在一起的复合码。条码介质由纸质发展到特殊介质。条码的应用已从商业领域拓展到物流、金融等经济领域,并向纵深发展,面向企业信息化管理的深层次的集成。条码技术产品逐渐向高、精、尖和集成化方向发展。目前,国际上条码技术的发展呈如下特点。

1.条码技术产业迅猛发展

根据美国的专业研究机构 VDC(venture development corp)的统计,全球条码市场规模一直在持续稳步增长。

随着应用的深入,条码技术装备也朝着多功能、远距离、小型化、软件硬件并举、安全可靠、经济适用方向发展,出现了许多新型技术装备,具体表现为以下几方面。

(1)条码识读设备向小型化,与常规通用设备的集成化、复合化方向发展。

(2)条码数据采集终端设备向多功能、便携式、集成多种现代通信技术和网络技术的设备一体化方向发展。

(3)条码生成设备向专用和小批量印制方向发展。例如,基于 GPRS 和 CDMA 的条码通信终端使条码技术在现场服务、物流配送、生产制造等诸多领域得到更加广泛和深入的应用;又如,由于现阶段手机广泛普及,能够识读条码的手机可以成为一种集数据采集、处理、交互、显示、认证等多种功能为一体的移动式数据终端,实现手机价值的最大化。

2.条码技术与其他自动识别技术趋于集成

由于各种自动识别技术都有一定的局限性,多种技术共存既可充分发挥各自的优势,又可以有效互补。当前,发达国家都积极开展条码技术与射频识别技术等的集成研究,如:条码符号和射频标签的生成和识读设备一体化的研发。美国的 InteHnec 公司已经研发出了900 MHz 的条码射频一体化识读设备,条码行业的领军者——美国迅宝科技公司也正在积极投入到该类设备的研发中。

3.条码技术标准体系逐渐完善

条码技术作为信息自动化采集的基本手段,随着应用的深入,新的条码技术标准不断出现,标准体系逐渐完善。国际上,条码技术标准化已经成为一个独立的标准化工作领域。国际标准化组织(ISO)和国际电工委员会(IEC)的联合工作组 JTC1 于 1996 年成立的第 31 分委会(SC31),是国际上开展自动识别与数据采集技术标准化研究的专门机构。国际物品编码协会(GS1,事实上的全球第一商务标准化组织)也在开展条码技术商务应用的标准化研究。该组织通过全球近百万成员企业,针对条码技术在全球开放的商品流通与供应链管理过程,开展商务应用标准的研究及在全球的应用推广,制定了《EAN. UCC 通用规范》,并进行实时、动态维护。

4.条码自动识别技术应用向纵深发展

1)积极建立基于条码技术应用的全球产品与服务分类编码标准

条码作为信息采集的手段,必须以信息的分类编码为基础。但当前国际上,不同的行业,针对不同的用途,采用不同的分类编码体系,各体系互不兼容,信息系统无法通信和共享。鉴于此,国际物品编码协会正在积极联合 GCI(全球商务倡议联盟)、ECR(高效消费者响应)委员会等,致力于构建一个全球统一的产品与服务分类编码标准。

2)积极致力于基于条码技术应用的电子商务公共信息平台的构建

在电子商务时代,商品基础数据在供应链各贸易伙伴的信息系统或信息平台的一致性和适时同步,是实现贸易伙伴间连续顺畅的数据交换,信息有效共享的基础,同时也是流通领域实现现代化的前提。因此,全球许多国家均发起了商品数据同步的倡议。美国、英国、德国、澳大利亚、韩国等国家,正在积极建设本国基于现有条码技术的用于电子商务的商品数据库,对这些国家的国内贸易的电子化起到了非常大的作用。各国都在关注条码技术在供应链管理、电子商务中的作用,以及如何实现多行业、多地区、多层次的信息资源的联通与共享,致力于基于条码技术应用的电子商务公共信息平台的构建。

3)条码技术在产品溯源、物流管理等重点领域得到更深层次的应用

当前,条码技术的应用向纵深发展,面向企业信息化管理的深层次的集成。其中以条码技术在食品安全方面的应用尤为突出。采用条码技术可对食品原料的生长、加工、储藏及零售等供应链环节进行管理,实现食品安全溯源。联合国欧洲经济委员会(UN ECE)已经正式推荐运用条码技术进行食品的跟踪与追溯。包括法国、澳大利亚、日本在内的全球 20 多个国家和地区,都采用条码技术建立食品安全系统。此外,建立基于条码技术应用的高度自动化的现代物流系统,是目前国际上物流发展的一大趋势,也是当前条码技术推广应用的一个重点。

 ## 2.4 二维码应用实例

二维码结合手机上网技术,造就了新型的营销模式。如图 2-7 所示为手机移动商务与传统计算机上网方式的对比。

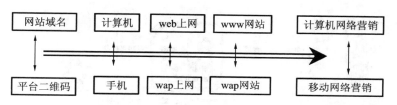

图 2-7 手机移动商务与传统计算机上网方式的对比

下面以中国某移动通信公司为例对二维码应用做一简单介绍。

中国某移动通信公司的手机二维码业务是指以移动终端和移动互联网作为二维码存储、解读、处理和传播渠道而产生的各种移动增值服务,根据手机终端承担的任务是解读二维码信息还是存储二维码信息可分为主读类业务和被读类业务两大类。

1. 被读类业务

平台将二维码通过彩信发到用户手机上,用户持手机到现场,通过二维码机具扫描手机进行内容识别,如图 2-8 所示。

被读类二维码的主要应用包括以下几个领域。

(1)移动订票:用户在网上商城完成购买并收到二维码作为电子票。

(2)电子 VIP:二维码作为电子会员卡,通过读取二维码验证身份。

(3)积分兑换:用户积分兑换后收到二维码,在商家刷手机二维码获取商品。

(4)电子提货券:二维码替代提货卡,用户到商家刷二维码领取货品。

(5)自助值机:用户凭手机上的二维码到机场专用机具上办理值机手续。

(5)电子访客:二维码存储访客信息,通过识读机具进行读取保存。

二维码平台　　　　　　用户　　　　识读终端进行验证

图 2-8　被读类手机二维码应用示意图

2. 主读类业务

用户在手机上安装二维码客户端,使用手机拍摄并识别报纸、杂志、产品包装、产品本身等上面印刷的二维码图片,获取二维码所存储内容,如图 2-9 所示。

主读类二维码的主要应用包括以下几个领域。

(1)溯源:手机对动物、蔬菜、水果等上的二维码拍码进行来源查询。

(2)防伪:手机对商品上的二维码拍码,可链接后台查询真伪。

(3)拍码上网:二维码替代网址,用户拍摄二维码后即可跳转对应网站。

(4)拍码购物:二维码存储商品购买链接网址,拍码并链接后台实现手机购物。

(5)名片识别:手机对名片上的二维码进行拍码读取所存储的名片信息。

(6)广告发布:二维码和传统平面广告结合,拍码可浏览和查看详细内容。

用户打开扫码客户端　　　　用户手机识别　　　　用户手机上网

图 2-9　主读类手机二维码应用示意图

本 章 小 结

(1)条码技术是集光、机、电和计算机技术为一体的高新技术,是将数据进行自动采集并输入计算机的重要方法和手段。它解决了计算机应用中数据采集的"瓶颈",实现了信息的快速、准确获取与传输,是信息管理系统和管理自动化的基础。

(2)条码由黑白相间的线条组成,白色线条能反射各种波长的可见光,黑色线条则吸收各种波长的可见光。因此,当条形码扫描器光源发出的光照射到条形码后,经反射被光电转换器接收,并根据黑白线条强弱不同的反射光信号,转换成相应的电信号,经 A/D 转换,把模拟信号转换成数字信号,通过译码器译成数字、字符信息。

(3)条码设备包括条码识读设备和条码打印设备。条码识读设备是用来读取条码信息的设备;条码打印设备主要是用于条码标签的制作打印。

(4)二维码包括堆叠式二维码和矩阵式二维码两种。在我国普遍使用的 QR 二维码具有超高速识读、全方位识读、纠错能力强、能有效表示汉字等特点。其储存量可达 7089 个数字或 4296 个字母或 984 个中文汉字。

习　题

(1)说明条码/二维码的工作原理。

(2)简述一维条码和二维码的发展过程,两者有何异同。

(3)举例说明条码/二维码在现实中的应用。

(4)列举二维码的种类,并做简单的比较。

(5)条码/二维码标准有哪些?

第3章 物联网感知技术——射频识别技术

射频识别（radio frequency identification，RFID）技术是一种利用射频通信实现的非接触式自动识别技术。它利用射频信号和空间耦合（电感或电磁耦合）或雷达反射的传输特性，实现对被识别物体的自动识别。

射频识别技术与互联网、通信等技术相结合，可实现全球范围内的物品跟踪与信息共享。该技术应用于物流、制造、公共信息服务等行业，可大幅提高管理与运作效率，降低成本。随着相关技术的不断完善和成熟，RFID产业将成为一个新兴的高技术产业群，成为国民经济新的增长点。

3.1 射频识别技术发展历程和标准现状

射频识别技术（RFID技术）最早的应用可追溯到第二次世界大战中飞机的敌我目标识别，但是由于技术和成本原因，一直没有得到广泛应用。近年来，随着大规模集成电路、网络通信、信息安全等技术的发展，RFID技术进入商业化应用阶段。由于具有高速移动物体识别、多目标识别和非接触识别等特点，RFID技术显示出巨大的发展潜力与应用空间。

1. 发展历程

RFID技术的发展历程大致可分为以下4个阶段。

1941—1945年：第二次世界大战期间，雷达技术得到了广泛的应用，虽然雷达能判定敌方飞机的方位与距离，但并不能识别是己方还是他方的飞机，为了能够准确区分，英国方面在飞机上安装了射频信号发射装置用以识别己方飞机，该发射装置算是射频识别技术的雏形。

1945—1980年：在这30多年里，随着通信技术的发展，已经开始对RFID技术进行初步探索和应用尝试。1948年哈利·斯托克曼发表了《利用反射功率的通信》一文，从理论上为该项技术的发展奠定了基础。到了20世纪70年代末期，美国政府透过Los Alamos科学实验室将RFID技术转移到民间。RFID技术最先在商业上的应用是在牲畜身上。美国与欧洲的公司开始着手生产RFID相关产品。

1981—2000年：RFID技术及产品进入商业应用阶段。从门禁管制、牲畜管理，到物流管理，RFID技术已经被广泛应用于各个领域。

2001年至今：标准化问题日趋为人们所重视，RFID产品种类更加丰富，有源电子标签、无源电子标签及半无源电子标签均得到发展，电子标签成本不断降低，规模应用行业扩大。尤其是近年来随着物联网概念的兴起，RFID技术已经成为21世纪最有发展前途的信息技术之一。

2. 技术标准

目前，RFID技术还未形成统一的全球化标准，市场呈现多种标准并存的局面，但随着全球物流行业RFID大规模应用的开始，RFID标准的统一已经得到业界的广泛认同。

RFID系统主要由数据采集和后台数据库网络应用系统两大部分组成，目前已经发布或正在制定中的标准主要是与数据采集相关的，其中包括电子标签与读写器之间的接口、读写器与计算机之间的数据交换协议、RFID标签与读写器的性能和一致性测试规范以及RFID标签的数据内容编码标准等。后台数据库网络应用系统目前并没有形成正式的国际标准，只有少数产业联盟制定了一些规范，现阶段还在不断变化中。

RFID标准一直是各国争夺的焦点，除了ISO、EPC Global等欧美的标准化组织外，中国、日本、韩国也在积极研究制定相关的RFID标准。中国负责RFID标准制定的主要组织是电子标签国家标准工作组，日本则主要是UID Center，韩国则主要是采用国际标准作为本国的标准。RFID标准争夺的核心主要在RFID标签的数据内容编码标准这一领域，比较而言，EPC Global由于综合了美国和欧洲厂商，实力相对占上风。

1）ISO RFID标准

ISO/IEC标准体系可以分为四大类：技术标准、数据内容与编码标准、性能与一致性标准和应用标准。ISO/IEC技术标准包括ISO/IEC 18000系列标准（空中接口参数）、ISO/IEC 10536系列标准（密耦合非接触集成电路卡）、ISO/IEC 15693系列标准（疏耦合非接触集成电路卡）和ISO/IEC 14443系列标准（近耦合非接触集成电路卡）。技术标准主要规定了IC卡的有关技术特性、技术参数和技术规范等，是专门针对IC卡制定的技术标准。

ISO/IEC数据结构标准主要包括ISO/IEC 15424（数据载体/特征标识符）、ISO/IEC 15418（EAN/UCC应用标识符）、ISO/IEC 15961（数据协议/应用接口）、ISO/IEC 15962（数据编码规则和逻辑存储功能协议）和ISO/IEC 15963（射频标签的唯一标识）等标准。由于RFID技术的产生、发展和应用是建立在现代电子及信息技术基础之上的，因此数据结构标准的基础来自现代电子技术和信息技术的国际标准。

ISO/IEC性能与一致性标准包括ISO/IEC 10373（IC卡的测试方法）、ISO/IEC 18046（RFID设备性能测试方法）和ISO/IEC 18047（RFID设备一致性测试方法）。性能与一致性标准规定了RFID设备的性能指标和整机设备测试的指标，有利于RFID技术的成熟与推广。

ISO/IEC应用标准主要包括RFID在动物识别、集装箱运输、交通和项目管理领域的相关标准，其作用是使RFID技术在某一领域应用时遵守及符合该领域的特点。

2）EPC Global RFID标准

EPC Global是由代码一体化委员会（uniform code council, UCC）和欧洲物品编码组织（european article number, EAN）联合发起并成立的非营利性机构。其由IBM公司、Microsoft公司和麻省理工学院Auto-ID实验室等进行技术研究支持。除了发布工业标准外，EPC Global还负责EPC Global号码注册管理。全球最大的零售商沃尔玛集团和英国乐购等100多家欧美流通企业都是EPC Global的成员。EPC系统涵盖了供应链的各个节点、各个环节和各个方面，是一个全球性的大系统，具有开放性的结构体系、独立的平台、高度的互动性和灵活的可持续发展的体系等特点。在EPC系统中，涉及的标准包括：标签数据标准、第二代空中接口标准、读写器管理、读写器协议、数据传输协议、EPCIS（电子产品代码信息服务）协议、应用水平事件功能与控制、应用程序接口（API）、安全规范和事件注册等。同时，EPC Global还提出了供应链各方面信息共享的"物联网系列标准"，包括EPC中间件规范、对象名解析服务ONS、物理标记语言PML（physical markup language）等。

3）中国RFID标准

我国RFID技术与应用的标准化工作起步较晚，2003年国家标准化管理委员会颁布强制标准GB 18937—2003《全国产品与服务统一标识代码编制规则》，为我国实施产品的电子标签化管理打下了基础，并首先在药品、烟草等防伪和政府采购项目中得以实施。

2004年，我国成立"电子标签国家标准工作组"，下设7个工作组，包括总体组、标签与读写器组、频率与通信组、数据格式组、应用组、信息安全组、知识产权组，负责起草制定我国有关 RFID 国家标准。

2005 年,由中国物品编码中心和信息产业部电子工业标准化研究所一起负责完成将 ISO/IEC 18000 转换为国家标准。此外,中国在食品安全追溯方面正在研究相关标准,包括:食品安全追溯方法及一般原则、食品安全追溯系统数据规范、食品安全追溯系统管理与维护规范。

2011 年 12 月 29 日,首个由我国牵头制定的物联网国际标准——《ISO18186:2011 集装箱-RFID 货运标签系统》在日内瓦正式颁布,这是物流、物联网领域第一个由中国专家发起、起草和主导的国际标准,也是我国交通运输系统首次领衔制定的国际标准。

3.2 射频识别技术系统组成及工作原理

3.2.1 系统组成

基本的 RFID 系统由 RFID 标签、RFID 读写器及应用支撑软件等几部分组成,如图 3-1 所示。

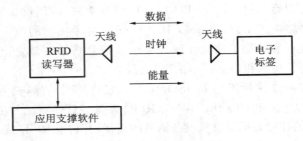

图 3-1 RFID 系统示意图

RFID 标签由芯片与天线组成,每个标签具有唯一的电子编码。标签附着在物体上以标识目标对象。

RFID 标签分为被动标签和主动标签两种(见图 3-2)。主动标签自身带有电池供电,读/写距离较远,体积较大,与被动标签相比成本更高,也称为有源电子标签。主动标签一般具有较远的阅读距离,不足之处是电池不能长久使用,能量耗尽后需更换电池。被动标签也称无源电子标签。其在接收到读写器(读出装置)发出的微波信号后,将部分微波能量转化为直流电供自己工作,一般可做到免维护,成本很低并具有很长的使用寿命,比主动标签更小也更轻,读写距离则较近。

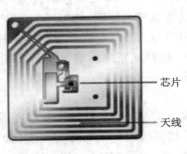

(a)被动标签

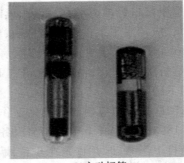

(b)主动标签

图 3-2 RFID 标签

相比有源系统,无源系统在阅读距离及适应物体运动速度方面略有限制。按照存储的信息是否被改写,标签也被分为只读式标签和可读写标签。只读式标签在集成电路生产时即将信息写入,以后不能修改,只能被专门设备读取;可读写标签将保存的信息写入其内部的存储区,需要改写时也可以采用专门的编写程序或写入设备擦除。一般将信息写入电子标签所花费的时间远大于读取电子标签信息所花费的时间,写入所花费的时间为秒级,阅读花费的时间为毫秒级。

电子标签由耦合元件及芯片组成,每个标签具有唯一的电子编码,附着在物体上标识目标对象。每个标签都有一个全球唯一的 ID 号码——UID。UID 是在制作芯片时放在 ROM 中的,无法修改。用户数据区是供用户存放数据的,可以进行读写、覆盖、增加等操作。读写器对标签的操作有如下三类。①识别:读取 UID。②读取:读取用户数据。③写入:写入用户数据。

RFID 标签根据应用场合、形状、工作频率和工作距离等因素的不同采用不同类型的天线。一个 RFID 标签通常包含一个或多个天线。RFID 标签和读写器工作时所使用的频率称为 RFID 工作频率。目前 RFID 使用的频率跨越低频、高频、超高频、微波等多个频段。RFID 频率的选择影响信号传输的距离、速度等,同时还受到各国法律法规限制。

RFID 读写器:主要任务是控制射频模块向标签发射读取信号,并接收标签的应答信号,对标签的对象标识信息进行解码,将对象标识信息连带标签上其他相关信息传输到主机以供处理。如图 3-3 所示。

RFID 应用支撑软件:除了标签和读写器上运行的软件外,介于读写器与企业应用之间的中间件是其中的一个重要组成部分。该中间件为企业应用提供一系列计算功能,在电子产品编码规范中被称为 Savant。其主要任务是对读写器读取的标签数据进行过滤、汇集和计算,减少从读写器传往企业应用的数据量。同时 Savant 还提供与其他 RFID 支撑系统进行互操作的功能。Savant 定义了读写器和应用两个接口。

图 3-3   RFID 读写器

3.2.2　工作原理

RFID 系统在实际应用中,电子标签附着在待识别物体的表面,电子标签中保存有约定格式的电子数据。读写器可无接触地读取并识别电子标签中所保存的电子数据,从而达到自动识别物体的目的。

对于被动标签而言,读写器通过发射天线发送一定频率的射频信号,当射频电子标签进入发射天线工作区域时产生感应电流,射频电子标签获得能量被激活;射频电子标签将自身编码等信息通过卡内置天线发送出去;系统接收天线接收到从射频电子标签发送来的载波信号,经天线调节器传送到读写器,读写器对接收的信号进行解调和解码然后送到后台主系统进行相关处理;主系统根据逻辑运算判断该电子标签的合法性,针对不同的设定做出相应的处理和控制,发出指令信号控制执行机构动作。

而对于主动标签,由于其自身带有电池,其工作时会以特定的周期持续将自身编码等信息通过标签内置天线发送出去,当电子标签进入读写器的工作区域(即可识别范围内)时,读写器就能通过天线感知并接收标签发送的载波信号,经解调和解码后送到后台主机系统进行相关处理。

发生在读写器和电子标签之间的射频信号的耦合类型有以下两种。

(1)电感耦合:变压器模型,通过空间高频交变磁场实现耦合,依据的是电磁感应定律。电感耦合方式一般适合于中、低频工作的近距离射频识别系统。典型的工作频率有:125 kHz、225 kHz 和 13.56 MHz。识别作用距离小于 1 m,典型作用距离为 10~20 cm。

(2)电磁反向散射耦合:雷达原理模型,发射出去的电磁波,碰到目标后反射,同时携带回目标信息,依据的是电磁波的空间传播规律。电磁反向散射耦合方式一般适合于高频、微波工作的远距离射频识别系统。典型的工作频率有:433 MHz、915 MHz、2.45 GHz 和 5.8 GHz。识别作用距离大于 1 m,典型作用距离为 3~10 m。

3.3 射频识别技术分类

射频识别技术的分类主要体现在电子标签的不同类别,包括供电方式、载波频率、工作方式、作用距离、存储类型等几个方面。

1. 按供电方式分类

射频识别系统中的电子标签在与读写器传输数据信息过程中,必须有一定的供电才可以进行。按照电子标签获取电能的不同方式,可以把电子标签分成有源电子标签和无源电子标签。

1)有源电子标签

有源电子标签通过标签自带的电池供电,由于它的电能相比无源电子标签较为充足,因此其工作可靠性较高,信号传输距离较远。可以根据实际需要,通过设计电池的容量对标签的使用时限或读写次数进行调整。有源电子标签的主要缺点在于:价格较高,体积大,标签的使用寿命较短。由于电池的能量衰减,其工作的稳定性也会受到影响。

2)无源电子标签

无源电子标签自身并不带有电池。工作中需要的电能是利用电磁耦合或电感耦合原理,将从读写器接收到的射频能量转化为直流电源,供其内部的芯片工作。当电子标签进入到读写器发出的射频场内时,电子标签的天线接收到电磁波而产生感应电流,经过整流后给电容充电。电容电压经过稳压后作为内部芯片的工作电压。

无源电子标签由于结构简单,无内部电力设计,因此它的工作时限较有源电子标签要更长,尤其适合近距离频繁进行读写操作的应用。无源电子标签的主要缺点是数据传输距离短,内部存储的信息量有限。

2. 按载波频率分类

载波频率是指射频识别系统中读写器与电子标签之间射频的工作频率。它不仅决定着电子标签的工作原理、识别距离、系统实现的难易程度和设备的成本,而且还影响着射频识别系统的工作方式。按照不同的载波频率,射频标签可分为低频段(30~300 kHz)射频标签、中高频段(3~30 MHz)射频标签、超高频段(300 MHz~3 GHz)射频标签及微波频段(大于 3 GHz)射频标签等。射频识别系统中典型的工作频率有:125 kHz、133 kHz、13.56 MHz、27.12 MHz、433.92 MHz、902~928 MHz、2.45 GHz 和 5.8 GHz 等。

1)低频段射频标签

低频段射频标签,简称为低频标签,其工作频率范围为 30~300 kHz。典型工作频率有:125 kHz 和 133 kHz。低频标签一般为无源标签,其工作能量通过电感耦合方式从阅读器耦合线圈的辐射近场中获得。低频标签与阅读器之间传送数据时,低频标签需位于阅读器天线辐射的近场区内。低频标签的阅读距离一般情况下小于 1 m。

低频标签的典型应用有:动物识别、容器识别、工具识别、电子闭锁防盗(带有内置应答器的汽车钥匙)等。与低频标签相关的国际标准有:ISO 11784/11785(用于动物识别)、ISO 18000-2(125~135 kHz)。低频标签有多种外观形式,应用于动物识别的低频标签外观有:项圈式、耳牌式、注射式、药丸式等。典型应用的动物有牛、信鸽等。

低频标签的主要优势体现在:标签芯片一般采用普通的 CMOS 工艺,具有省电、廉价的特点;工作频率不受无线电频率管制约束;可以穿透水、有机组织、木材等;非常适合近距离、低速度、数据量要求较少的识别应用(例如:动物识别)等。

低频标签的劣势主要体现在:标签存储数据量较少;只能适合低速、近距离识别应用;与高频标签相比,标签天线匝数更多,成本更高一些。

2)中高频段射频标签

中高频段射频标签的工作频率一般为 3~30 MHz。典型工作频率为 13.56 MHz、27.12 MHz。该频段的射频标签从射频识别应用角度来说,因其工作原理与低频标签完全相同,即采用电感耦合方式工作,所以宜将其归为低频标签类。另一方面,根据无线电频率的一般划分规则其工作频段又称为高频,所以也常将其称为高频标签。鉴于该频段的射频标签可能是实际应用最多的一种射频标签,因而我们只需要将高、低理解成为一个相对的概念,即不会在此造成理解上的混乱。为了便于叙述,我们将其称为中频射频标签(简称中频标签)。

中频标签一般采用无源设计,其工作能量同低频标签一样,也是通过电感(磁)耦合方式从阅读器耦合线圈的辐射近场中获得。标签与阅读器进行数据交换时,标签必须位于阅读器天线辐射的近场区内。中频标签的阅读距离一般情况下也小于 1 m。

中频标签由于可方便地做成卡状,典型应用包括:电子车票、电子身份证、电子闭锁防盗(电子遥控门锁控制器)等。相关的国际标准有:ISO14443、ISO15693、ISO18000-3 (13.56 MHz)等。

中频标签的基本特点与低频标签相似,由于其工作频率的提高,可以选用较高的数据传输速率。射频标签天线设计相对简单,标签一般制成标准卡片形状。

3)超高频与微波标签

超高频与微波频段的射频标签,简称为微波射频标签,其典型工作频率为 433.92 MHz、862(902)~928 MHz、2.45 GHz 和 5.8 GHz。微波射频标签可分为有源标签与无源标签两类。工作时,射频标签位于阅读器天线辐射场的远区场内,标签与阅读器之间的耦合方式为电磁耦合方式。阅读器天线辐射场为无源标签提供射频能量,将无源标签唤醒。相应的射频识别系统阅读距离一般大于 1 m,典型情况为 4~6 m,最大可达 10 m 以上。阅读器天线一般均为定向天线,只有在阅读器天线定向波束范围内的射频标签可被读/写。

由于阅读距离的增加,应用中有可能在阅读区域中同时出现多个射频标签的情况,从而提出了多标签同时读取的需求,进而这种需求发展成为一种潮流。目前,先进的射频识别系统均将多标签识读问题作为系统的一个重要特征。

以目前技术水平来说,无源微波射频标签比较成功,产品相对集中在 902～928 MHz 工作频段上。2.45 GHz 和 5.8 GHz 射频识别系统多以半无源微波射频标签产品面世。半无源微波射频标签一般采用纽扣电池供电,具有较远的阅读距离。

微波射频标签的典型特点主要集中在是否无源、无线读写距离、是否支持多标签读写、是否适合高速识别应用、读写器的发射功率容限、射频标签及读写器的价格等方面。典型的微波射频标签的识读距离为 3～5 m,个别有达 10 m 或 10 m 以上的产品。对于可无线写的射频标签而言,通常情况下,写入距离要小于识读距离,其原因在于写入需要更大的能量支撑。

微波射频标签的数据存储容量一般限定在 2 Kbit 以内,再大的存储容量似乎没有太大的意义。从技术及应用的角度来说,微波射频标签并不适合作为大量数据的载体,其主要功能在于标识物品并完成无接触的识别过程。典型的数据容量指标有:1 Kbit、128 bit 和 64 bit 等。由麻省理工学院 Auto-ID Center 制定的产品电子代码 EPC 的容量为 90 bit。

微波射频标签的典型应用包括:移动车辆识别、电子身份证、仓储物流应用、电子闭锁防盗(电子遥控门锁控制器)等。相关的国际标准有:ISO10374、ISO18000-4(2.45 GHz)、ISO18000-5(5.8 GHz)、ISO18000-6(860～930 MHz)、ISO18000-7(433.92 MHz)、ANSI NCITS 256-1999 等。

3. 按工作方式分类

射频识别系统按基本工作方式分为全双工系统和半双工系统以及时序系统。

全双工表示射频标签与读写器之间可在同一时刻互相传送信息;半双工表示射频标签与读写器之间可以双向传送信息,但在同一时刻只能向一个方向传送信息。

在全双工和半双工系统中,射频标签的响应是在读写器发出电磁场或电磁波的情况下发送出去的。因为与阅读器本身的信号相比,射频标签的信号在接收天线上是很弱的,所以必须使用合适的传输方法,以便把射频标签的信号与阅读器的信号区别开来。在实践中,人们对从射频标签到阅读器的数据传输一般采用负载反射调制技术将射频标签数据加载到反射回波上(尤其是针对无源射频标签系统)。

时序方法则与之相反,阅读器辐射出的电磁场短时间周期性地断开。这些间隔被射频标签识别出来,并被用于从射频标签到阅读器的数据传输。其实,这是一种典型的雷达工作方式。时序方法的缺点是:在阅读器发送间歇时,射频标签的能量供应中断,这就必须通过装入足够大的辅助电容器或辅助电池进行补偿。

4. 按作用距离分类

射频识别系统中射频标签与读写器之间的作用距离是射频识别系统应用中的一个重要问题。通常情况下这种作用距离定义为射频标签与读写器之间能够可靠交换数据的距离。射频识别系统的作用距离是一项综合指标,与射频标签及读写器的配合情况密切相关。

根据射频识别系统作用距离的远近情况,射频标签天线与读写器天线之间的耦合系统可分为密耦合系统、遥耦合系统和远距离系统。

1) 密耦合系统

密耦合系统的典型作用距离范围为 0～1 cm。实际应用中，通常需要将射频标签插入阅读器中或将其放置到读写器天线的表面。密耦合系统利用射频标签与读写器天线无功近场区之间的电感耦合（闭合磁路）构成无接触的空间信息传输射频通道工作。密耦合系统的工作频率一般局限在 30 MHz 以下的任意频率。由于密耦合方式的电磁泄露很小、耦合获得的能量较大，因而适合要求安全性较高、作用距离无要求的应用系统，如电子门锁等。

2) 遥耦合系统

遥耦合系统的典型作用距离可以达到 1 m。遥耦合系统又可细分为近耦合系统（典型作用距离为 15 cm）与疏耦合系统（典型作用距离为 1 m）两类。遥耦合系统利用的是射频标签与读写器天线无功近场区之间的电感耦合（闭合磁路）构成无接触的空间信息传输射频通道工作。遥耦合系统的典型工作频率为 13.56 MHz，也有一些其他频率，如 6.75 MHz 和 27.125 MHz 等。遥耦合系统目前仍然是低成本射频识别系统的主流。

3) 远距离系统

远距离系统的典型作用距离为 1～10 m，个别的系统具有更远的作用距离。所有的远距离系统均是利用射频标签与读写器天线辐射远场区之间的电磁耦合（电磁波发射与反射）构成无接触的空间信息传输射频通道工作。远距离系统的典型工作频率为 915 MHz、2.45 GHz 和 5.8 GHz。此外，还有一些其他频率，如 433 MHz 等。远距离系统的射频标签根据其中是否包含电池分为无源射频标签（不含电池）和半无源射频标签（内含电池）。一般情况下，包含有电池的射频标签的作用距离较无电池的射频标签的作用距离要远一些。半无源射频标签中的电池并不是为射频标签和读写器之间的数据传输提供能量，而是给射频标签芯片提供能量，为读写存储数据服务。

远距离系统一般情况下均采用反射调制工作方式实现射频标签到读写器方向的数据传输。远距离系统一般具有典型的方向性，射频标签与读写器成本目前还处于较高的水平。从技术角度来看，满足以下特点的远距离系统是理想的射频识别系统：

（1）射频标签无源；

（2）射频标签可无线读写；

（3）射频标签与读写器支持多标签读写；

（4）适合应用于高速移动物体的识别（物体移动速度大于 80 km/h）；

（5）远距离（读写距离大于 5 m）；

（6）低成本（可满足一次性使用要求）；

现实的远距离系统一般均只能满足其中的几项要求。

5. 按存储类型分类

依据电子标签内部使用存储器类型的不同，电子标签可以分为只读标签和可读写标签两种。

只读标签内部设有只读存储器（read only memory，ROM）。ROM 中存储有标签的标识信息。这些信息可以在标签制作过程中由制造商写入 ROM 中，也可以在标签初次使用时，由使用者根据特定的应用目的写入特定的编码信息。信息只能一次写入，多次读出。在只读标签中，设有缓存器，用于临时存储调制后等待天线传输的信息。只读电子标签通常容量较小,一般作为标识标签用。即标签中存储的只是标识号码,用于对特定的标识项目进行标识,关于被标识项目的详细信息,只能在系统的数据库中进行查找。

可读写电子标签内部的存储器包括 ROM、缓冲存储器和电可擦可编程只读存储器(electrically erasable programmable read-only memory,EEPROM),标签除了具有存储数据功能外,还可以在需要时进行多次数据的写入。

可读写电子标签一般存储的数据量比较大,标签中除了存储标识码之外,还存储有大量的被标识项目的其他信息。在实际应用中,读取标签就可以获得被标识项目的大量信息,而不必连接到数据库进行信息读取。一般电子标签存储的信息多是被标识产品的生产商代码和唯一的序列号,每个生产商的代码是固定和唯一的,每个生产商的产品序列号也是不同的,所有这些代码和序列号都固化在 ROM 中,所以电子标签具有不可仿制性。

3.4 射频识别技术的应用

射频识别系统与条形码识别系统相比,具有很多优势:

①通过射频信号自动识别目标对象,无须可见光源;

②具有穿透性,可以透过外部材料直接读取数据,保护外部包装,节省开箱时间;

③射频产品可以在恶劣环境下工作,对环境要求低;

④读取距离远,无须与目标接触就可以得到数据;

⑤支持写入数据,无须重新制作新的标签;

⑥使用防冲突技术,能够同时处理多个射频标签,适用于批量识别场合;

⑦可以对 RFID 标签所附着的物体进行追踪定位,提供位置信息。

从发展过程来看,RFID 早期主要应用在政府管理、零售超市、航空业、制造业等领域。在这些行业的应用中,RFID 系统表现出了最明显的优势——超强的数据采集能力。这一点让 RFID 具有了跨行业的应用能力。以下是一些常见的射频识别技术的应用领域介绍。

1. 国家安全

最近,IBM 被美国国防部指定为合作伙伴,为 43 000 个国防设备提供基于 RFID 的应用。IBM 使用 RFID 技术来跟踪和测量全球邮件,跟踪来自欧洲、北美和亚太区域 36 个国家的反馈邮件能否准时到达。

除了安全领域,提升政府管理机构的信息化程度、政府采购和供应的效率也都需要RFID 技术。在美国政府之后,日本、新加坡等亚洲国家也意识到了这一点,并计划通过在政府机构推行 RFID 来带动本国的发展。

2. 零售运营管理

IBM 帮助总部在德国的零售商麦德龙(METRO)集团设计了一个集成的 RFID 解决方案,这一计划于 2003 年 11 月开始,最初有 100 家供应商在其运往 METRO 公司 10 个中央仓库和 250 家商店的所有货柜和集装箱上贴上 RFID 标签。作为这一项目的 RFID 系统集成商,IBM 将领导制定项目战略以及项目的实现和首次使用,甚至还将建立一个实验室来测试每一家供应商提供的产品与 RFID 技术之间的互操作性。这一解决方案通过让 METRO对整个处理链中的商品进行跟踪,优化订单和存货管理,避免缺货情况的发生,降低成本,乃至对传统的供应链进行改造。

最近,沃尔玛公司表示,今后将不再从那些未使用 RFID 技术的供应商处采购商品,这对应用软件产业震动极大。现在,Sun 公司正在开发一个对应的中间件产品,管理从射频识别系统获取的商品数据。另外,Sun 公司也在开发符合射频识别行业标准 EPC 的信息服务软件。

3. 交通运输管理

在航空业,美国达美航空公司、波音公司和欧洲空中客车公司都宣布正在研究用于航空物流领域的 RFID 行业标准。行李托运处理控制(BHC)是 IBM 提供的一套适用于机场行李托运处理系统的方案规划、过程控制和监督综合解决方案。其行李搜索、跟踪和交运功能允许工作人员通过友好的图形化界面直接控制行李的托运流程,而实际的行李处理信息则能够连续采集并报告给管理人员。IBM 还提供另外两种行李托运系统:BagFlo——高性能的行李跟踪和预测系统,用来监视伦敦希思罗国际机场的行李转运情况;JBS——主要的全球化航空公司都在使用的一种全球行李跟踪和客户服务应用。

4. 垃圾跟踪监控

2004 年 7 月,日本领先的废品管理公司 Kureha 环境工程公司开始测试在其医疗废品上贴上采用了 RFID 技术的标签,这是 RFID 技术在亚太区域内首次应用于医疗废品的回收和处理,将采用 IBM 公司提供的 RFID 解决方案。该测试将检验根据 RFID 标签追踪处理医疗废品的效率和准确度。该 RFID 系统的主要目标是通过和不同的医院、运输公司合作而建立一个可追踪的系统,避免医疗废品的非法处理。

5. 制造业供应链管理

RFID 不仅仅应用于零售业,从制造环节开始,它就发挥了巨大的作用。IBM 就曾帮助一家电子制造业的领先企业进行了供应链系统的整合,其中,RFID 用来跟踪产品在库存、配送中心、地区配送中心的运输过程中的信息。该项目提高了供应链的透明度,提供几乎实时的存量可见度,预计提高存货周转量 12%,工作效率提高 100%,提高库存接收准确性 50%。

6. 医院管理

将射频识别标签应用于医院,病人一进入医院,就在他(她)身上佩戴标签,标签内含有病人的识别信息,医生和护士可以通过标签内的数据来识别病人的身份,避免认错病人;标签和读写器也能帮助医生和护士确认所使用的药物是否合适,从而避免医疗事故的发生;对于一些特殊病人(如精神类患者、智障类人群),电子标签的应用也可以实现实时了解他(她)们的活动位置和状态,提高医务人员对患者的管理水平与服务效率。

除此之外,射频识别技术还广泛应用于军事、智能家居、动物跟踪、小区安保等领域。这里就不详细介绍了。

 ## 3.5 RFID 技术应用实例

电子不停车收费系统(electronic toll collection,ETC)指车辆在通过收费站时,通过车载设备 RFID 标签与收费站读写器之间的无线数据交换,实现车辆识别、信息记录并通过网络完成车主账户的过路费用资金结算。ETC 已成为当今国际上正在努力开发并推广普及的一种用于道路、大桥和隧道的电子收费系统。ETC 收费通道如图 3-4 所示。

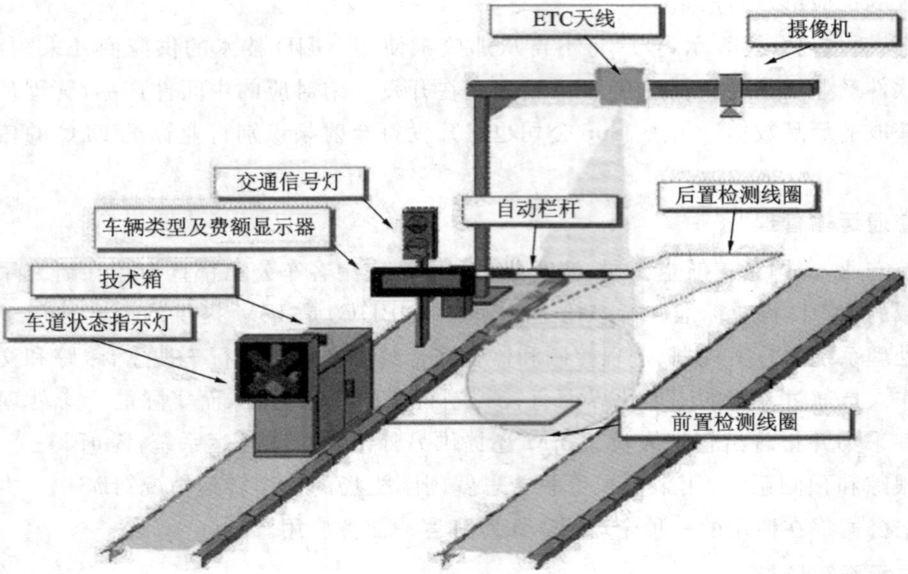

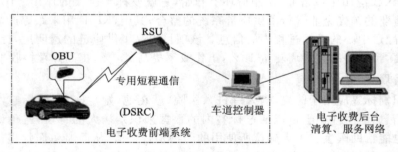

图 3-4　ETC 收费通道示意图

3.5.1　系统组成

ETC 硬件系统包括三个部分：车载单元（on board unit，OBU）、路侧单元（road side unit，RSU）和车道工控机。ETC 系统组成如图 3-5 所示。

图 3-5　ETC 系统组成图

1. 车载部分

车载单元通常采用双片式组合，由车载电子标签和双界面 CPU 卡两部分组成。两片式电子标签是带 IC 卡接口的电子标签，是可读写类型的，由固定安装的 RFID 电子标签和可插拔的支付 IC 卡（双界面 CPU 卡）两部分组成。IC 卡与电子标签相对独立，电子标签内部带有微处理器和大容量内存，具有进行复杂运算、内存用户识别信息和车型数据且与车道天线通信的功能。车载机里存储了电子标签标识码、车牌号、车型等车辆参数，而用户的消费账号、账户金额、交易方面的信息则存储在支付 IC 卡里面。车载单元用于读写 IC 卡的信息并与路侧读写设备通信。车载单元实物图如图 3-6 所示。

图 3-6   车载单元实物图(右侧图为安装在汽车内的车载单元)

2. 路侧单元

路侧单元包括两个组件:路侧天线和路侧天线控制器,如图 3-7 所示。其参数主要有频率、发射功率、通信接口等。天线能够覆盖的通信区域为 3~30 m。

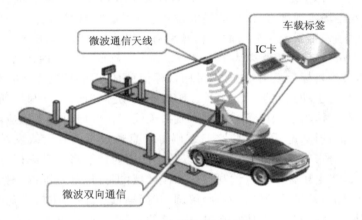

图 3-7   路侧单元示意图

路侧天线接收从天线控制器传来的数据信号,信号经调制和功率放大后经天线口面辐射出去。当 ETC 用户驾车经过 ETC 车道时,电子标签被车道天线信号激活,进入工作状态,根据接收到的命令向路侧天线回送相应的响应数据。

3.5.2   ETC 工作流程

(1)车主到客户服务中心或代理机构购置车载电子标签,交纳储值。由发行系统向电子标签输入车辆识别码(ID)与密码,并在数据库中存入该车辆的全部相关信息(如识别码、车牌号、车型、颜色、储值、车主姓名与电话等)。发行系统通过通信网将上述车主、车辆信息输入收费计算机系统。

(2)ETC 收费。当车辆驶入 ETC 收费车道入口天线的发射区,处于休眠状态的车载电子标签受到路侧天线微波激励而苏醒,转入工作状态;电子标签通过微波发出电子标签标识和车型代码;天线接收确认电子标签有效后,以微波发出入口车道代码和时间信号等,写入电子标签的存储器内。当车辆驶入收费车道出口天线发射范围,经过唤醒、相互认证有效性等过程,天线读出车型代码以及入口代码和时间,传送给车道控制器,车道控制器存储原始数据并编辑成数据文件,上传给收费站管理子系统并转送收费结算中心。

（3）收费结算中心收到汇总好的收费信息后，从各个用户的账号中，扣除通行费并算出余额，拨入相应公司账号。收费结算中心设有用户服务机构，向用户出售标识卡、补收金额和接待客户查询。后台有一套金融运行规则和强大的计算机网络及数据库的支持，处理事后收费等事项。

本 章 小 结

（1）射频识别技术是一种利用射频通信实现的非接触式自动识别技术。它利用射频信号和空间耦合（电感或电磁耦合）或雷达反射的传输特性，实现对被识别物体的自动识别。

（2）射频识别系统主要由读写器（也称读卡器）、电子标签和天线三部分组成。电子标签贴在被识别的物品上，内含芯片。芯片内存有被识别物体的相关信息和全球唯一的识别码；天线的作用是使芯片可以通过无线射频与读写器进行通信；读写器将包含被识别物体相关信息的无线射频信号转换为计算机可以处理和存储的数据。

（3）读写器和电子标签之间的射频信号的耦合类型有两种。①电感耦合：变压器模型，通过空间高频交变磁场实现耦合，依据的是电磁感应定律。电感耦合方式一般适合于中、低频工作的近距离射频识别系统。典型的工作频率有：$125\ kHz$、$225\ kHz$ 和 $13.56\ MHz$。识别作用距离小于 $1\ m$，典型作用距离为 $10\sim20\ cm$。②电磁反向散射耦合：雷达原理模型，发射出去的电磁波，碰到目标后反射，同时携带回目标信息，依据的是电磁波的空间传播规律。

（4）电子标签分为主动式和被动式两种。①对于被动标签而言，读写器通过发射天线发送一定频率的射频信号，当射频电子标签进入发射天线工作区域时产生感应电流，射频电子标签获得能量被激活；射频电子标签将自身编码等信息通过卡内置天线发送出去。②对于主动标签，由于其自身带有电池，其工作时会以特定的周期持续将自身编码等信息通过标签内置天线发送出去，当电子标签进入读写器的工作区域（即可识别范围内）时，读写器就能通过天线感知并接收标签发送的载波信号，经解调和解码后送到后台主机系统进行相关处理。

（5）射频识别技术的分类主要体现在电子标签的不同类别，包括供电方式、载波频率、工作方式、作用距离、存储类型等几个方面。

习 题

（1）与条码/二维码相比，射频识别技术有哪些优势？

（2）射频识别技术标准都有哪些？

（3）说明主动标签的工作原理。

（4）试比较两种不同的电子标签与读写器之间的耦合方式。

（5）说明只读电子标签和可读写电子标签各自的应用领域。

（6）简单比较不同工作频段电子标签的差异及应用领域。

（7）列举身边射频识别技术的应用实例。

第④章 物联网感知技术——传感器技术

当今世界已进入信息时代,在利用信息的过程中,首先要解决的就是要获取准确可靠的信息,而传感器是获取自然界和生产领域中信息的主要途径与手段。

在第2章和第3章中,我们介绍了条码和射频识别两种物联网应用中的感知技术,与它们相比,传感器技术感知的是物品的自然属性信息,如温度、湿度、位移、压力、光电磁等。在现代工业生产尤其是自动化生产过程中,人类需要监视和控制生产过程中的这些参数,使设备工作在正常状态或最佳状态,并使产品达到最好的质量。因此传感器技术是物联网中不可或缺的一种关键感知技术。

4.1 传感器的定义与组成

随着现代科学技术的发展,人类探索自然世界进入了许多新领域:从浩瀚的茫茫宇宙,到细微的微观粒子世界。要获取大量人类感官无法直接获取的信息,没有相适应的传感器是不可能的。许多基础科学研究的障碍,首先就在于对象信息的获取存在困难,而一些新机理和高灵敏度的检测传感器的出现,往往会带来该领域内的突破。一些传感器的发展,往往是一些边缘学科开发的先驱。

在我国国家标准(GB/T 7665—2005)中,传感器的定义是:能感受被测量并按照一定的规律转换成可用输出信号的器件或装置。这一定义包含了以下几方面的意思。

(1)传感器是测量装置,能完成检测任务。

(2)它的输入量是某一被测量,可能是物理量,也可能是化学量、生物量等。

(3)它的输出量是某种物理量,这种量要便于传输、转换、处理、显示等,这种量可以是气、光、电量,但主要是电量。

(4)输出输入有对应关系,且应有一定的精确程度。

关于传感器,我国曾出现过多种名称,如发送器、传送器、变送器等,它们的内涵相同或相似,所以近年来已逐渐趋向统一,大都使用传感器这一名称了。传感器一般由敏感元件、转换元件、转换电路三部分组成,组成如图4-1所示。

图 4-1 传感器组成

敏感元件:它是指传感器中能直接感受或响应被测量的部分。

转换元件:它是指传感器中能将敏感元件感受或响应的被测量转换成适于传输或测量的电信号的部分。

转换电路:完成被测参数至电量的基本转换,然后输入到测控电路,进行放大、运算、处理等进一步转换,以获得被测值或进行过程控制。

4.2 传感器分类

传感器的种类很多,现有的传感器包括压力/扭力传感器、温/湿度传感器、位移传感器、水位传感器、电流传感器、速度/加速度传感器、振动传感器、磁敏传感器、气压传感器、生物传感器、气敏传感器、红外传感器、视频传感器等。

传感器按照不同的划分标准,主要有以下几大类。

1.按能量供给方式分类

按能量供给方式分类,传感器可以分为有源传感器和无源传感器两大类。有源传感器能有意识地向被测物体施加某种能量,并将来自被测物体的反馈信息转变成为另一种能量形式。有源传感器也称为能量转换型传感器或换能器,常常配合有电压测量电路和放大器,如压电式、热电式、磁电式等传感器都属于有源传感器。无源传感器则只是被动地接收来自被测物体的信息,如光纤传感器、温湿度传感器等。

2.按工作原理分类

按工作原理分类,传感器可以分为物理传感器和化学传感器两大类。物理传感器的工作原理是利用某些材料的物理效应,如压电效应、磁致伸缩效应、热电/光电/磁电效应等,将被测信号的微小变化转变为电信号。化学传感器利用化学吸附、电化学反应等现象,将被测量信号的微小变化转变成可识别的电信号。

3.按功能分类

传感器依据其完成的功能,可分为众多种类,如压力/扭力传感器、温/湿度传感器、位移传感器、水位传感器、电流传感器、速度/加速度传感器、振动传感器、磁敏传感器、气压传感器、生物传感器、气敏传感器、红外传感器、视频传感器等。

4.按传感器制备材料分类

依据制作传感器的材料不同,传感器可分为陶瓷传感器、半导体传感器、复合材料传感器、金属材料传感器、高分子材料传感器、纳米材料传感器和生物材料传感器等。

5.按输出信号分类

按照输出信号的不同,传感器可以分为模拟传感器和数字传感器两种。模拟传感器将被测量转变成模拟电信号;数字传感器则是输出数字信号。数字传感器因其有利于后面的数据处理,所以发展很快。

4.3 传感器的特性指标

1.传感器静态特性

传感器的静态特性是指对静态的输入信号,传感器的输出量与输入量之间所具有的相互关系。因为这时输入量和输出量都和时间无关,所以它们之间的关系,即传感器的静态特性可用一个不含时间变量的代数方程,或以输入量作横坐标,把与其对应的输出量作纵坐标而画出的特性曲线来描述。表征传感器静态特性的主要参数有线性度、灵敏度、分辨力、迟滞、重复性、漂移、精度等。

1)线性度

线性度指传感器输出量与输入量之间的实际关系曲线偏离拟合直线的程度。定义为在全量程范围内实际特性曲线与拟合直线之间的最大偏差值与满量程输出值之比。

通常情况下,传感器的实际静态特性输出是条曲线而非直线。在实际工作中,为使仪表具有均匀刻度的读数,常用一条拟合直线近似地代表实际的特性曲线。线性度(非线性误差)就是这个近似程度的一个性能指标。

拟合直线的选取有多种方法。如将零输入和满量程输出点相连的理论直线作为拟合直线;或者将与特性曲线上各点偏差的平方和为最小的理论直线作为拟合直线,此拟合直线称为最小二乘法拟合直线。图4-2所示为几种拟合方法的示意图。

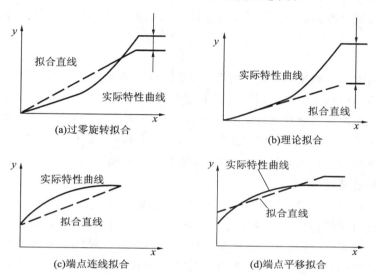

图 4-2 几种拟合方法的示意图

2)灵敏度

灵敏度是传感器静态特性的一个重要指标。其定义为输出量的增量与引起该增量的相应输入量增量之比。用 S 表示灵敏度,是指传感器在稳态工作情况下输出量变化 Δy 对输入量变化 Δx 的比值。它是输出/输入特性曲线的斜率。如果传感器的输出和输入之间呈线性关系,则灵敏度 S 是一个常数。否则,它将随输入量的变化而变化。

灵敏度的量纲是输出、输入量的量纲之比。例如,某位移传感器,在位移变化 1 mm 时,输出电压变化为 200 mV,则其灵敏度应表示为 200 mV/mm。

当传感器的输出、输入量的量纲相同时,灵敏度可理解为放大倍数。提高灵敏度,可得到较高的测量精度。但灵敏度越高,测量范围越窄,稳定性也往往越差。

3)分辨力

分辨力是指传感器可感受到的被测量的最小变化的能力。也就是说,如果输入量从某一非零值缓慢地变化,当输入变化值未超过某一数值时,传感器的输出不会发生变化,即传感器对此输入量的变化是分辨不出来的。只有当输入量的变化超过分辨力时,其输出才会发生变化。

通常传感器在满量程范围内各点的分辨力并不相同,因此常用满量程中能使输出量产生阶跃变化的输入量中的最大变化值作为衡量分辨力的指标。上述指标若用满量程的百分比表示,则称为分辨率。分辨力与传感器的稳定性有负相关性。

4)迟滞

传感器在输入量由小到大(正行程)及输入量由大到小(反行程)变化期间其输入输出特

性曲线不重合的现象称为迟滞。对于同一大小的输入信号,传感器的正反行程输出信号大小不相等,这个差值称为迟滞差值。

5) 重复性

重复性是指传感器在输入量按同一方向做全量程连续多次变化时,所得特性曲线不一致的程度。

6) 漂移

传感器的漂移是指在输入量不变的情况下,传感器输出量随着时间的改变而变化。产生漂移的原因有两个方面:一是传感器自身结构参数的变化;二是周围环境(如温度、湿度等)的改变。

7) 精度

传感器的精度是指测量结果的可靠程度,是测量中各类误差的综合指标,误差越小,传感器的精度越高。传感器的精度用其量程范围内的最大基本误差与满量程输出之比的百分数表示。基本误差是传感器在规定的正常工作条件下所具有的测量误差,由系统误差和随机误差组成。在工程中,为了简化传感器精度的表示方式,通常用精度等级来表示。精度等级以一系列标准百分比数值分档表示,代表传感器测量的最大允许误差。

2. 传感器动态特性

所谓动态特性,是指传感器在输入变化时,它的输出的特性。在实际工作中,传感器的动态特性常用它对某些标准输入信号的响应来表示。这是因为传感器对标准输入信号的响应容易用实验方法求得,并且它对标准输入信号的响应与它对任意输入信号的响应之间存在一定的关系,往往知道了前者就能推算出后者。最常用的标准输入信号有阶跃信号和正弦信号两种,所以传感器的动态特性也常用阶跃响应和频率响应来表示。

4.4 几种常用的传感器简介

传感器的种类繁多,工作原理也各不相同。在本书中我们只是简单介绍一些常用的传感器,更详细的内容,留给专业基础课中的相关课程再进行详细介绍。

1. 电阻式传感器

电阻式传感器就是利用非电学量(如力、位移、加速度、角速度、温度、光照强度等)的变化,引起电路中电阻的变化,从而把不易测量的非电学量转化为电学量。利用某些材料的应变效应、压阻效应和热敏效应等实现对外部被测量的测量。

1) 应变效应传感器

金属都有一定的电阻,电阻值因金属的种类而异。同样的材料,越细或越薄,则电阻值越大。当施加有外力时,金属若变细变长,则阻值增加;若变粗变短,则阻值减小。如果发生应变的物体上安装有(通常是粘贴)金属电阻,当物体伸缩时,金属体也按某一比例发生伸缩,因而电阻值产生相应的变化。因此可利用此原理来构成传感器。

2) 压阻效应传感器

压阻效应是指材料在某一轴向受外力作用时,其电阻率 ρ 发生变化的现象。通过一定的转换电路可实现传感测量的功能。

利用半导体材料的压阻效应制作的传感器灵敏度较高、尺寸小、动态响应好。但半导体材料由于还具有热敏效应,因此其温度稳定性不够好。

3）热敏效应传感器

金属或半导体材料都有热敏效应，即外界温度变化时，会改变这两种材料的电阻率 ρ，电阻率与外界温度之间存在着一种函数关系，这样通过材料电阻率的变化即可测量出被测环境中的温度变化。

4）光敏效应传感器

半导体材料本身具有一种光敏效应，即当半导体材料受到光照时，会影响其导电性能。光照强度增加，其电阻率下降。因此，可以通过其电阻变化导致的电信号变化检测引起这些变化的光照强度。

5）气敏效应传感器

半导体材料制成的声表面波器件的波速或频率会随外界环境的变化而发生改变。气敏传感器就是利用这种性能在压电晶体表面涂覆一层选择性吸附某气体的气敏薄膜，当该气敏薄膜与待测气体相互作用（化学作用或生物作用，或者是物理吸附），使得气敏薄膜的膜层质量和导电率发生变化时，引起压电晶体的声表面波频率发生漂移；气体浓度不同，膜层质量和导电率变化程度也不同，即引起声表面波频率的变化也不同。通过测量声表面波频率的变化就可以准确地反映气体浓度的变化。

它的应用主要有：一氧化碳气体的检测、瓦斯气体的检测、煤气的检测、氟利昂（R11、R12）的检测、呼气中乙醇的检测、人体口腔内口臭的检测等。

2. 电容式传感器

电容式传感器的基本原理是将被测量的变化转换成传感元件电容量的变化，再经过测量电路将电容量的变化转换成电信号输出。因此，电容式传感器实际上是一个可变参数的电容器。

平板电容器电容量表达式为

$$C = \varepsilon A / d$$

式中：ε——电容器介质材料的介电常数；

A——电容器两极板之间的有效表面积；

d——电容器两极板之间的间隙距离。

三个参数都直接影响着电容量的大小。如果保持其中两个参数不变，而使另外一个参数改变，则电容量将发生变化。

如果变化的参数与被测量之间存在一定函数关系，那么电容量的变化可以直接反映被测量的变化情况，再通过测量电路将电容量的变化转换为电量输出，就可以达到测量的目的。

电容式传感器通常可以分为三种类型：改变极板面积的变面积式传感器；改变极板距离的变间隙式传感器；改变介电常数的变介电常数式传感器。

3. 电感式传感器

电感式传感器利用电磁感应原理将被测非电量转换成线圈自感系数或互感系数的变化，再由测量电路转换为电压或电流的变化量输出。电感式传感器可分为自感式传感器、差动变压式传感器和电涡流传感器三种类型。

下面以自感式传感器为例简单说明一下电感式传感器的结构，另外两种电感式传感器从原理上与之大同小异，就不一一介绍了。

自感式传感器由线圈、铁芯和衔铁三部分组成（见图4-3）。铁芯与衔铁由硅钢片或坡莫

45

合金等导磁材料制成。

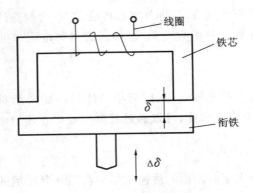

图 4-3　自感式传感器组成图

当线圈匝数 N 为常数时,电感 L 仅仅是磁路中磁阻的函数,只要改变 δ 或 S 均可导致电感变化。因此变磁阻式传感器(自感式传感器的另一叫法)又可分为变气隙厚度 δ 的传感器和变气隙面积 S 的传感器。

在实际应用中,还有一种螺管式自感传感器,其组成如图 4-4 所示。

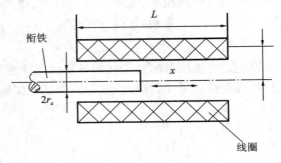

图 4-4　螺管式自感传感器组成图

传感器工作时,衔铁在线圈中伸入长度的变化将引起螺管线圈电感量的变化。由于螺管线圈长度远大于螺管线圈半径,当衔铁工作在螺管的中部时,可以认为线圈内磁场强度是均匀的。因此,线圈电感量 L 与衔铁的插入深度大致上成正比。这种传感器结构简单,制作容易,灵敏度较低,适用于测量较大的位移量。

4. 霍尔传感器

霍尔转速传感器的主要工作原理是霍尔效应。霍尔效应是磁电效应的一种,这一现象是美国物理学家霍尔(A. H. Hall)于 1879 年在研究金属的导电机构时发现的。当电流垂直于外磁场通过导体时,在导体的垂直于磁场和电流方向的两个端面之间会出现电势差,这一现象便是霍尔效应。后来发现半导体、导电流体等也有这种效应,而半导体的霍尔效应比金属强得多,利用这种现象可制成各种霍尔元件,霍尔传感器就是其中之一。

利用霍尔效应,也就是当转动的金属部件通过霍尔传感器的磁场时,会引起电势的变化,通过对电势的测量就可以得到被测量对象的转速值。

霍尔传感器主要有电流传感器、位移传感器、速度/角速度传感器等类别。图 4-5 所示为霍尔电流传感器实物图。

图 4-5　霍尔电流传感器实物图

5. 光纤传感器

光纤传感器的基本工作原理是将来自光源的光经过光纤送入调制器,使待测参数与进入调制区的光相互作用后,导致光的光学性质(如光的强度、波长、频率、相位、偏正态等)发生变化,称为被调制的信号光,再经过光纤送入光探测器,经解调后,获得被测参数。图 4-6 所示为光纤传感器实物图。

光纤传感器是最近几年出现的新技术,可以用来测量多种物理量,比如声场、电场、压力、温度、角速度、加速度等,还可以完成现有测量技术难以完成的测量任务。在狭小的空间里,在强电磁干扰和高电压的环境里,光纤传感器都显示出了独特的能力。

图 4-6　光纤传感器实物图

与传统的传感器相比,光纤传感器具有独特的优点。

1)灵敏度高

由于光是一种波长极短的电磁波,通过光的相位便得到其光学长度。以光纤干涉仪为例,由于所使用的光纤直径很小,受到微小的机械外力的作用或温度变化时其光学长度要发生变化,从而引起较大的相位变化。假设用 10 m 的光纤,1 ℃ 的变化引起 1000 rad 的相位变化,若能够检测出的最小相位变化为 0.01 rad,那么所能测出的最小温度变化为 10 ℃,可见其灵敏度之高。

2)抗电磁干扰、电绝缘、耐腐蚀、本质安全

由于光纤传感器是利用光波传输信息,而光纤又是电绝缘、耐腐蚀的传输介质,并且安全可靠,这使它可以方便有效地用于各种大型机电、石油化工、矿井等强电磁干扰和易燃易爆等恶劣环境中。

3)测量速度快

光的传播速度最快且能传送二维信息,因此可用于高速测量。对雷达等信号的分析要求具有极高的检测速率,应用电子学的方法难以实现,利用光的衍射现象的高速频谱分析便可解决这一难题。

4)信息容量大

被测信号以光波为载体,而光的频率极高,所容纳的频带很宽,同一根光纤可以传输多路信号。

5)适用于恶劣环境

光纤是一种电介质,耐高压、耐腐蚀、抗电磁干扰,可用于其他传感器所不能适应的恶劣环境中。

此外,光纤传感器还具有质量轻、体积小、可绕曲、测量对象广泛、复用性好、成本低等特点。

4.5 传感器技术的发展趋势

传感器在科学技术领域、工农业生产以及日常生活中发挥着越来越重要的作用。人类社会对传感器提出的越来越高的要求是传感器技术发展的强大动力。而现代科学技术则提供了坚强的后盾。随着科技的发展,传感器也在不断地更新发展。

1. 开发新型传感器

新型传感器采用新原理制造,可填补传统传感器的空白。新型传感器的工作原理是基于各种效应和定律,由此启发人们进一步探索具有新效应的敏感功能材料,并以此研制出具有新原理的新型物性型传感器件,这是发展高性能、多功能、低成本和小型化传感器的重要途径。

2. 集成化、多功能化、智能化

传感器集成化包括两种定义:一种定义是同一功能的多元件并列化,即将同一类型的单个传感元件用集成工艺在同一平面上排列起来,排成一维的为线性传感器,CCD 图像传感器就属于这种情况;集成化的另一种定义是多功能一体化,即将传感器与放大、运算以及温度补偿等环节一体化,组装成一个器件。

传感器的多功能化也是其发展方向之一。把多个功能不同的传感元件集成在一起,除可同时进行多种参数的测量外,还可对这些参数的测量结果进行综合处理和评价,可反映出被测系统的整体状态。由上还可以看出,集成化对固态传感器带来了许多新的机会,同时它也是多功能化的基础。

传感器与微处理器相结合,使之不仅具有检测功能,还具有信息处理、逻辑判断、自诊断以及"思维"等人工智能,称之为传感器的智能化。

3. 新材料传感器

传感器材料是传感器技术的重要基础,是传感器技术升级的重要支撑。随着材料科学的进步,传感器技术日益成熟,传感器材料的种类越来越多,除了早期使用的半导体材料、陶瓷材料以外,光导纤维以及超导材料的开发,为传感器的发展提供了物质基础。例如,根据以硅为基体的许多半导体材料易于微型化、集成化、多功能化、智能化,以及半导体光热探测器具有灵敏度高、精度高、非接触性等特点,发展红外传感器、激光传感器、光纤传感器等现代传感器;在敏感材料中,陶瓷材料、有机材料发展很快,可采用不同的配方混合原料,在精密调配化学成分的基础上,经过高精度成型烧结,得到对某一种或某几种气体具有识别功能的敏感材料,用于制成新型气体传感器。此外,高分子有机敏感材料,是近几年人们极为关注的具有应用潜力的新型敏感材料,可制成热敏、光敏、气敏、湿敏、力敏、离子敏和生物敏等传感器。传感器技术的不断发展,也促进了更新型材料的开发,如纳米材料等。美国 NRC 公司已开发出纳米 ZrO_2 气体传感器,用来控制机动车辆尾气的排放,对净化环境效果很好,应用前景比较广阔。由于采用纳米材料制作的传感器,具有庞大的界面,能提供大量的气体通道,而且导通电阻很小,有利于传感器向微型化发展,随着科学技术的不断进步将有更多的新型材料诞生。

4. 新工艺传感器

在发展新型传感器的过程中,离不开新工艺的采用。新工艺的含义范围很广,这里主要指与发展新兴传感器联系特别密切的微细加工技术。该技术又称微机械加工技术,是近年来随着集成电路工艺发展起来的,它是离子束、电子束、分子束、激光束和化学刻蚀等用于微电子加工的技术,目前已越来越多地用于传感器领域,例如溅射、蒸镀、等离子体刻蚀、化学气相淀积、外延、扩散、腐蚀、光刻等,迄今已有大量采用上述工艺制成的传感器的国内外报道。

5. 智能材料传感器

智能材料是指设计和控制材料的物理、化学、机械、电学等参数,研制出生物体材料所具有的特性或者优于生物体材料性能的人造材料。有人认为,具有下述功能的材料可称之为智能材料:具备对环境的判断和自适应功能;具备自诊断功能;具备自修复功能;具备自增强功能(或称时基功能)。

生物体材料最突出的特点是具有时基功能,因此这种传感器的特性是微分型的,它对变分部分比较敏感。反之,长期处于某一环境并习惯了此环境,则灵敏度下降。一般来说,它能适应环境调节其灵敏度。除了生物体材料外,最引人注目的智能材料是形状记忆合金、形状记忆陶瓷和形状记忆聚合物。智能材料的探索工作才刚刚开始,相信不久的将来会有更大的发展。

4.6 传感器与物联网

1. 物联网对传感器的特性要求

为了满足物联网大规模、低成本、无人值守、环境复杂、电池供电等外界环境条件,智能传感器需满足以下条件。

(1)微型化。物联网的特点要求传感器向微型化发展。

(2)低成本。低成本是物联网大规模应用的前提。在传感器设计时采用低成本设计方法,提高传感器成品率,实现产业化生产。

(3)低功耗。因物联网是靠电池长期供电的,为节约能源,传感器必须采用低功耗供电。采用低功耗设计原则,在技术路线上采用太阳能、光能、生物能作为传感器电源。

(4)抗干扰。能抗电磁辐射、雷电、强电场、高湿、障碍物等恶劣环境。

(5)灵活性。传感器节点在物联网中应用时,节点通过提供一系列的软、硬件标准,能实现面向应用的灵活编程要求。传感器是物联网的重要组成之一,是物联网系统中的关键组成部分。

(6)智能性。智能传感器带有微处理器,具有高精度、高可靠性与高稳定性、高信噪比与高分辨力、自适应性强等特点。智能传感器是物联网发展与应用的重要基础。

传感器的性能决定物联网的性能。传感器是物联网中获得信息的重要手段和途径。传感器采集信息的准确性、可靠性、实时性将直接影响到控制节点对信息的处理与传输。传感器的特性、可靠性、实时性、抗干扰性等性能，对物联网应用系统的性能起着举足轻重的作用。

2. 传感器在物联网中的战略意义

传感器技术是物联网重要的感知技术之一，可以说，传感器的性能决定物联网的性能。

我国自20世纪90年代以来，互联网技术、移动通信技术、软件开发技术和能力都得到了空前的发展和应用。在整个物联网的三层体系中，我国在应用层、传输层技术领域与世界的差距正逐步缩小。但在感知层面，我国的技术储备相对落后。可以说，传感器技术已经成为我国物联网发展的瓶颈。

相对于计算机技术和通信技术，传感器技术在国内处于弱势地位，存在问题众多，与国外的差距在进一步扩大。传感器产业化决定物联网市场应用前景。未来10年，物联网将有上万亿元的高科技市场，其产业要比互联网大3倍。在大力发展物联网的同时，如果不发展传感器技术，则大量传感器势必要从国外进口。传感器市场一旦被国外占有，对我国而言，不仅经济损失巨大，而且国家安全也将没有保障。

4.7 传感器技术应用实例——油田油井远程监控系统

石油在人们生产生活中的作用至关重要。石油的高效生产有助于促进社会的和谐进步。油田油井数量多且分布比较零散，目前大多采用人工巡井方式，由人工每日定时检查设备运行情况并记录采油数据。这种方式必然增加工人劳动强度，并且影响了设备监控与采油数据的实时性和准确性。为此，人们提出"数字油田"的概念，即对油田的所有资产，从油藏到销售终端，实时地获取、监视和分析油田数据，提供实时的、连续的、远程的监控和管理。

以北京某公司的"油井生产远程监控系统"为例，它通过对油井生产过程的自动化监测，实时地获取、监视和分析生产数据。提供实时的、连续的、远程的监控和管理。系统包括3个模块：数据采集模块、数据传输模块、远程监控模块。数据采集子系统则是传感器的一个典型应用。图4-7所示是抽油机平台各个传感器应用的示意图。

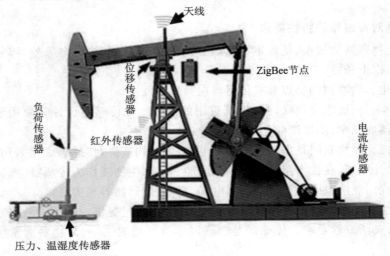

图 4-7 抽油机平台各个传感器应用的示意图

在这个示意图中,一个抽油机平台共装有温度传感器、湿度传感器、压力传感器、电流传感器、位移传感器、负荷传感器(示功仪),这些传感器均是智能传感器,即通过无线方式将各自感知的数据信息传送给 ZigBee 节点,经该节点发送到远端的监控中心。

由于一块油田通常具有多口油井,因此每个抽油机的工作状态都应在监控范围之内。不同油井组成了一个分布较广的区域。通过无线的方式,各个抽油机的 ZigBee 节点可以将各自的信息传到一个中心节点,再由中心节点传输到监控中心,如图 4-8 所示。

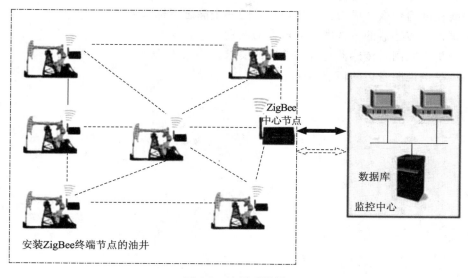

图 4-8　油区系统图

监控中心对抽油机的工况进行实时采集和分析,同时还具有间抽设置、远程开关井、远程变频等远程控制功能。通过下达采集、调控等指令,自动完成实时监测油井的压力、温度、功图、动液面、电参数,远程智能调控电机启停、阀门开度、电机频率。这样就保证了采集调控的迅捷、精准,并降低了油井工人的劳动强度,提高了油井的自动化管理水平。

"油井生产远程监控系统"实现远程油井采油动态资料数据的自动化采集和传输,由远程变频控制单元利用功图、压力、温度和电参量数据对油井工况进行综合诊断,依据油井综合诊断结果选择最佳变频和启停方案。实现对采油设备的最高效变频控制,达到提高泵效的最佳应用效果。

本 章 小 结

(1)传感器是能够感受规定的被测量并按照一定规律转换成可用输出信号的器件或装置。传感器一般由敏感元件、转换元件、转换电路三部分组成。传感器感知的是物品的自然属性信息,如温度、湿度、位移、压力、光电磁等。

(2)传感器的种类很多,现有的传感器包括压力/扭力传感器、温/湿度传感器、位移传感器、水位传感器、电流传感器、速度/加速度传感器、振动传感器、磁敏传感器、气压传感器、生物传感器、气敏传感器、红外传感器、视频传感器等。

(3)传感器的静态特性是指对静态的输入信号,传感器的输出量与输入量之间所具有的相互关系;动态特性是指传感器在输入变化时,它的输出的变化特性。

(4)传感器的发展趋势包括:①集成化、多功能化、智能化;②新材料传感器;③新工艺传感器;④智能材料传感器。

习　题

(1)试比较射频识别技术与传感器技术在感知物体信息方面的差异。

(2)从传感器的组成来看,其核心部件是什么?

(3)有源传感器与无源传感器的区别是什么?

(4)线性度为什么会成为传感器很重要的一个静态指标参数?

(5)试说明传感器的灵敏度与分辨力的区别。

(6)分析物联网对传感器有哪些特殊的要求。

(7)试举例说明身边的传感器应用。

第5章 物联网感知技术——模式识别技术

在第2章、第3章和第4章中,我们分别介绍了三种感知技术:条码技术、RFID技术和传感器技术。这三种感知技术相比较于我们这一章讨论的模式识别技术,它们感知的信息形式多为数值、文字等数字化标量信息。而对于诸如声音、图像、视频等信息内容,它们显然在感知能力上是无法满足人们的要求的。因此,我们在这一章中重点介绍一种更为高级和复杂的感知技术——模式识别技术。

5.1 模式识别概述

模式识别(pattern recognition)是人类的一项基本智能,在日常生活中,人们经常在进行"模式识别",比如识别声音、文字、颜色、形状、冷热等。随着20世纪40年代计算机的出现以及20世纪50年代人工智能的兴起,人们当然也希望能用计算机来代替或扩展人类的部分脑力劳动。模式识别在20世纪60年代初迅速发展并成为一门新学科。

模式识别是指对表征事物或现象的各种形式的(数值的、文字的和逻辑关系的)信息进行处理和分析,以对事物或现象进行描述、辨认、分类和解释的过程,是信息科学和人工智能的重要组成部分。

模式识别分抽象的模式识别和具体的模式识别两种形式。前者如意识、思想、议论等,属于概念识别研究的范畴,是人工智能的另一研究分支。我们所指的模式识别主要是对语音、图像、视频及生物传感器等对象的具体模式进行辨识和分类。

模式识别技术已被广泛应用于人工智能、计算机工程、机器学、神经生物学、医学、侦探学以及高能物理、考古学、地质勘探、宇航科学和武器技术等许多重要领域,如声音识别、语音翻译、人脸识别、指纹识别、手写体字符的识别、工业故障检测、精确制导等。

5.2 模式识别的系统组成与方法

1. 模式识别系统的组成

模式识别系统的组成如图5-1所示。

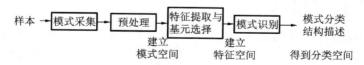

图 5-1 模式识别系统的组成

其中:模式采集是用适当的方法、手段获取样本的全部描述信息;预处理是指对信息进行的滤波、转换、编码等加工;特征提取与基元选择可降低维数,提高效率,节省系统开支;模式识别就是依据一定规则确定待识别模式在模式类型中的归属。

2. 模式识别的方法

根据模式的定义,描述模式有两种方法:定量描述和结构性描述。定量描述就是用一组数据来描述模式;而结构性描述就是用一组表达各局部特征的基元来描述模式。

对应于上述两种不同的描述,有两种基本的模式识别方法:统计模式识别方法和结构模式识别方法。

1)统计模式识别方法

统计模式识别方法又称决策论方法,采用特征向量表示模式。以样本在特征空间中的具体数值为基础。统计模式识别方法是从被研究的模式中选择能足够代表它的若干特征,于是每一个模式就在特征空间中占有一个位置。一个合理的假设是同类的模式在特征空间中相距很近,而不同类的模式在特征空间中则相距较远。因为相距近的模式意味着它们的各个特征相差不多,从而在同一类中的可能性也较大。如果用某种方法来分割特征空间,使得同一类模式大体上都在特征空间的同一个区域中,对于待分类的模式,就可根据它的特征向量位于特征空间中哪一个区域而判定它属于哪一类模式。模式识别的任务就是用不同的方法划分特征空间,从而达到分类识别的目的。

如:判断一个水果是苹果还是橘子,我们可以通过颜色和形状两个特征来识别。颜色在计算机中由红绿蓝三基色合成,每种颜色都有一个具体的数值;形状则可以用水果上部到直径最大处的距离与总高度之比来表示。这两个特征可组成一个二维特征向量,如图 5-2 所示。

$$X = (x_1, \ x_2) = \begin{bmatrix} x_1 \\ x_2 \end{bmatrix} = \begin{bmatrix} 颜色 \\ 形状 \end{bmatrix}$$

图 5-2 二维特征向量

这样的描述就是定量描述,对于一个具体的水果,x_1 和 x_2 都有一个具体的数值。

2)结构模式识别方法

结构模式识别方法也叫句法方法,采用符号串或符号树来描述模式。以图形结构特征为基础适宜于图像分析和理解。结构模式识别方法立足于分析模式的结构信息。至今比较成功的是句法结构模式识别方法。

在这个方法中,把模式的结构类比于语言中句子的构造。这样,就可利用形式语言学的理论来分析模式。大家知道,句子由单词按文法规则构成。同样,模式由一些模式基元按一定的结构规则组合而成,分析模式如何由基元构成的规则就相当于在形式语言学中对一个句子做句法分析。句法结构模式识别就是检查代表这个模式的句子是否符合事先规定的某一类文法规则,如果符合,那么这个模式就属于这个文法所代表的那个模式类。除分类信息外,句法还能给出模式的结构信息。

如图 5-3 所示,左边所示的物体由右边所示的 a、b、c 三个基元(基本单元)组成,其中 a、c 表示两个圆弧段,b 表示直线段,这样 $X = abc$ 就不仅表达了物体的形状,而且也表达了各基元之间的连接关系,从而在结构上描述了这个物体。这也是模式的一种描述——结构性描述。结构性描述的结果是符号形式。

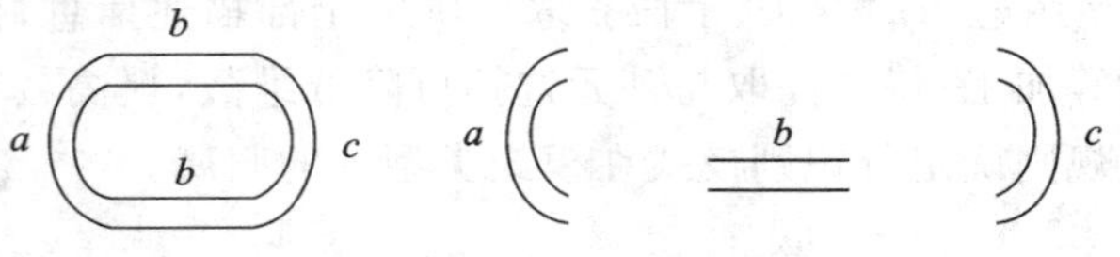

图 5-3 结构性描述示意图

5.3 模式识别的发展与应用

经过多年的研究和发展,模式识别技术已被广泛应用于人工智能、计算机工程、机器学、神经生物学、医学、侦探学以及高能物理、考古学、地质勘探、宇航科学和武器技术等许多重要领域,如声音识别、语音翻译、人脸识别、指纹识别、手写体字符的识别、工业故障检测、精确制导等。

1. 文字识别

文字识别是当前发展最成熟、应用最广泛的模式识别技术之一。处理的信息可分为两大类。一类是文字信息,处理的主要是用各国家、民族的文字(如汉字、英文等)书写或印刷的文本信息。目前在印刷体和联机手写方面的识别技术已趋向成熟。另一类是数据信息,主要是由阿拉伯数字及少量特殊符号组成的各种编号和统计数据,如邮政编码、统计报表、财务报表、银行票据等,处理这类信息的核心技术是手写数字识别。

由于汉字为非字母化的文字,从识别技术的难度来说,中文汉字识别难于西文字符,手写体识别的难度又高于印刷体识别。而在手写体识别中,脱机手写体的难度又远远超过了连机手写体识别。

到目前为止,印刷体中文汉字识别已广泛用于出版印刷、新闻通信、资料文献管理等;脱机手写体数字识别则已成功用于邮政信函分拣。而汉字等文字的脱机手写体识别还处在实验阶段。手写板输入汉字采用在线文字识别技术,它增加利用了笔顺信息,从而降低了识别难度,已得到了一定程度的应用。

2. 音频识别

音频识别中被熟知的是语音文字识别。语音文字识别不仅可以实现文字的快速机器录入,从而提高向计算机中录入文字的速度,而且可以实现不同语言之间的快速翻译。但它不仅需要分析语言结构和语音的物理过程,而且涉及听觉的物理、生理过程。目前孤立单一的语言文字的识别已很成功,但识别连续的语言文字仍很困难,主要是连续语言文字的分割断句、节拍信息的提取以及某些辅音的准确检出还没得到很好的解决。

声音识别相对简单,它不需要关心声音所表达的内容,只需关心声音的特征,从而确定发出声音的特定目标。声音识别技术在反恐斗争以及身份鉴别中已能成功使用,并日益成为人们日常生活和工作中重要且普及的安全验证方式。

语音文字识别其实仅仅是音频识别系统的一个应用方向,音频识别还有更广泛的应用。例如,用于军事和海洋探测领域中的声呐系统等。

3. 身份识别

人类手指、脚趾内侧表面的皮肤凹凸不平产生的纹路会形成各种各样的图案。而这些皮肤的纹路在图案、断点和交叉点上各不相同,是唯一的。依靠这种唯一性,就可以将一个人同他的指纹对应起来,通过将他的指纹和预先保存的指纹进行比较,便可以验证他的真实身份。

实现指纹识别的方法有很多,大致可以分为 4 类:基于神经网络的方法、基于奇异点的方法、语法分析的方法和其他的方法。在指纹识别的应用中,一对一的指纹鉴别已经获得较大的成功,但一对多的指纹识别,还存在着比对时间较长、正确率不高的特点。为了加快指纹识别的速度,无论是对图像的预处理,还是对算法的改进,都刻不容缓。掌纹、手形、笔迹、人类面部特征以及虹膜、耳郭、姿态等识别技术与此相似。

4. 医学应用

这是模式识别应用较为广泛的领域。例如:心电图分析、脑电图分析、血象分析、细胞识别分类、中医专家系统分析脉相等。

细胞识别分类是最近在识别技术中比较热门的一个话题。以前,对疾病的诊断仅仅通过表面现象,经验在诊断中起了主导作用,错判率始终占有一定的比例;而通过人工辨识显微细胞来诊断疾病不仅费力费时、得不偿失,还容易判断错误、耽误治疗。而今,通过对显微细胞图像的研究和分析,基于图像区域特征,利用计算机技术对显微细胞图像进行自动识别来诊断疾病则越来越受到广泛的关注,并且也获得了不错的效果。

5. 工业应用

工业上可以进行零件识别、表面缺陷检查、故障诊断,应用于智能机器人等。

6. 其他应用

其他应用包括车辆号牌识别、人眼关注角度识别、视频监控中的对象识别、网络内容分析过滤、基于内容的图像检索等;天文望远镜图像分析、股票交易预测、天气云图分析、遥感探矿、农业估产、军事侦察监听、敌友识别、数据挖掘等。

7. 物联网应用

模式识别技术虽然早于物联网的发展,但其在物联网中的作用与其他感知技术一样重要。当我们需要感知自然界各种物品的音频、图像以及视频等复杂信息时,模式识别将是最重要的支撑技术,是实现对物质世界全面感知的关键保障。

对音频、图像和视频的感知技术早已有之,如录音、照相和摄像技术早就成了大众化技术。但能否从这些信息中提取关键因素用于物联网中的数字化细节感知,则需要对这些技术进行进一步的研究。比如,拍摄一张汽车车牌很容易,但要想把照片中车牌号码转换成数字化号码存储在数据库中,则必须要用到模式识别技术。

本节中我们介绍的模式识别应用领域,很多方面都与物联网的未来发展有着密切的关系。模式识别技术的发展必将会使物联网感知的能力和效率得到巨大的提升。

5.4 模式识别技术应用实例

5.4.1 智能车牌识别系统

车牌识别技术(vehicle license plate recognition,VLPR)是指能够检测到受监控路面的车辆并自动提取车辆牌照信息(含汉字字符、英文字母、阿拉伯数字及号牌颜色)进行处理的技术。

车牌识别是现代智能交通系统中的重要组成部分之一,应用十分广泛。它以数字图像处理、模式识别、计算机视觉等技术为基础,对摄像机所拍摄的车辆图像或者视频序列进行分析,得到每一辆汽车唯一的车牌号码,从而完成识别过程。通过一些后续处理手段可以实现停车场收费管理、交通流量控制指标测量、车辆定位、汽车防盗、高速公路超速自动化监管、闯红灯电子警察、公路收费站等功能。对于维护交通安全和城市治安,防止交通堵塞,实现交通自动化管理有着现实的意义。

下面以北京某公司研制的自动车牌识别系统为例做简单介绍。

1. 车牌识别流程

该系统的工作流程如图 5-4 所示。

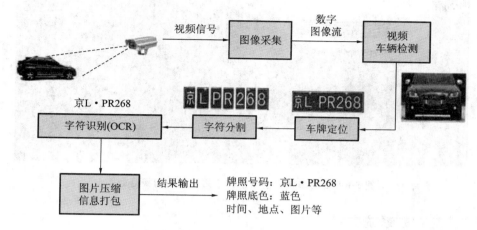

图 5-4　车牌识别流程示意图

如上述识别流程示意图所示，该系统可以通过视频摄像头获取车牌的图像信息，根据内在的分割和识别算法，将视频中的车牌信息转化为字符串形式存储以备后续处理。

2. 系统组成

该系统的组成如图 5-5 所示。

在这一系统中，视频采集部分包括全景摄像机和特征摄像机。其中，全景摄像机用于车辆行驶状态视频捕捉；特征摄像机用于车牌信息的捕捉。系统还包括测速雷达装置，用于车速检测。

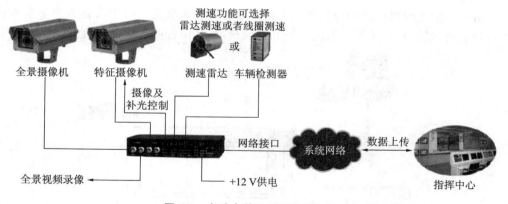

图 5-5　自动车牌识别系统的组成

3. 实际应用

该系统可以用于车辆管理系统、城市卡口系统、超速抓拍系统等方面。

图 5-6 所示为该系统在实用场景中的视频截图。在该截图左上角显示了经过识别后的车牌信息，速度信息，拍摄时间、地点及车辆类型等相关信息。

图 5-6   自动车牌识别系统在实用场景中的视频截图

5.4.2 人脸识别系统应用

人脸识别系统采用区域特征分析算法,融合计算机图像处理技术与生物统计学原理于一体,利用计算机图像处理技术从视频中提取人像特征点,利用模式识别原理进行分析建立数学模型,从而对特定人员身份进行识别。

人脸识别系统可应用于:出入境管理系统、门禁考勤系统、公共安全管理、计算机安全防范、照片搜索、来访登记、ATM 机智能视频报警系统、监狱智能报警系统、公安罪犯追逃智能报警等广泛领域。我们以中国某公司的人脸识别门禁系统为例做一介绍。

1. 系统构成

如图 5-7 所示,人脸识别门禁系统由人脸识别门禁机、控制器(门禁电源)、电锁(电插锁或者磁力锁等)、开关、管理主机(计算机)、门禁管理软件等组成。控制器是门禁系统的核心。它由一台微处理机以及相应的外围电路组成。由它来决定某一个人是否为本系统已注册的有效人员,是否符合所限定的时间段和开门权限,从而控制电锁是否打开。

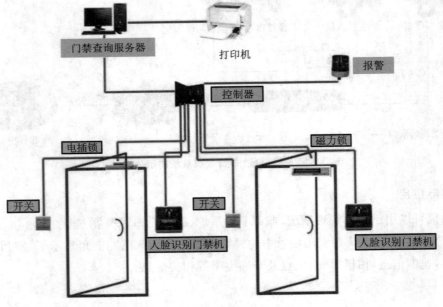

图 5-7   人脸识别门禁系统结构图

2. 工作原理

该系统采用"双目立体"红外人脸识别算法（dual sensor）。"双目立体"红外人脸识别算法采用的专用双摄像头，就好像一个人的一双眼睛，该算法既保留了二维人脸识别技术中简单的优点，又借鉴了三维人脸识别技术中三维信息的优势，识别性能达到国际一流水准，识别速度快，产品技术成熟。"双目立体"识别的基本原理如图5-8所示。

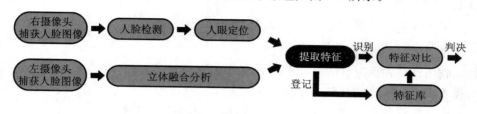

图 5-8 "双目立体"识别的基本原理图

人脸识别设备中左摄像头捕获人脸图像，进行立体融合分析；右摄像头捕获到含有人脸的图像后，对人脸进行脸部的一系列相关比对分析，包括人脸检测、人眼定位、人脸特征预处理、记忆存储和比对辨识，达到识别不同人身份的目的。

3. 系统特点

人脸识别门禁系统采用人脸识别门禁设备，将每个有权进入的人员脸部特征录入识别设备，相当于一把钥匙。系统根据该人员的脸部特征及权限等信息，判断该人是否被允许进入该场所。对于工厂、机关等需要考勤的场所，人脸识别门禁系统还可以记录每个员工是否按时上下班。人脸识别门禁系统的最大优势是避免了射频卡容易丢失，容易被他人冒用，以及指纹识别困难等几个问题。其主要特点如下：

(1)避免了刷卡门禁卡容易丢失、易被他人冒用的问题；

(2)避免了指纹门禁指纹识别困难的问题；

(3)识别速度快，节省时间；

(4)设备采用嵌入式技术，不需要后台服务器实时支持；

(5)不受室内光线影响，黑暗中也可识别；

(6)非接触，卫生，可避免疾病交叉感染；

(7)人机交互性能好。

本 章 小 结

(1)模式识别是指对表征事物或现象的各种形式（数值的、文字的和逻辑关系的）信息进行处理和分析，以对事物或现象进行描述、辨认、分类和解释的过程，是信息科学和人工智能的重要组成部分。

(2)模式识别分抽象的模式识别和具体的模式识别两种形式。前者如意识、思想、议论等，属于概念识别研究的范畴，是人工智能的另一研究分支。我们所指的模式识别主要是对语音、图像、视频及生物传感器等对象的具体模式进行辨识和分类。

(3)模式识别由模式采集、预处理、特征提取与基元选择和模式识别五部分组成。

(4)描述模式有两种方法：定量描述和结构性描述。定量描述就是用一组数据来描述模式；而结构性描述就是用一组表达各局部特征的基元来描述事物特征。由此，模式识别的方法有两种：统计模式识别方法和结构模式识别方法。

（5）模式识别技术应用于人工智能、计算机工程、机器学、神经生物学、医学、侦探学以及高能物理、考古学、地质勘探、宇航科学和武器技术等许多重要领域。例如，声音识别、语音翻译、人脸识别、指纹识别、手写体字符的识别、工业故障检测、武器精确制导等。

习 题

（1）试说明模式识别与射频识别的区别。

（2）比较统计模式识别与结构模式识别这两种方法的异同点。

（3）模式识别技术已经有哪些实际的应用？

（4）试预测在物联网工程领域，最可能应用模式识别技术的方向。

第3篇

Part 1
WANGLOUPIAN
网络篇

第3篇
网络篇

　　物联网的网络层主要用来把感知层收集到的信息安全可靠地传输到应用层，然后根据不同的应用需求进行信息处理。物联网的网络层包括短距离无线通信网（如ZigBee、蓝牙、RFID等无线传感网技术）、长距离无线通信网（GPRS/CDMA、3G、4G等）、短距离有线通信网（现场总线等）、长距离有线通信网（支持IP协议的互联网网络层传输技术）。

　　网络层主要解决三个方面的问题。第一，在不同的网络拓扑结构下网络信息的发送路径，尤其是大范围网络拓扑、自身或其他网络节点移动时，路由能力的高度智能化问题。第二，数据流的分布管理问题。这其中包括数据源节点、目标节点的分布以及接入点的自动识别定位等。第三，跨层信息路径和系统各个指标（移动性、稳定性、寿命等）的优化问题。目前，物联网领域受到普遍关注的是无线传感器网络技术，这其中包括蓝牙技术、WiFi技术、ZigBee技术、6LoWPAN技术、WiMAX技术以及无线定位技术等，本篇将重点介绍这几种无线传感器网络技术。

第6章 无线传感器网络

6.1 无线传感器网络概述

无线传感器网络(wireless sensor network,WSN)是一种自组织网络,通过大量低成本的传感节点设备协同工作完成感知、采集和处理网络覆盖区域内感知的对象信息,并自动发送给观察者。它是当前在国际上备受关注、涉及多学科高度交叉、知识高度集成的前沿热点研究领域。传感器技术、微机电系统、现代网络和无线通信技术的进步,极大地推动了无线传感器网络的发展。

无线传感器网络大大扩展了人类获取信息的能力,将客观的物理信息同传输网络连接在一起,为人类提供直接和有效的信息。尤其是在环境恶劣、无人值守、资源受限的环境中具有十分广阔的发展前景,适用于工业控制与监测、家居智能化、国防军事、物流系统与供应链管理、智能农业、环境监测与保护以及医疗智能化服务等诸多领域。

6.1.1 无线传感器网络的体系结构

1.无线传感器网络的物理体系结构

典型的无线传感器网络通常包括传感器节点(sensor node)、汇聚节点(sink node)、任务管理节点(task manage node)。传感器节点通过飞机撒布或是人工设置等方式,部署或固定在监测区域内,并通过传感器节点的自组织构成无线网络。这种自组织网络形式通过多跳中继方式将数据传输至汇聚节点,最后借助互联网或移动通信技术将整个区域内采集到的数据信息传输至任务管理节点。图 6-1 所示为无线传感器网络组成示意图。

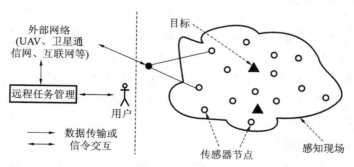

图 6-1 无线传感器网络组成示意图

在无线传感器网络中,绝大部分的传感器节点是一个微型的嵌入式系统,其计算能力、存储能力和通信能力相对较弱,通过携带能量有限的电池供电。从网络功能上看,每个传感器节点具有传统网络中的终端和路由双重功能,除了进行本地信息采集和数据处理外,还要对其他节点转发来的数据信息进行存储、管理、融合和转发等处理工作。

汇聚节点在处理能力、存储能力和通信能力等方面相对较强,它负责将无线传感器网络与远程网络互联,将该无线传感器网络收集的信息转发出去,并实现不同网络协议栈之间的转换。汇聚节点既可以是一个具有增强功能的传感器节点(足够多的能量和足够强的信息处理能力),也可以是没有监测功能仅带无线通信功能的特定网关设备。

2. 无线传感器网络的软件体系结构

如图 6-2 所示,无线传感器网络应用支撑层、无线传感器网络基础设施、基于无线传感器网络应用业务层的一部分共性功能以及管理、信息安全等部分组成了无线传感器网络中间件和平台软件体系。

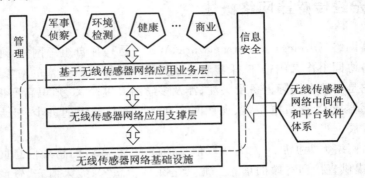

图 6-2   无线传感器网络的软件体系示意图

无线传感器网络中间件和平台软件体系结构主要分为四个层次:网络适配层、基础软件层、应用开发层和应用业务适配层。其中,网络适配层和基础软件层组成无线传感器网络节点嵌入式软件(部署在无线传感器网络节点中)的体系结构,应用开发层和应用业务适配层组成无线传感器网络应用支撑结构(支持应用业务的开发与实现)。

网络适配层:在网络适配层中,网络适配器是对无线传感器网络底层(无线传感器网络基础设施、无线传感器操作系统)的封装。

基础软件层:基础软件层包含无线传感器网络各种中间件。这些中间件构成无线传感器网络平台软件的公共基础,并提供了高度的灵活性、模块性和可移植性。

无线传感器网络中间件和平台软件采用层次化、模块化的体系结构,使其更加适应无线传感器网络应用系统的要求,并用自身的复杂换取应用开发的简单。而中间件技术能够更简单明了地满足应用的需要。一方面,中间件提供满足无线传感器网络个性化应用的解决方案,形成一种特别适用的支撑环境;另一方面,中间件通过整合,使无线传感器网络应用只需面对一个可以解决问题的软件平台,因而以无线传感器网络中间件和平台软件的灵活性和可扩展性保证了无线传感器网络的安全性,提高了无线传感器网络的数据管理能力和效率,降低了应用开发的复杂性。

3. 无线传感器网络的通信体系结构

无线传感器网络的实现需要自组织网络技术,相对于一般意义上的自组织网络,无线传感器网络有以下一些特色,需要在体系结构的设计中特殊考虑。

(1)无线传感器网络中的节点数目众多,这就对传感器网络的可扩展性提出了要求。由于传感器节点的数目多,开销大,传感器网络通常不具备全球唯一的地址标识,这使得传感器网络的网络层和传输层相对于一般网络而言有了很大的简化。

(2)自组织传感器网络最大的特点就是能量受限,传感器节点受环境的限制,通常由电量有限且不可更换的电池供电,所以在考虑传感器网络体系结构以及各层协议设计时,节能是设计的主要考虑目标之一。

（3）由于传感器网络应用的环境的特殊性，无线信道不稳定以及能源受限的特点，传感器网络节点受损的概率远大于传统网络节点。因此，自组织网络的健壮性必须得到保障，即保证部分传感器网络的损坏不会影响全局任务的完成。

（4）传感器节点高密度部署，网络拓扑结构变化快。对于拓扑结构的维护也提出了新的挑战。

根据以上特性分析，传感器网络需要根据用户对网络的需求设计适应自身特点的网络体系结构，为网络协议和算法的标准化提供统一的技术规范，使其能够满足用户的需求。无线传感器网络通信体系示意图如图 6-3 所示，包括横向的通信协议层和纵向的传感器网络管理面。通信协议层可以划分为物理层、数据链路层、网络层、传输层、应用层。而网络管理面则可以划分为能耗管理面、移动性管理面以及任务管理面。管理面的存在主要是用于协调不同层次的功能以求在能耗管理、移动性管理和任务管理方面获得综合考虑的最优设计。

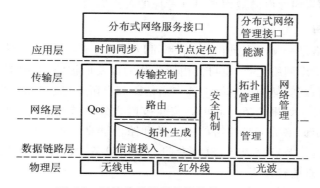

图 6-3　无线传感器网络通信体系示意图

6.1.2　无线传感器网络的特点

无线传感器网络除了具有无线网络的移动性、断接性等共同特征以外，还具有很多其他鲜明的特点。

1. 规模大，密度高

无线传感器网络通常密集部署在大片的监测区域，为了获取更精确、更完整的信息，需要部署规模很大、密度很高的传感器节点以便通过大量冗余节点的协同工作来提高系统的工作质量。

2. 网络的自组织、自维护

传感器节点可以通过随机撒播自组织成网络，从而形成大面积的监控区域，且需要完成节点的自我网络配置。任一时刻，每个传感器的节点中运行的算法都能计算出该节点和服务器之间的跳数，并判断出哪一个相邻节点能提供出最有效率的路由。由于传感器节点自身的失效和损坏等情况不可避免，加上检测对象自身可能发生的变化，都会影响到网络的拓扑结构。所以要求网络需要有维护动态路由的功能，从而保证网络部分特征发生变化，计算和传输仍能进行。

3. 传感器节点体积小，成本低，计算能力有限

无线传感器网络是在微机电系统（MEMS）技术、数字电路技术基础上发展起来的，传感器节点各部分集成度很高，因此具有体积小的优点。当然从应用角度讲，减小节点尺寸也是必须考虑的设计要素。传感器网络是由大量的传感器节点组成的，单个节点的成本直接影响到网络的总体成本,如果总体成本比使用传统传感器的成本高,势必会影响无线传感器网络的竞争力。由于体积、成本以及能量的限制,嵌入式处理器和存储器的能力、容量有限,因此传感器的计算能力十分有限。

4. 通信半径小,带宽很窄

无线传感器网络是利用"多跳"来实现低功耗下的数据传输的,因此其设计的通信覆盖范围只有几十米。和传统无线网络不同,传感器网络中传输的数据大部分是经过节点处理过的数据,因此流量较小。通常传感数据所需的带宽很窄(1~100 Kb/s)。

5. 电源能量是网络寿命的关键

无线传感器网络通常运行在人无法接近的恶劣甚至危险的远程环境中,能源无法替代,只能选择体积较小的纽扣电池供电,电源能量极其有限。网络中的传感器由于电源能量的原因经常失效或废弃,因此电源效率是设计考虑的关键因素。

6. 动态多跳路由

无线传感器网络是一个动态的网络,节点可以随处移动。一个节点可能会因为电池能量耗尽或其他故障退出网络运行,也可能由于工作的需要而被添加到网络中。因此,无线传感器网络应具备动态调整能力。网络中节点通信距离有限,一般在几百米范围内,节点只能与它的邻居直接通信。如果希望与其射频覆盖范围之外的节点进行通信,则需要通过中间节点进行路由。固定网络的多跳路由使用网关和路由器来实现,而无线传感器网络中的多跳路由则是由普通网络节点完成的,没有专门的路由设备。这样每个节点既可以是信息的发起者,也可以是信息的转发者。

7. 可靠性高

无线传感器网络特别适宜部署在恶劣的环境中,传感器节点可能工作在露天环境,遭受自然界的风雨雷电等因素的干扰甚至是人为破坏。这就要求传感器节点要非常坚固,不易损坏,以适应各种恶劣的工作环境。

同时,由于传感器节点通常远离管理者或监护者,因此其通信过程的保密性和安全性要求较高。

8. 以数据为中心的网络

对于观察者来说,传感器网络的核心是感知数据,而不是网络硬件。比如在智能家居应用中人们可能希望知道"现在客厅的温度是多少",而不会关心"2 号节点感测到的温度是多少"。以数据为中心的特点要求传感器网络的设计必须以感知数据管理和处理为中心,把数据库技术和网络技术紧密结合,从逻辑概念和软、硬件技术两个方面实现一个高性能的以数据为中心的网络系统,使用户如同使用通常的数据库管理系统和数据处理系统一样自如地在传感器网络上进行感知数据的管理和处理。

6.1.3 无线传感器网络(WSN)的发展历程及应用

1. 无线传感器网络(WSN)的发展历程

1996 年,美国加利福尼亚大学洛杉矶分校(University of California,Los Angeles,UCLA)的 William J Kaiser 教授向美国国防高级研究计划局(defense advanced research projects agency,DARPA)提交的"低能耗无线集成微型传感器"揭开了现代 WSN 的序幕。

1998 年,Gregory J Pottie 教授从网络研究的角度重新阐释了 WSN 的科学意义。在其后的 10 余年里，WSN 技术得到学术界、工业界乃至政府的广泛关注，成为在国防军事、环境监测和预报、健康护理、智能家居、建筑物结构监控、复杂机械监控、城市交通、空间探索、大型车间和仓库管理以及机场、大型工业园区的安全监测等众多领域中最有竞争力的应用技术之一。美国商业周刊将 WSN 列为 21 世纪最有影响力的技术之一，麻省理工学院（MIT）技术评论则将其列为改变世界的十大技术之一。

WSN 技术一经提出，就迅速在学术界引起高度重视。1998 年到 2003 年，各种无线通信、Ad Hoc 网络、分布式系统的会议开始大量收录与 WSN 技术相关的文章。

2001 年，美国计算机协会（ACM）和 IEEE 成立了第一个专门针对传感器网络技术的会议（international conference on information processing in sensor network，IPSN），为 WSN 技术的发展开拓了一片新的天地。

2003 年到 2004 年，一批针对传感器网络技术的会议相继召开。ACM 在 2005 年还专门创刊用来出版最优秀的传感器网络技术成果。

在 WSN 应用性研究方面，美国从 20 世纪 90 年代开始，就陆续展开分布式传感器网络、集成式无线网络传感器、智能尘埃、无线嵌入式系统、分布式系统可升级协调体系结构研究、嵌入式网络传感器等一系列重要的 WSN 研究项目。

自 2001 年起，美国国防高级研究计划局（DARPA）每年都投入千万美元进行 WSN 技术研究，并在 C⁴ISR 基础上提出了 C⁴KISR 计划，强调战场情报的感知能力、信息的综合能力和利用能力，把 WSN 作为一个重要研究领域，设立了灵巧传感器网络通信、无人值守地面传感器群、传感器组网系统、网状传感器系统等一系列的军事传感器网络研究项目。在美国自然科学基金委员会的推动下，美国如麻省理工学院、加州大学伯克利分校、加州大学洛杉矶分校、南加州大学、康奈尔大学等许多著名高校也进行了大量 WSN 的基础理论和关键技术的研究。美国的一些大型 IT 公司（如 Intel、HP、Rockwell、Texas Instruments 等）通过与高校合作的方式逐渐介入该领域的研究开发工作，并纷纷设立或启动相应的研发计划，在无线传感器节点的微型化、低功耗设计、网络组织、数据处理与管理以及 WSN 应用等方面都取得了许多重要的研究成果。Dust Networks 和 Crossbow Technologies 等公司的智能尘埃、Mote、Mica 系列节点已走出实验室，进入应用测试阶段。

中国现代意义的 WSN 及其应用研究几乎与发达国家同步启动。2001 年，中国科学院（简称中科院）成立了微系统技术研究发展中心，挂靠中科院上海微系统与信息技术研究所，旨在整合中科院内部的相关单位，共同推进传感器网络的研究。从 2002 年开始，中国国家自然科学基金委员会开始部署传感器网络相关的课题。截至 2008 年底，中国国家自然科学基金共支持面上项目 111 项、重点项目 3 项；国家"863"重点项目发展计划共支持面上项目 30 余项；国家重点基础研究发展计划"973"也设立 2 项与传感器网络直接相关的项目；国家发改委中国下一代互联网示范工程（CNGI）也对传感器网络项目进行了连续资助。

"中国未来 20 年技术预见研究"提出的 157 个技术课题中有 7 项直接涉及无线传感器网络。2006 年初发布的《国家中长期科学与技术发展规划纲要》为信息技术确定了 3 个前沿方向，其中 2 个与无线传感器网络研究直接相关。2006 年 10 月，中国计算机学会传感器网络专委会在北京正式成立，标志着中国 WSN 技术研究开始进入一个新的历史阶段。最值得一提的是，中国工业与信息化部在 2008 年启动的"新一代宽带移动通信网"国家级重大专项中，第 6 个子专题"短距离无线互联与无线传感器网络研发和产业化"是专门针对传感器网络技术而设立的。该专项的设立将大大推进 WSN 技术在应用领域的快速发展。

2. 无线传感器网络(WSN)的应用

WSN 是面向应用的,贴近客观物理世界的网络系统,其产生和发展一直都与应用相联系。多年来经过不同领域研究人员的努力,WSN 技术在军事领域、精细农业、安全监控、环保监测、建筑领域、医疗监护、工业监控、智能交通、物流管理、自由空间探索、智能家居等领域的应用得到了充分的肯定和展示。

2005 年,美国军方成功测试了由美国 Crossbow 产品组建的枪声定位系统,为救护、反恐提供了有力手段。美国科学应用国际公司采用无线传感器网络,构筑了一个电子周边防御系统(如美国和墨西哥边境的防偷渡监测系统),为美国军方提供军事防御和情报信息。

在中国,中科院上海微系统与信息技术研究所主导的团队积极开展基于 WSN 的电子围栏技术的边境防御系统的研发和试点,已取得了阶段性的成果。

在环境监控和精细农业方面,WSN 系统的应用最为广泛。2002 年,英特尔公司率先在俄勒冈建立了世界上第一个无线葡萄园,这是一个典型的精细农业、智能耕种的实例。杭州齐格科技有限公司与浙江农科院合作研发了远程农作管理决策服务平台,该平台利用了无线传感器技术实现对农田温室大棚温度、湿度、露点、光照等环境信息的监测。

在民用安全监控方面,英国的一家博物馆利用无线传感器网络设计了一个报警系统,他们将节点放在珍贵文物或艺术品的底部或背面,通过侦测灯光的亮度改变和振动情况,来判断展览品的安全状态。中科院计算所在故宫博物院实施的文物安全监控系统也是 WSN 技术在民用安防领域中的典型应用。

现代建筑的发展不仅要求为人们提供更加舒适、安全的房屋和桥梁,而且希望建筑本身能够对自身的健康状况进行评估。WSN 技术在建筑结构健康监控方面将发挥重要作用。2004 年,哈尔滨工业大学在深圳地王大厦实施部署了监测环境噪声和振动加速度响应测试的 WSN 系统。

在医疗监控方面,美国英特尔公司目前正在研制家庭护理的无线传感器网络系统,作为美国“应对老龄化社会技术项目”的一项重要内容。另外,在对特殊医院(精神类或残障类)中病人的位置监控方面,WSN 也有巨大应用潜力。

在工业监控方面,美国英特尔公司为俄勒冈的一家芯片制造厂安装了 200 台无线传感器,用来监控部分工厂设备的振动情况,并在测量结果超出规定时提供监测报告。西安成峰公司与陕西天和集团合作开发了矿井环境监测系统和矿工井下区段定位系统。

在智能交通方面,美国交通部提出了“国家智能交通系统项目规划”,预计到 2025 年全面投入使用。该系统综合运用大量传感器网络,配合 GPS 系统、区域网络系统等资源,实现对交通车辆的优化调度,并为个体交通推荐实时的、最佳的行车路线服务。目前,在美国的宾夕法尼亚州的匹兹堡市已经建有这样的智能交通信息系统。

以中科院上海微系统与信息技术研究所为首的研究团队正在积极开展 WSN 在城市交通中的应用。中科院上海微系统与信息技术研究所在地下停车场基于 WSN 技术实现了细粒度的智能车位管理系统,使得停车信息能够迅速通过发布系统推送给附近的车辆,大大提高了停车效率。

物流领域是 WSN 技术发展最快最成熟的应用领域。尽管在仓储物流领域,RFID 技术还没有被普遍采纳,但基于 RFID 的传感器节点在大粒度商品物流管理中已经得到了广泛的应用。宁波中科集成电路设计中心与宁波港合作,实现基于 RFID 网络的集装箱和集卡车的智能化管理。另外,还使用 WSN 技术实现了封闭仓库中托盘粒度的货物定位。

WSN 的自由部署、自组织工作模式使其在自然科学探索方面有巨大的应用潜力。2002

年,由英特尔的研究小组和加州大学伯克利分校以及佛罗里达大西洋大学的科学家把 WSN 技术应用于监视大鸭岛海鸟的栖息情况。2005 年,澳洲的科学家利用 WSN 技术来探测北澳大利亚蟾蜍的分布情况。佛罗里达宇航中心计划借助于航天器布撒的传感器节点实现对星球表面大范围、长时期、近距离的监测和探索。

智能家居领域是 WSN 技术能够大展身手的地方。浙江大学计算机系的研究人员开发了一种基于 WSN 网络的无线水表系统,能够实现水表的自动抄录。复旦大学、电子科技大学等单位研制了基于 WSN 网络的智能楼宇系统,其典型结构包括了照明控制、警报门禁,以及家电控制的 PC 系统。各部件自治组网,最终由 PC 机将信息发布在互联网上。人们可以通过互联网终端对家庭状况实施监测。

WSN 在应用领域的发展可谓方兴未艾,要想进一步推进该技术的发展,让其更好地为社会和人们的生活服务,不仅需要研究人员开展广泛的应用系统研究,更需要国家、地区,以及优质企业在各个层面上的大力推动和支持。

3. 无线传感器网络(WSN)的发展趋势

随着无线传感器网络技术的进一步成熟,其应用领域也将不断拓展,无线传感器网络的研究重心也将会发生变化,主要方向包括节点微型化、系统节能策略、低成本、安全及抗干扰,以及节点的自动配置等方面。

1)节点微型化

利用现在的微机电、微无线通信技术,设计微体积、长寿命的传感器节点是一个重点研究方向。伯克利大学研制的尘埃传感器节点,已把传感器的大小降低到一个立方毫米,使这些传感器节点可以平飘浮在空气中,变成一颗颗"尘埃"。

2)系统节能策略

无线传感器网络应用于特殊场所时,电源更换很困难,因此功耗问题直接影响到传感器节点的工作寿命。现在国内外在节点的低功耗问题上已经取得了很大的进展,提出了一些低功耗的无线传感网络协议,未来将会取得更大的进步。

3)低成本

由于无线传感器节点的数量非常庞大,要使无线传感器网络达到实用化,要求每个节点的价格控制在很低的水平。如果能有效地降低传感器节点的成本,无疑会大大推动无线传感器网络的应用。

4)安全与抗干扰

由于无线传感器节点的数据传输是开放在空气中的,因此面临着信息安全的问题。如何能利用较少的能量和较小的计算量完成数据加密、身份验证等变得十分重要。在破坏或受到干扰的情况下能可靠地完成任务也将是未来十分重要的课题。

5)节点的自动配置

如何将大量的传感器节点按照一定的规则组成一个网络,同样需要重点关注。当其中某些节点出现错误时,网络能够迅速找到这些节点,并在不影响网络正常工作的情况下,保障网络的通信顺畅。

6.2 无线传感器网络组网技术

无线传感器网络涉及的技术比较多,本节主要关注几种关键的无线局域组网技术,如蓝牙技术、WiFi 技术、ZigBee 技术、6LoWPAN 技术和 WiMAX 技术等。

6.2.1 蓝牙技术

蓝牙是无线数据和语音传输的开放式标准,它将各种通信设备、计算机及其终端设备、各种数字数据系统,甚至家用电器采用无线方式连接起来。它的传输距离为 10 cm～10 m,如果增加功率或是加上某些外设便可达到 100 m 的传输距离。蓝牙支持 64 Kb/s 实时语音传输和数据传输,语音编码为 CVSD,发射功率分别为 1 mW、2.5 mW 和 100 mW,并使用全球统一的 48 bit 的设备识别码。由于蓝牙采用无线接口来代替有线电缆连接,具有很强的移植性,并且适用于多种场合,加上该技术功耗低、对人体危害小,而且应用简单、容易实现,所以易于推广。

一、蓝牙技术概述

1994 年,爱立信(Ericsson)移动通信公司开始研究在移动电话及其附件之间实现低功耗、低成本无线接口的可行性。随着项目的进展,爱立信公司意识到短距无线通信的应用前景无限广阔。爱立信将这项新的无线通信技术命名为蓝牙(BlueTooth)。

蓝牙这个名称来自于十世纪的一位丹麦国王 Harald Blatand ,因为国王喜欢吃蓝莓,牙龈每天都是蓝色的,所以叫蓝牙。在行业协会筹备阶段,需要一个极具表现力的名字来命名这项高新技术。行业组织人员在经过一夜关于欧洲历史和未来无线技术发展的讨论后,有些人认为用 Blatand 国王的名字命名再合适不过了。Blatand 国王将现在的挪威、瑞典和丹麦统一起来。他口齿伶俐,善于交际,就如同这项即将面世的技术。

1998 年 5 月,爱立信、诺基亚(Nokia)、英特尔(Intel)、IBM、东芝(Toshiba)这 5 家公司成立了蓝牙特殊兴趣集团(special interest group,SIG)即所谓的蓝牙技术联盟,负责蓝牙技术标准的制定、产品测试,并协调各国蓝牙的具体使用。芯片霸主 Intel 公司负责半导体芯片和传输软件的开发,爱立信负责无线射频和移动电话软件的开发,IBM 和东芝负责笔记本电脑接口规格的开发。1999 年下半年,著名的业界巨头微软、摩托罗拉、3Com、朗讯等公司与上述蓝牙特别小组的五家公司共同发起成立了蓝牙技术推广组织,从而在全球范围内掀起了一股"蓝牙"热潮。表 6-1 所示为蓝牙发展历程简表。

表 6-1　蓝牙发展历程简表

年份	发 展 事 件
1998	爱立信、诺基亚、英特尔、IBM、东芝这 5 家公司成立了蓝牙技术同盟。这一年第 400 家联盟成员加入;蓝牙正式成为此项技术的名称
1999	蓝牙 1.0 版本协议规范发布
2000	第一款蓝牙手机、蓝牙耳机问世;第一款蓝牙鼠标、USB 蓝牙适配器发布
2001	第一款蓝牙打印机、内置蓝牙技术的笔记本、车载蓝牙免提发布
2002	BlueTooth 认证的产品达到 500 个;IEEE 正式通过蓝牙无线技术成为 802.15.1 标准
2003	第一款蓝牙 MP3 发布;蓝牙产品的周发货量达到 100 万件;蓝牙核心规范 V1.2 版本发布
2004	第一款蓝牙立体声耳机问世;应用蓝牙技术的产品达到 2.5 亿个;蓝牙产品的周发货量超过 300 万件;蓝牙技术联盟公布核心协议 V2.0＋EDR 版本
2005	第一款蓝牙眼镜问世;蓝牙模块的周发货量猛增至 500 万;蓝牙技术联盟发展到 4000 位成员;蓝牙技术联盟在美国华盛顿州贝尔维市设立总部,欧洲总部在瑞典成立,亚太总部在中国香港成立

续表

年份	发 展 事 件
2006	第一款蓝牙手表、相框、闹钟问世;应用了蓝牙技术的产品突破 10 亿个;蓝牙产品周发货量突破 1000 万件;蓝牙技术联盟宣布将整合 WiMedia 联盟的 UWB 技术
2007	第一款蓝牙电视机问世;蓝牙技术联盟迎来 9000 位成员;SIG nature 蓝牙季刊创刊;Wibree 论坛宣布加入蓝牙技术联盟;蓝牙核心规范 V2.1+EDR 发布;蓝牙技术联盟执行董事麦弗利获得电信行业领导大奖
2009	蓝牙技术联盟正式颁布了新一代标准规范"Bluetooth Core Specification Version 3.0 High Speed"(蓝牙核心规范 3.0 版 高速)。蓝牙 3.0 的数据传输率提高到了大约 24 Mbps(即可在需要的时候调用 802.11 WiFi 用于实现高速数据传输),是蓝牙 2.0 数据传输率的八倍,可以轻松用于录像机至高清电视、PC 至 PMP、UMPC 至打印机之间的资料传输
2010	蓝牙技术联盟公布核心协议 V4.0 版本,该版本具备超低峰值、平均值与待机耗能;使用标准纽扣电池就能工作数年;低成本;多种设备之间的互操作性以及强化射程等特点

蓝牙技术工作在全球通用的 2.4 GHz ISM(工业、科学、医学)频段,蓝牙的数据速率为 1 Mb/s。从理论上来讲,以 2.45 GHz ISM 波段运行的技术能够使相距 30 m 以内的设备互相连接。应用了蓝牙技术 link and play 的概念,有点类似"即插即用"的概念。任意蓝牙技术设备一旦搜寻到另一个蓝牙技术设备,马上就可以建立联系,而无须用户进行任何设置,可以解释成"即连即用"。这在无线电环境非常嘈杂的环境下,它的优势就更加明显。

蓝牙技术的另一大优势是它应用了全球统一的频率设定,这就消除了"国界"的障碍,而在蜂窝式移动电话领域,这个障碍已经困扰用户多年。另外,ISM 频段是对所有无线电系统都开放的频段,因此使用其中的某个频段都会遇到不可预测的干扰源,例如某些家电、无线电话、微波炉等。为此,蓝牙技术特别设计了快速确认和跳频方案以确保链路稳定。跳频技术是把频带分成若干个跳频信道。在一次连接中,无线电收发器按一定的码序列不断地从一个信道跳到另一个信道,只有收发双方是按这个规律进行通信的,而其他的干扰不可能按同样的规律进行干扰;跳频的瞬时带宽是很窄的,但通过扩展频谱技术使这个窄带或成倍地扩展成宽频带,使干扰可能的影响变得很小。

与其他工作在相同频段的系统相比,蓝牙跳频更快,数据包更短,这使得蓝牙技术比其他系统都更稳定。蓝牙技术的特点概括起来有以下几个方面。

(1)工作频段:2.4 GHz 的工业、科研、医疗(ISM)频段,无须申请许可证。大多数国家使用 79 个频点,载频为 $(2402+k)$ MHz$(k=0,1,2,\cdots,78)$,载频间隔 1 MHz。采用时分双工(time division duplexing,TDD)方式。

(2)传输速率:1 Mb/s。

(3)调试方式:高斯频移键控 GFSK(gauss frequency shift keying,GFSK)调制,调制指数为 0.28~0.35。

(4)采用跳频技术:跳频速率为 1600 跳/秒,在建立连接时(包括寻呼和查询)提高为 3200 跳/秒。蓝牙通过快跳频和短分组技术减少同频干扰,保证传输的可靠性。

(5)语音调制方式:连续可变斜率增量调制(continuous variable slope delta modulation,CVSD),抗衰落性强,即使误码率达到 4%,话音质量也可接受。

（6）支持电路交换和分组交换业务：蓝牙支持实时的同步定向连接（SCO链路）和非实时的异步不定向连接（ACL链路），前者主要传送语音等实时性强的信息，后者以数据包为主。语音和数据可以单独或同时传输。蓝牙支持一个异步数据通道，或三个并发的同步话音通道，或同时传送异步数据和同步话音的通道。每个话音通道支持64 kbps的同步话音；异步通道支持723.2/57.6 kbps的非对称双工通信或433.9 kbps的对称全双工通信。

（7）支持"点对点"及"点对多点"通信：蓝牙设备按特定方式可组成两种网络：微微网和分布式网络，其中微微网的建立由两台设备的连接开始，最多可由八台设备组成。

（8）工作距离：蓝牙设备分为三个功率等级，分别是100 mW（20 dBm）、2.5 mW（4 dBm）和1 mW（0 dBm），相应的有效工作范围为100 m、10 m和1 m。

二、蓝牙系统的构成

1. 微微网

支持蓝牙技术的设备以特定的方式构成一个网络，我们将其称之为微微网。微微网最多由8个设备组成，所有蓝牙设备都是对等的，以同样的方式工作。但当微微网建立时，只有一台设备的时钟和跳频序列用来使其他设备同步，该设备称为主设备，其他被同步的设备称为从设备。微微网中的设备具有唯一的MAC地址，用于相互区分和标识。该地址以3个比特表示。微微网中的设备可处于休眠状态、监听状态或保持状态。由若干独立的非同步的微微网构成分布式网络。

2. 蓝牙系统功能单元

蓝牙系统由如下4个功能单元构成：无线射频单元、基带控制单元、链路管理单元、软件功能单元，具体简介如下。

1）无线射频单元

蓝牙系统采用全向天线，支持"点到多点"的通信，使得多台蓝牙设备可以分享LAN资源；支持终端的移动性，更容易查询和发现设备。信号传输不受视距的影响，易于组网。天线的发射功率按0 dBm设计，符合美国联邦通信委员会关于ISM波段的要求。发射功率可达100 mW，系统在2.402 GHz到2.480 GHz之间，采用79个1 MHz的频点进行跳频。其设计通信距离为10 cm～10 m，增大发射功率可以达到100 mW。

2）基带控制单元

蓝牙基带控制单元实现基带协议和其他底层连接协议，具体完成三个方面的功能：网络建立、差错控制、验证和加密。

（1）网络建立。微微网建立之前，所有蓝牙设备均处于等待状态。在此状态下，设备每隔1.28 s监听一次信息，设备一旦被唤醒将在预先设定的多个跳频频率上监听信息。连接进程由主设备初始化，若一个设备的MAC已知，就用寻呼信息建立连接；若MAC未知，则用寻呼查询信息建立连接。在初始寻呼状态，主设备在发送16个跳频频率上发送一串相同的寻呼信息给从设备，若未收到应答，主设备就在其他的16个跳频频率上发送寻呼信息。当所需从设备应答后，即建立连接。

（2）差错控制。基带控制器采用3种纠错方式：1/3前向纠错编码（FEC）、2/3前向纠错编码和自动请求重传（ARQ）。采用FEC编码的目的是减少数据重发的次数，但在无差错环境下，FEC校验位失去作用而且降低了数据吞吐量。因此，业务数据是否加FEC校验应视具体情况而定。对于含有重要连接信息和纠错信息的分组报头应始终采用 1/3FEC 校验码进行保护传输。对于需在发送后的下一时隙给出确认的数据传输,使用 ARQ 方式。回送确认信息(ACK)意味着信息校验及 CRC 校验均正确;否则,回送不正确信息(NACK)。

(3)验证与加密。物理层提供验证与加密服务,验证与加密采用口令/应答方式,在连接过程中,可能需要一次验证或两次验证,也可能无须验证。验证对蓝牙系统而言是一个重要的组成部分,它允许用户自行添加可信任的蓝牙设备。蓝牙系统采用流密码加密技术,便于硬件实现,密钥长度可以是 40 位、64 位、128 位,蓝牙设备在每次建立链路时都要核对密钥,通信时该密钥用于鉴权和加密。密钥由高层软件管理。蓝牙验证与加密的目的是提供适当级别的保护,如果用户有更高级别的保密要求,需使用传输层和应用层的安全机制。

3)链路管理单元

链路管理单元实现通信链路的建立、验证、链路配置及其他协议。链路管理器可发现其他链路管理器,并通过链路管理协议(LMP)建立通信联系,链路管理器利用链路控制器(LC)提供的服务实现上述功能。链路控制器实现的功能有:接收和发送数据、设备号请求、链路地址查询、建立连接、验证、协商建立连接的方式、确定分组的帧类型、设置设备的工作方式(监听、休眠或保持)。

4)软件功能单元

蓝牙计划的目的是确保任何蓝牙设备实现互通,因此蓝牙设备必须能够彼此识别,并通过安装合适的软件识别出彼此支持的高层功能。互通性要求采用相同的应用层协议。软件的互通性指链路级协议的多路传输、设备和服务的发现以及分组的分段和重组。这些功能由支持蓝牙的相关设备来完成。蓝牙软件结构单元利用现有规范,如 OBEX、vCard/vCalendar、HID、WAP、PPP 及 TCP/IP 等协议规范,而不去开发新的协议。软件单元主要实现的功能包括蓝牙设备的发现、与外围设备的通信、音频通信及呼叫控制、应用数据传输等。

三、蓝牙技术应用

蓝牙无线技术本身是巨大的潜在市场驱动下的产物。其最初的设想是为移动终端用户和商务人士提供一项替代线缆的技术,并能提供对等的基于临时组网的各种移动通信终端和便携式计算终端之间的无线连接。

1. 早期应用

蓝牙无线技术的早期应用大体上可以划分为替代线缆、因特网桥和临时组网 3 个领域。

1)替代线缆

1994 年,Ericsson 公司就将蓝牙技术作为替代设备之间线缆的一项短距离无线技术。与其他短距离无线技术不同,蓝牙技术从一开始就定位于结合语音和数据应用的基本传输技术。最简单的一种应用就是"点对点"(point to point)的替代线缆,例如耳机和移动电话、笔记本电脑和移动电话、PC 和 PDA、数码相机和 PDA 以及蓝牙电子笔和移动电话之间的无线连接。

围绕替代线缆再复杂一点的应用,就是多个设备或外设在一个简单的"个人局域网"内建立通信连接,如在台式计算机、鼠标、键盘、打印机、PDA 和移动电话之间建立无线连接。常用蓝牙电脑附件如图 6-4 所示。

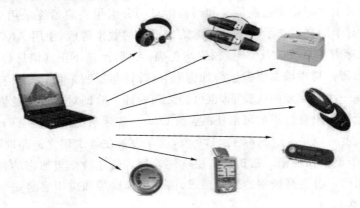

图 6-4　常用蓝牙电脑附件

2）因特网桥

蓝牙标准还更进一步地定义了"网络接入点"的概念，它允许一台设备通过此网络接入点来访问网络资源，如访问 LAN、Intranet、Internet 和基于 LAN 的文件服务及打印设备。而且，这种网络资源不仅仅可以提供数据业务服务，还可以提供无线的语音业务服务，从而可以实现蓝牙终端和无线耳机之间的移动语音通信。通过接入点和微型网的结合，可以极大地扩充网络基础设施，丰富网络资源，从而最终实现不同类型和功能的多种设备依托此种网络结构共享语音和数据业务服务。如，在分布了多个蓝牙接入点的商店，顾客可以利用带有 WAP、蓝牙和 Web 浏览功能的移动电话付款、结账和浏览店内提供的商品；在装有基于蓝牙的客人服务系统的宾馆中，客人使用具备蓝牙功能的移动电话就可以进行入住登记和结账服务，甚至可以用移动电话打开预定客房的房门。

3）临时组网

上述的"网络接入点"是基于网络基础设施的，即网络中存在固定的、有线连接的网关。蓝牙标准还定义了基于无网络基础设施的"散型网"的概念，意在建立完全对等的 Ad-Hoc Network。所谓的 Ad-Hoc Network 是一个临时组建的网络，其中没有固定的路由设备，网络中所有的节点都可以自由移动，并以任意方式动态连接（随时都有节点加入或离开），网络中的一些节点客串路由器来发现和维持与网络其他节点间的路由。Ad-Hoc Network 应用于紧急搜索和救援行动中，以及会议的参加人员希望快速共享信息的场合。有关 Ad-Hoc 网络将在下一节中详细介绍。

2. 发展前景

蓝牙无线接入技术如主干网络的神经末梢将通信技术渗透到各行各业。蓝牙无线通信技术的出现之所以引起企业界如此广泛的关注，就是因为它为其他领域的技术发展注入了鲜活的生命力。例如，瑞典 ABB 公司将蓝牙技术、网络技术及智能技术相结合应用在工业环境中。美国的 Crossbow Technology 公司早在 2000 年就推出了 CrossNet，首次将无线传感器的数据通过蓝牙无线传输到因特网上作远距离的数据查询、检测、管理和控制等，它们还将此系统具体应用到了化学气体泄露的监测中。

近几年来，物联网领域的发展，使得蓝牙技术又有了更广阔的应用空间。蓝牙在物联网的组网技术、定位技术等领域已经得到了一定程度的应用，相信随着物联网行业的发展以及蓝牙自身技术的进步，我们会看到蓝牙技术更为广阔的应用空间。

四、蓝牙技术应用实例——远距离蓝牙停车场管理系统

远距离蓝牙停车场管理系统是解决小区或其他公共场所停车场进出口自动管理功能的智能化系统。它由放置于停车场进出口处的读卡器、安装于汽车内的蓝牙电子标签、门闸、后台管理系统组成。如图 6-5 所示。

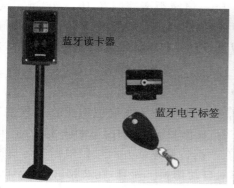

图 6-5 远距离蓝牙停车场管理系统示意图

在停车场的出入口加设一套远距离蓝牙读卡设备,使停车场形成一个相对封闭的场所。对于进出停车场的固定用户,每次车辆到达停车场闸口前 5～10 m 的感应范围内,系统即能瞬时完成检验、记录、核算、收费等工作。挡车道闸自动启杆,因此固定用户车辆可以不必停顿,直接出入停车场;对于进出停车场的临时用户采用手动遥控或在道闸前停车取临时卡验卡的方式,通过系统验证卡片后放行进出停车场。

6.2.2 WiFi 技术

WiFi 全称无线保真(wireless fidelity,WiFi),采用 IEEE802.11 系列无线局域网标准中的 802.11b 子集,使用了直接序列扩频(direct sequence spread spectrum,DSSS)调制技术在 2.4 GHz 频带能够实现 11 Mbps 速率的无线传输。

在信号较弱或有干扰的情况下,数据传输速率可在 5.5 Mbps、2 Mbps 和 1 Mbps 之间自动调整,有效地保障了网络的稳定性和可靠性;在开放性区域,通信距离可达 305 m;在封闭性区域,通信距离为 76～122 m。

另外,WiFi 技术非常方便与现有的有线以太网络整合,因此在无线局域网领域发展迅速,得到了广泛的应用。

一、IEEE 802.11 系列标准概述

1990 年 IEEE802 标准委员会成立了 IEEE802.11 无线局域网标准工作组,主要研究工作在 2.4 GHz 开放频段的无线设备和网络发展的全球标准。1997 年 6 月,提出了 IEEE802.11(别名 WiFi)无线保真标准。IEEE802.11 标准的制定是无线局域网发展的里程碑,它是由大量的局域网以及计算机专家审定通过的标准。下面简单介绍一下几种常见的 IEEE802.11 标准子集。

1. IEEE 802.11

1990 年 IEEE 802 标准化委员会成立 IEEE 802.11 无线局域网标准工作组。该标准定义物理层和媒体访问控制(MAC)规范。物理层定义了数据传输的信号特征和调制,工作在 2.4000～2.4835 GHz 频段。IEEE 802.11 是 IEEE 最初制定的一个无线局域网标准,主要用于难于布线的环境或移动环境中计算机的无线接入,实现传输速率最高为 2 Mbps 的数据传输。

2. IEEE 802.11a

1999 年,IEEE 802.11a 标准制定完成,该标准规定无线局域网工作频段在 5.15～5.825 GHz,数据传输速率达到 54 Mbps/72 Mbps,传输距离控制在 10～100 m。802.11a 采用正交频分复用(OFDM)的独特扩频技术,可提供 25 Mbps 的无线 ATM(异步传输模式)接口和 10 Mbps 的以太网无线帧结构接口,以及 TDD/TDMA 的空中接口。支持语音、数据、图像业务。

3. IEEE 802.11b

1999 年 9 月 IEEE 802.11b 被正式批准,该标准规定无线局域网工作频段在 2.4～2.4835 GHz,数据传输速率达到 11 Mbps。IEEE 802.11b 是对 IEEE 802.11 的一个补充,采用"点对点"模式和基本模式两种运作模式,在数据传输速率方面可以根据实际情况在 11 Mbps、5.5 Mbps、2 Mbps、1 Mbps 的不同速率间自动切换。而且,在 2 Mbps、1 Mbps 速率时与 802.3(以太网)兼容。802.11b 使用直接序列 DSSS 作为协议。802.11b 和工作在 5 GHz 频率上的 802.11a 标准不兼容。由于价格低廉,802.11b 产品已经被广泛地投入市场,并在许多实际工作场所应用。

4. IEEE 802.11e/f/h

IEEE 802.11e 标准对无线局域网 MAC 层协议提出改进,支持多媒体传输,以支持所有无线局域网无线广播接口的服务质量保证机制。IEEE 802.11f 定义了访问节点之间的通信,支持 IEEE 802.11 的接入点互操作协议(IAPP)。IEEE 802.11h 用于 802.11a 的频谱管理技术。

5. IEEE 802.11g

IEEE 802.11g 扩展了 2.4 GHz 微波的物理层及 MAC 子层标准(OFDM),它是对 IEEE 802.11b 的提速(速度从 11 Mbps 提高到 54 Mbps)。

6. IEEE 802.11i

IEEE 802.11i 标准针对用户端口身份验证和设备验证,对无线局域网 MAC 层进行修改与整合,定义了严格的加密格式和鉴权机制,以改善无线局域网的安全性。IEEE 802.11i 新修订标准主要包括两项内容:"WiFi 保护访问"(WPA)技术和"强健安全网络"。WiFi 联盟计划采用 802.11i 标准作为 WPA 的第二个版本,并于 2004 年初开始实行。

7. IEEE 802.11n

该标准基于将多入多出(MIMO)与正交频分复用(OFDM)技术相结合而应用的 MIMOOFDM 技术,不但提高了无线传输质量,也使传输速率得到极大提升。它可以达到 100～600 Mbps 的速率,同时兼容 802.11a/b/g 等的频率。

802.11n 基于 MIMO 空中接口技术,使用多个接收机和发射机,可以在同一频道同时传输两组或两组以上的数据流。与前代技术相比,802.11n 的覆盖范围扩大 2 倍,性能增加 5 倍,改变了 WiFi 配置和使用的方式,支持更大的海量数据应用。从性能指标上看,802.11n 已然成为下一代主流 WiFi 技术。

二、WiFi 无线网络结构

WiFi 无线网络的拓扑结构主要有 Ad-Hoc 结构和 Infrastructure 结构两种。

1. Ad-Hoc 结构

Ad-Hoc 网络是一种没有有线基础设施支持的移动网络,网络中的节点均由移动主机构成。Ad-Hoc 网络最初应用于军事领域,它的研究起源于战场环境下分组无线网数据通信项目,该项目由美国国防高级研究计划局(defense advanced research projects agency, DARPA)资助,其后,又在 1983 年和 1994 年进行了抗毁可适应网络 SURAN(survivable adaptive network)和全球移动信息系统 GloMo(global information system)项目的研究。由于无线通信和终端技术的不断发展,Ad-Hoc 网络在民用环境下也得到了发展,如需要在没有有线基础设施的地区进行临时通信时,可以很方便地通过搭建 Ad-Hoc 网络实现。Ad-Hoc网络结构示意如图 6-6 所示。

CardBus无线网卡

PCI无线网卡

USB无线网卡

图 6-6   Ad-Hoc 网络结构示意图

在 Ad-Hoc 网络中,当两个移动主机在彼此的通信覆盖范围内时,它们可以直接通信。但是由于移动主机的通信覆盖范围有限,如果两个相距较远的主机要进行通信,则需要通过它们之间的移动主机转发才能实现。因此在 Ad-Hoc 网络中,主机同时还是路由器,担负着寻找路由和转发报文的工作。在 Ad-Hoc 网络中,每个主机的通信范围有限,因此路由一般都由多跳组成,数据通过多个主机的转发才能到达目的地。故 Ad-Hoc 网络也被称为多跳无线网络。

近年来,Ad-Hoc 网络的研究在民用和商业领域也受到了重视。在民用领域,Ad-Hoc 网络可以用于灾难救助。在发生洪水、地震后,有线通信设施很可能因遭受破坏而无法正常通信,通过 Ad-Hoc 网络可以快速地建立应急通信网络,保证救援工作的顺利进行,完成紧急通信需求任务。Ad-Hoc 网络可以用于偏远或不发达地区通信。在这些地区,由于造价、地理环境等原因往往没有有线通信设施,Ad-Hoc 网络可以解决这些环境中的通信问题。Ad-Hoc 网络还可以用于临时的通信需求,如商务会议中需要参会人员之间互相通信交流,在现有的有线通信系统不能满足通信需求的情况下,可以通过 Ad-Hoc 网络来完成通信任务。

2. Infrastructure 结构

Infrastructure 基本结构模式类似于传统有线网络星型拓扑结构,与 Ad-Hoc 不同的是配备无线网卡的计算机必须通过无线网络访问点(access point,AP)来进行无线通信,所有通信都是通过 AP 作连接,就如同有线网络下利用集线器连接一样。当无线网络需要与有线网络互连,或无线网络节点需要连接和存取有线网的资源和服务器时,AP 或无线路由器可以作为无线网和有线网之间的桥梁。Infrastructure 网络结构示意如图 6-7 所示。

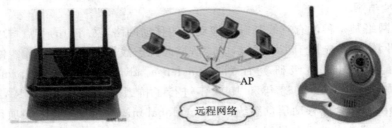

图 6-7 Infrastructure 网络结构示意图(图中左为 AP,右为一个带 WiFi 模块的摄像头)

这种网络结构模式的特点主要表现在网络易于扩展、便于集中管理、能提供用户身份验证等优势。另外,数据传输性能也明显高于 Ad-Hoc 对等结构。在这种 AP 网络中,AP 和无线网卡还可针对具体的网络环境调整网络连接速率,如 11 Mbps 的可使用速率可以调整为 1 Mbps、2 Mbps、5.5 Mbps 和 11 Mbps 4 挡;54 Mbps 的 IEEE 802.11a 和 IEEE 802.11g 的 AP 则更是有 54 Mbps、48 Mbps、36 Mbps、24 Mbps、18 Mbps、12 Mbps、11 Mbps、9 Mbps、6 Mbps、5.5 Mbps、2 Mbps、1 Mbps 共 12 个不同速率可动态转换,以发挥相应网络环境下的最佳连接性能。

理论上一个 IEEE 802.11b 的 AP 最大可连接 72 个无线节点,实际应用中考虑到更高的连接需求,连接性能往往受到许多方面因素的影响。所以,实际连接速率要远低于理论速率。当然还要看具体应用,对于带宽要求较高(如学校的多媒体教学、电话会议和视频点播等)的应用,最好单个 AP 所连接的用户数少些;对于简单的网络应用可适当多些。同时要求单个 AP 所连接的无线节点要在其有效的覆盖范围内,这个距离通常为:室内 100 m 左右,室外 300 m 左右。当然如果是 IEEE 802.11a 或 IEEE 802.11g 的 AP,因为它的速率可达到 54 Mbps,有效覆盖范围也比 IEEE 802.11b 的大 1 倍以上,理论上单个 AP 的理论连接节点数在 100 个以上,但实际应用中所连接的用户数最好在 20 个左右。

另外,Infrastructure 结构的无线局域网不仅可以应用于独立的无线局域网中,如小型办公室无线网络、SOHO 家庭无线网络,也可以以它为基本网络结构单元组建成庞大的无线局域网系统,如互联网服务提供商(internet service provider,ISP)在某些应用场景中为各移动办公用户提供的无线上网服务,在宾馆、酒店、机场为用户提供的无线上网区等。

三、WiFi 的主要技术优势

1. 具有可移动性

无线局域网摆脱了以往上网一定要依靠电缆线的限制,这一方面使用户端在使用服务时更加舒适和方便,同时也降低了网络配置的成本,具有灵活的可扩展性。在一些有线网不能运行的地方,如户外、无法布网的建筑等,都可以通过无线局域网连接到因特网上。

2. 组建简便

无线局域网的组建在硬件设备上的要求与有线网相比,更加简洁方便,而且目前支持无线局域网的设备已经在市场上得到了广泛的普及,不同品牌的接入点 AP 以及客户网络接口之间在基本的服务层面上都是可以实现互操作的。而全球统一的 WiFi 标准使其与蜂窝载波技术不同,同一个 WiFi 用户可以在世界各个国家使用无线局域网服务。

3. 完全开放的频率使用段

WiFi 使用的 2.4 GHz ISM 频段是全球开放的频率使用段,使得用户端无须任何许可就可以自由使用该频段上的服务。

4. 动态拓扑特性

用户端可在网络的覆盖范围内任意移动,随时加入或退出。但拓扑结构的动态变化不会给客户端带来任何影响。

5. 与以太网的兼容性

其相互兼容的网络结构和协议(MAC 层和 IP 协议)使有线和无线之间通过网桥即可实现无线局域网与以太网的连接。

6. 覆盖范围广

与上节介绍的蓝牙技术相比,WiFi 的半径可达近 100 m。最近有的公司推出的新型 AP,其工作距离可达几千米。

四、WiFi 技术的前景

1. WiFi 作为有线接入技术的补充

目前,有线接入技术主要包括以太网、XDSL 等。WiFi 技术作为高速有线接入技术的补充,具有可移动性、价格低廉的优点,WiFi 技术广泛应用于有线接入需无线延伸的领域,如临时会场等。由于数据速率、覆盖范围和可靠性的差异,WiFi 技术在宽带应用上将作为高速有线接入技术的补充。而关键技术无疑决定着 WiFi 的补充力度。现在 OFDM、MIMO(多入多出)、智能天线和软件无线电等,都开始应用到无线局域网中以提升 WiFi 性能,比如说 802.11n 计划采用 MIMO 与 OFDM 相结合,使数据速率成倍提高。另外,天线及传输技术的改进使得无线局域网的传输距离大大增加,可以达到几千米。

2. WiFi 是蜂窝移动通信的补充

WiFi 可作为蜂窝移动通信的补充。蜂窝移动通信可以提供广覆盖、高移动性和中低等数据传输速率,它可以利用 WiFi 高速数据传输的特点弥补自己数据传输速率受限的不足。而 WiFi 不仅可利用蜂窝移动通信网络完善的鉴权与计费机制,而且可结合蜂窝移动通信网络广覆盖的特点进行多接入切换功能。这样就可实现 WiFi 与蜂窝移动通信的融合,使蜂窝移动通信的运营锦上添花,进一步扩大其业务量。

3. WiFi 是现有通信系统的补充

无线接入技术则主要包括 IEEE 的 802.11、802.15、802.16 和 802.20 标准,分别指 WLAN、无线个域网 WPAN(蓝牙与 UWB)、无线城域网 WMAN(WiMAX)和宽带移动接入 WBMA 等。一般来说,WPAN 提供超近距离无线高数据传输速率连接;WMAN 提供城域覆盖和高数据传输速率连接;WBMA 提供广覆盖、高移动性和高数据传输速率连接;WiFi 则可以提供热点覆盖、低移动性和高数据传输速率连接。

对于电信运营商来说,WiFi 技术的定位主要是作为高速有线接入技术的补充,逐渐也会成为蜂窝移动通信的补充。当然 WiFi 与蜂窝移动通信也存在少量竞争。一方面,用于 WiFi 的 IP 话音终端已经进入市场,这对蜂窝移动通信有一部分替代作用;另一方面,随着蜂窝移动通信技术的发展,热点地区的 WiFi 公共应用也可能被蜂窝移动通信系统部分取代。但是总的来说,它们是共存的关系,比如一些特殊场合的高速数据传输必须借助于 WiFi,如波音公司提出的飞机内部无线局域网;而在另外一些场合使用 WiFi 可能较为经济,如高速列车内部的无线局域网。

目前公共接入服务的应用,除了上网、接收电子邮件等既有应用之外,并未出现对使用者而言具有独占性、迫切性、必要性的应用服务,可使消费者产生另一种新的使用需求。这也是它难以大量吸引用户族群的原因。百年来通信发展的历史证明,使用一种包办所有功能的通信系统是不可取的,各种接入手段的混合使用才能带来经济性、可靠性和有效性的同时提高。毫无疑问,第三代蜂窝移动通信(3G)技术是一个比较完美的系统,它有较高的技术先进性、较强的业务能力和广泛的应用。但是 WiFi 可以在特定的区域和范围内发挥对3G 的重要补充作用,WiFi 技术与 3G 技术相结合会有广阔的发展前景。

4. WiFi 作为物联网重要的无线传输技术

目前,物联网已经得到各国各级政府和行业主管部门的高度重视,然而,除了依靠底层的传感器技术、智能嵌入技术以及自动识别技术之外,要实现真正无所不在的物联网,更为重要的是在数据传输层实现统一稳定的数据传输。而 WiFi 由于与传统以太网的兼容性而成为无线接入网络的一种重要形态,可实现局部区域内的高速无线连接,传输速率从当前的54 Mbps 正在向更高的 600 Mbps 迈进。作为 ZigBee 低速传感网络与传统远程高速以太网的中间网关非常适合。同时,WiFi 还具有组网结构简单、建设方便快捷等特点,得到了人们的关注。随着 WiFi 应用领域的不断扩展、产品类型的日益丰富以及 WiFi 设备的加速应用,消费者将获得高速、方便与丰富的使用体验。

WiFi 联盟董事 Amer Hassan 在 2009 年的世界无线电通信大会上表示,物联网市场潜力巨大,WiFi 联盟重视物联网产业在中国的发展,并且开始着手 M2M 的研发和部署。可以预见,随着物联网的发展,WiFi 作为目前应用最广泛的无线通信技术之一,将会发挥重要作用。基于 WiFi 无线技术,构建无线传输网与传感网相结合的融合应用,将成为物联网产业链中很重要的组成部分。

五、WiFi 技术应用实例——光纤无线传感网技术

通常的 WiFi 接入点(AP)的信号覆盖范围为:室内,50～100 m;室外,100～300 m。为了实现较大范围的 WiFi 信号的分布,具有国际领先的光纤无线电技术的广州某电子科技有限公司,通过光纤传输 WiFi 射频信号,传输距离可达 5000 m。

光纤无线电技术是应高速大容量无线通信需求,新兴发展起来的将光纤通信和无线通信结合起来的无线接入技术。光载射频拉远系统是技术和成本驱动的产物,是光网络和无线网络初步结合的一种体现。它能大大减少运营商对于站址资源的要求,降低投资,同时能够有效改善覆盖效果。

与常规的 WiFi 局域网络相比,该公司 WiFi 光纤无线电(光载无线)信号分布系统具有如下优势。

(1)实现 WiFi 射频信号的低成本、远距离、大范围分布。

(2)WiFi 光纤无线电信号分布系统采用 WiFi 光纤无线电中心控制机集中管理和控制 WiFi 局域网,可以大大提高系统的可靠性,方便网络的管理和维护,系统网络升级容易。

(3)WiFi 光纤无线电信号分布系统的远端节点和辐射天线结构简单,能降低远端接入点的成本和复杂度。

(4)WiFi 光纤无线电信号分布系统的网络协议采用标准的 TCP/IP 网络协议,系统扩展容易。

(5)WiFi 光纤无线电信号分布系统可以通过 WiFi 局域网实现远程控制、管理和数据采集,特别适合大型工厂、码头、医院、智能大厦等场合的无线网络信号分布。

(6)WiFi 光纤无线电信号分布系统融合了光纤无线电技术、WiFi 无线局域网,还可以

融入嵌入式 Web 设备服务器、RFID 射频识别技术等于一体,实现计算机、通信和控制的融合,是实现 M2M(物联网)的最佳方案。

由 WiFi 光纤无线电信号分布系统构建的新一代工业无线网络结构如图 6-8 所示。

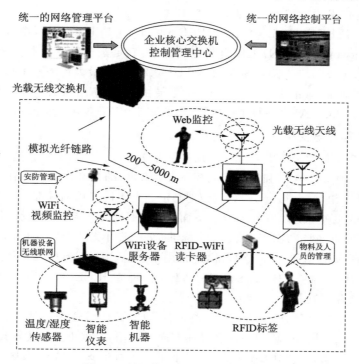

图 6-8　新一代工业无线网络结构图

该工业无线通信网络系统的使用,可以构成无线 M2M 系统,集数据采集、工业控制、远程监控、管理于一体,而作为计算机、网络、设备、传感器、人类等的生态系统,电信、信息技术工业控制能够使业务流程自动化,集成公司资讯科技(IT)系统和非 IT 设备的实时状态,并创造增值服务。这一平台可在安全监测、自动抄表、机械服务和维修业务、自动售货机、公共交通系统、车队管理、工业流程自动化、电动机械、城市信息化等环境中运行并提供广泛的应用和解决方案。

其中,光载无线交换机是由广州某电子科技有限公司与北京邮电大学联合研发的新一代光载无线网络交换机。它可以将 WiFi 信号的产生、处理集中于内部(中央机房),以光纤实现大范围(200～5000 m)分布,通过远端天线完成信号覆盖及双向传输。该产品可混合传输 WiFi 与 2G/3G/4G 以及其他无线信号,可为使用者节省大量的无线网络建设投资,避免重复施工,并极大地提高网络建设速度。

6.2.3　ZigBee 技术

ZigBee 技术是一种近距离、低成本、低功耗、低数据传输速率的无线通信技术,ZigBee 技术的目标是建立一个无所不在的传感器网络,主要适用于自动控制和远程控制领域,可以嵌入到各种设备中,同时支持地理定位功能。

一、ZigBee 概述

ZigBee 技术是一种应用于短距离范围内,低数据传输速率下的各种电子设备之间的无线通信技术。ZigBee 名字来源于蜂群使用的赖以生存和发展的通信方式（蜜蜂通过跳 ZigZag 形式的舞蹈来通知发现的新食物源的位置、距离和方向等信息），以此作为新一代无线通信技术的名称。ZigBee 技术过去又称为"HomeRF Lite"技术、"RF-EasyLink"技术或"FireFly"无线电技术，目前统一称为 ZigBee 技术。

ZigBee 基于 IEEE 802.15.4 标准。IEEE 802.15.4 是 IEEE 无线个人局域网（wireless personal area network，WPAN）工作组制定的标准，它定义了物理层和 MAC 层，与其他无线标准如 802.11 或 802.16 不同，802.15.4 以 250 Kbps 的最大传输速率承载有限的数据流量。ZigBee 联盟在此标准基础上，对其网络层协议和应用程序编程接口（application programming interface，API）进行了标准化，由此产生了 ZigBee 技术。

1. ZigBee 的起源与发展

IEEE802.15.4 标准：1998 年 3 月，IEEE 成立 802.15 工作组。这个工作组致力于 WPAN 网络的物理层（PHY）和媒体访问控制层（MAC）的标准化工作。在 IEEE 802.15 工作组内有四个任务组（task group，TG），分别制定适合不同应用的标准。这些标准在传输速率、功耗和支持的服务等方面存在差异。下面是四个任务组各自的主要任务。

（1）任务组 TG1：制定 IEEE 802.15.1 标准，又称蓝牙无线个人区域网络标准。这是一个中等速率、近距离的 WPAN 网络标准，通常用于手机、PDA 等设备的短距离通信。

（2）任务组 TG2：制定 IEEE 802.15.2 标准，研究 IEEE 802.15.1 与 IEEE 802.11（WiFi 技术）的共存问题。

（3）任务组 TG3：制定 IEEE 802.15.3 标准，研究高传输速率无线个人区域网络标准。该标准主要考虑无线个人区域网络在多媒体方面的应用，追求更高的传输速率与服务品质。

（4）任务组 TG4：制定 IEEE 802.15.4 标准，针对低速无线个人区域网络（low-rate wireless personal area network，LR-WPAN）制定标准。该标准把低能量消耗、低速率传输、低成本作为重点目标，旨在为个人或者家庭范围内不同设备之间的低速互连提供统一标准。

IEEE 802.15.4 标准定义的 LR-WPAN 网络具有如下特点：

（1）在不同的载波频率下实现了 20 kbps、40 kbps 和 250 kbps 三种不同的传输速率；

（2）支持星型和点对点两种网络拓扑结构；

（3）有 16 位和 64 位两种地址格式，其中 64 位地址是全球唯一的扩展地址；

（4）支持载波侦听多路访问（carrier sense multiple access with collision avoidance，CSMA-CA）技术；

（5）支持确认（ACK）机制，保证传输的可靠性。

ZigBee 联盟：2002 年 8 月，英国 Invensys 公司、日本三菱电气公司、美国摩托罗拉公司以及荷兰飞利浦半导体公司四大巨头共同宣布，它们成立"ZigBee 联盟"，以研发名为"ZigBee"的下一代无线通信标准。

ZigBee 联盟是一个高速增长的非营利业界组织，成员包括国际著名半导体生产商技术提供者、代工生产商以及最终使用者。成员正制定一个基于 IEEE802.15.4、可靠、高性价比、低功耗的网络应用规格。已有超过 150 多家成员公司正积极进行 ZigBee 规格的制定工作。

ZigBee 联盟的主要目标是通过加入无线网络功能，为消费者提供更富弹性、更易使用的电子产品。ZigBee 技术能融入各类电子产品，应用范围横跨全球民用、商用、公用及工业用等市场。生产商终于可以利用 ZigBee 这个标准化无线网络平台，设计简单、可靠、便宜又省电的各种产品。

ZigBee 联盟在 IEEE802.15.4 标准基础上,制定了 MAC 层以上的高层协议,并开始推广。2003 年 5 月,ZigBee 协议正式问世,并使用了之前研究过的面向家庭网络的通信协议 Home RF Lite。随后 ZigBee 协议经历了 ZigBeeV1.0、ZigBeeV1.1、ZigBeeV1.2 三次发展。

2. ZigBee 技术特点

ZigBee 是一种无线连接,可工作在 2.14 GHz(全球流行)、868 MHz(欧洲流行)和 915 MHz(美国流行)3 个频段上,分别具有最高 250 kbit/s、20 kbit/s 和 40 kbit/s 的传输速率,它的传输距离在 10～75 m 的范围内,并可以继续增加传输距离。作为一种近距离、低复杂度、低功耗、低速率、低成本的双向无线通信技术,ZigBee 主要用于距离短、功耗低且传输速率要求不高的各种电子设备之间进行数据传输以及典型的有周期性数据、间歇性数据和低反应时间数据传输的应用。ZigBee 技术具有如下特点。

1)功耗低

工作模式情况下,ZigBee 技术传输速率低,传输数据量很小,因此信号的收发时间很短;在非工作模式时,ZigBee 节点处于休眠模式。设备搜索时延一般为 30 ms,休眠激活时延为 15 ms,活动设备信道接入时延为 15 ms。由于工作时间较短、收发信息功耗较低且采用了休眠模式,使得 ZigBee 节点非常省电,ZigBee 节点的电池工作时间可以长达 6 个月到 2 年。另外,电池工作时间也取决于很多因素,例如:电池种类、容量和应用场合,ZigBee 技术在协议上对电池使用也进行了优化。对于典型应用,碱性电池可以使用数年,对于某些工作时间和总时间(工作时间＋休眠时间)之比小于 1％的情况,电池的寿命甚至可以超过 10 年。

2)数据传输可靠

ZigBee 的媒体访问控制层(MAC)采用 talk-when-ready 的碰撞避免机制。在这种完全确认的数据传输机制下,当有数据传送需求时则立刻传送,发送的每个数据包都必须等待接收方的确认信息,并进行确认信息回复;若没有得到确认信息的回复就表示发生了碰撞,将再传一次,采用这种方法可以提高系统信息传输的可靠性。同时为需要固定带宽的通信业务预留了专用时隙,避免了发送数据时的竞争和冲突。另外,ZigBee 针对时延敏感的应用做了优化,通信时延和休眠状态激活的时延都非常短。

3)网络容量大

一个 ZigBee 的网络最多包括有 255 个 ZigBee 网络节点,其中一个是主控设备,其余则是从属设备。若是通过网络协调器(network coordinator),整个网络最多可以支持超过 64000 个 ZigBee 网络节点,再加上各个 network coordinator 可互相连接,整个 ZigBee 网络节点的数目将十分可观。

4)兼容性

ZigBee 技术与现有的控制网络标准兼容。通过网络协调器自动建立网络,采用 CSMA-CA 方式进行信道接入。为了可靠传递,还提供握手协议。

5)安全性

ZigBee 提供了数据完整性检查和鉴权功能,在数据传输中提供了三级安全性。第一级实际是无安全方式,对于某种应用,如果安全并不重要或者上层已经提供足够的安全保护,器件就可以选择这种方式来转移数据。对于第二级安全级别,器件可以使用接入控制清单来防止非法器件获取数据,在这一级不采取加密措施。第三级安全级别是在数据转移中采用属于高级加密标准(AES)的对称密码。AES 可以用来保护数据净荷和防止攻击者冒充合法器件,各个应用可以灵活确定其安全属性。

6）成本低

协议免专利费用。目前低速低功率的 UWB 芯片组的价格至少为 20 美元。而 ZigBee 的价格目标仅为几美分。低成本对于 ZigBee 来说也是一个关键的因素。

7）时延短

通信时延和从休眠状态激活的时延都非常短，典型的搜索设备时延 30 ms，休眠激活的时延是 15 ms，活动设备信道接入的时延为 15 ms。因此，ZigBee 技术适用于对时延要求苛刻的无线控制（如工业控制场合等）应用。

二、ZigBee 网络拓扑结构

ZigBee 低速率、低功耗和短距离传输的特点使它非常适宜支持简单器件。ZigBee 定义了两种器件：全功能器件（FFD）和简化功能器件（RFD）。对全功能器件，要求它支持所有的 49 个基本参数。而对简化功能器件，在最小配置时只要求它支持 38 个基本参数。一个全功能器件可以与简化功能器件和其他全功能器件通话，可以按 3 种方式工作，分别为个域网协调器方式、协调器方式或器件方式。而简化功能器件只能与全功能器件通话，仅用于非常简单的应用。其中 FFD 设备可提供全部的 MAC 服务，可充当任何 ZigBee 节点，不仅可以发送和接收数据，还具有路由功能，因此可以接收子节点；而 RFD 设备只提供部分的 MAC 服务，只能充当终端节点，不能充当协调器和路由节点，它只负责将采集的数据信息发送给协调器和路由节点，并不具备路由功能，因此不能接收子节点，并且 RFD 之间的通信必须通过 FFD 才能完成。另外，RFD 仅需要使用较小的存储空间，这样就可以非常容易地组建一个低成本和低功耗的无线通信网络。ZigBee 标准在此基础上定义了三种节点：ZigBee 协调点、路由节点和终端节点。ZigBee 协议标准中定义了三种网络拓扑形式，分别为星型拓扑、树型拓扑和网状拓扑，如图 6-9 所示。

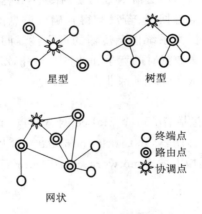

星型　　　　树型

○ 终端点
◎ 路由点
✸ 协调点

网状

图 6-9　ZigBee 三种网络拓扑结构示意图

星型网络是三种拓扑结构中最简单的，因为星型网络没用到 ZigBee 协议栈，只要用 802.15.4 的物理层和 MAC 层就可以实现。网络由一个协调器和一系列的 FFD/RFD 构成，节点之间的数据传输都要通过协调器转发。节点之间的数据路由只有唯一的一个路径，没有可选择的路径，假如发生链路中断时，那么发生链路中断的节点之间的数据通信也将中断，此外协调器很可能成为整个网络的瓶颈。

在树型网络中，FFD 节点都可以包含自己的子节点，而 RFD 则不行，只能作为 FFD 的子节点。在树型拓扑结构中，每一个节点都只能和它的父节点和子节点之间通信，也就是说，当从一个节点向另一个节点发送数据时，信息将沿着树的路径向上传递到最近的协调器节点然后再向下传递到目标节点。这种拓扑方式的缺点就是信息只有唯一的路由通道,信息的路由过程由网络层处理,对于应用层是完全透明的。

网状网络除了允许父节点和子节点之间的通信,也允许通信范围之内具有路由能力的非父子关系的邻居节点之间进行通信,它是在树型网络基础上实现的,与树型网络不同的是,网状网络是一种特殊的、按接力方式传输的点对点的网络结构,其路由可自动建立和维护,并且具有强大的自组织和自愈功能,网络可以通过"多级跳"的方式来通信,可以组成极为复杂的网络,具有很大的路由深度和网络节点规模。该拓扑结构的优点是减少了消息延时,增强了可靠性,缺点是需要更多的存储空间的开销。

三、ZigBee 网络协议栈

ZigBee 协议栈结构由一些层构成,每个层都有一套特定的服务方法和上一层连接。数据实体提供数据的传输服务,而管理实体提供所有的服务类型。每个层的服务实体通过服务接入点(service access point,SAP)和上一层相接,每个 SAP 提供大量服务方法来完成相应的操作。

IEEE 802.15.4 标准定义了下面的两个层:物理层和媒介层。ZigBee 联盟在此基础上建立了网络层以及应用层的框架。应用层又包括应用支持子层、ZigBee 的设备对象以及制造商定义的应用对象。ZigBee 协议体系如图 6-10 所示。

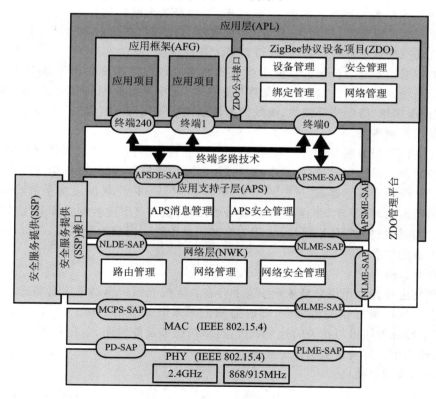

图 6-10 ZigBee 协议体系图

四、ZigBee 与物联网

物联网一个重要的技术就是无线传感器网络技术。ZigBee 是一种短距离、低复杂度、低功耗、低数据速率、低成本的双向无线网络。ZigBee 以其经济、可靠、高效等优点在物联网技术中有着良好的应用前景。从技术标准层面上来看,在 ZigBee 联盟的推动下,ZigBee 技术将朝着开发 SoC(片上系统)、更规范、与 IPv6 结合、更廉价、更省电、更快速等方向发展。从应用领域和方向方面来看,相比于蓝牙、WiFi,ZigBee 的低功耗更具有优势,2 节 5 号干电池可支持 1 个节点工作 6～24 个月,甚至更长。而蓝牙能工作数周,WiFi 只能工作数小时。同时,贵重设备的定位也是未来值得关注的一个大的潜在应用领域,应该加大在大型停车场、井矿人员定位等方面的应用。

随着 ZigBee 规范的进一步完善,许多公司均在着手开发基于 ZigBee 的产品。采用 ZigBee 技术的无线网络应用领域有家庭自动化、家庭安全、工业与环境控制与医疗护理、检测环境、监测、监察保鲜食品的运输过程及保质情况等。

2011 年 ZigBee 联盟宣布在无锡和北京中关村设两个办事处。目前,中国已有包括中国移动、华为、北京威讯紫晶等公司成为了 ZigBee 联盟正式会员。ZigBee 联盟中关村办公室于 2011 年下半年开始正式运作,作为其在中国开展物联网产业技术交流与合作的平台,已经启动了与中关村物联网产业相关企业、机构开展技术标准、研发测试及应用推广方面的实质性合作。

五、ZigBee 技术应用实例

1. 智慧农业方案

ZigBee 技术作为一种新兴的近程、低速率、低功耗的无线网络技术,主要用于近距离无线连接。它具有低复杂度、低功耗、低速率、低成本、自组网、高可靠、超视距的特点,主要适合应用于自动控制和远程控制等领域,可以嵌入各种设备。

南京某传感技术有限公司设计的现代化的精准农业方案系统采用了基于 ZigBee 技术的智能温室系统。该系统由温室内温湿度控制模块、土壤温湿度控制模块、二氧化碳控制模块、光照度控制模块、智能浇灌模块、无线数据传输模块等几部分组成。

1)温湿度控制模块

内置先进的无线温度/湿度传感器可实时监测温室中的温度,通过无线 ZigBee 技术,可与温室中的空调设备相连,当室内温度超过或低于系统设定范围时,可自动打开或关闭空调设备;无线温度/湿度传感器,通过监测平台,同步获取温室内空气的湿度系数,当湿度系数不在设定值范围内时,可自动控制通风设备等的运行,使空气湿度控制在作物生长适宜的湿度范围内。同时通过无线传输模块,将相关数据信息传输到用户的手机上,保证用户随时随地获知所有数据信息。

2)光照度控制模块

绿色植物进行光合作用总是依赖阳光的存在。无线光照传感器采用对弱光也有较高灵敏度的硅兰光伏探测器作为传感器,随时监测记录太阳光线的强度。通过无线 ZigBee 技术,无线光照传感器还可与相关的补光系统、遮阳系统等设备相连,在有需要时,自动打开相关设备,为作物生长打造完美的光照环境。

3)二氧化碳控制模块

温室内的空气中若有过多的二氧化碳反而会抑制作物的生长。通过无线太阳能二氧化碳传感器,运用先进的 ZigBee 技术,当空气中的二氧化碳浓度超过系统设定阈值范围后,可自动打开与之相连的通风设备,也可增加对作物的光照,使之进行更多的光合作用,从而降低二氧化碳的浓度。

4)智能浇灌模块

基于先进的 ZigBee 技术,无线电磁阀能够根据湿度传感器的测定数据,自动控制温室的浇灌系统,满足需水量不同的各种作物的灌溉需求。并可与监控平台实现无线通信,将相关数据信息传输到用户的手机上。

5) 无线数据传输模块

通过基于 ZigBee 技术的无线网关实现 ZigBee 网络设备与互联网网络设备之间的数据与控制信息的传输。使得用户可以随时随地在互联网或手机上浏览温室大棚最新情况,并且还可以进行远程操控。

整个系统的结构如图 6-11 所示。

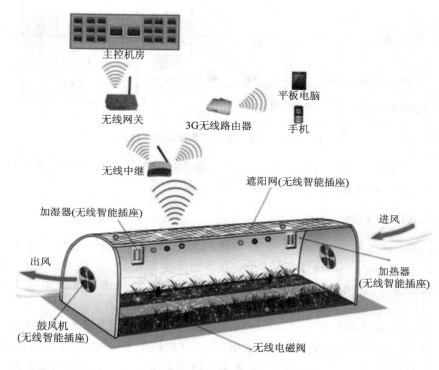

图 6-11　基于 ZigBee 技术的智能温室系统示意图

2. 无线医疗监护方案

基于 ZigBee 技术的医院病房呼叫系统中使用了无线射频 ZigBee 模块,该模块功耗低,抗干扰能力强,且使用 ISM 频段,频率无须申请,无线网络使用是免费的。ZigBee 技术具有强大的组网能力,可以组成蜂窝状网络,通信可靠性极强。

北京某科技有限公司采用 ZigBee 技术的无线数据通信系统,来实现医院病房呼叫系统。这是一个非常理想的无线数据通信解决方案。

利用 ZigBee 技术组成一个网状路由网络,在楼道设置合适的路由节点,进行数据的中转;房间内的呼叫节点采用星型网络连接,由其中一个节点作为 ZigBee 路由器,负责与中心网络的连接和数据中继转发;所有的 ZigBee 路由器组成一个蜂窝状网络,再与 ZigBee 中心节点连接,中心节点设置在管理中心,构建成一个完整的 ZigBee 无线网络。这是一个通信非常可靠的网络结构。如图 6-12 所示。

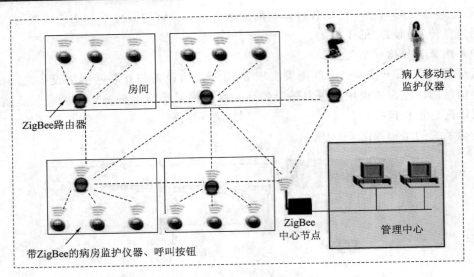

图 6-12　基于 ZigBee 技术的医院病房呼叫系统

该系统应用范围：医院医疗监护系统、医疗仪器数据采集系统、医院病人监护系统、病房呼叫系统、养老院呼叫系统等。

6.2.4　6LoWPAN 技术

集成了互联网络技术、嵌入式技术和传感器技术的低速率无线个域网（low-rate wireless personal area network，LR-WPAN）在最近几年来成了一个研究热点。LR-WPAN 是为短距离、低速率、低功耗无线通信而设计的网络，可广泛用于智能家电和工业控制等领域。

国际互联网工程任务组（internet engineering task force，IETF）2004 年 11 月正式成立了 IPv6 over LR-WPAN（6LoWPAN）工作组，着手制定给予 IPv6 的低速无线个域网标准，即 IPv6 over IEEE802.15.4，目的是将 IPv6 引入以 IEEE802.15.4 为底层标准的无线个域网。它的出现推动了短距离、低速率、低功耗的无线个域网的发展。

一、6LoWPAN 技术概述

1. IPv6（internet protocol version 6）

IPv6 是 IETF 工作组设计的用于替代现行的 IPv4 版本的下一代 IP 协议，采用 128 位二进制数编址。之所以提出 IPv6，是因为现在我们使用的 IPv4 只用 32 位二进制数编址，地址资源短缺严重。

现有的互联网是在 IPv4 协议的基础上运行的。IPv4 定义的有限地址空间将被耗尽，地址空间的不足必将影响互联网的进一步发展。

来自 ICSA（国际计算机安全协会）的 Guy Snyder 称，据统计，目前全球只剩下 5% 的 IPv4 地址可用，预计到 2011 年 3 月份可能就开始出现空缺。向 IPv6 过渡是目前国际上应对 IPv4 地址资源短缺的有效措施。IPv6 是下一代互联网发展的基础，现在多个国家都在高度关注 IPv4 到 IPv6 的过渡。

与 IPv4 相比，IPv6 具有以下一些优点。

（1）IPv6 具有更大的地址空间。IPv4 中规定 IP 地址长度为 32，最大地址个数为 2^{32}；而 IPv6 中 IP 地址的长度为 128，即最大地址个数为 2^{128}。

（2）IPv6 使用更小的路由表。IPv6 的地址分配一开始就遵循聚类的原则，这使得路由器能在路由表中用一条记录表示一片子网，大大减小了路由器中路由表的长度，提高了路由器转发数据包的速度。

（3）IPv6 增加了组播支持以及对流的支持，这使得网络上的多媒体应用有了长足发展的机会，为服务质量控制提供了良好的网络平台。

（4）IPv6 加入了对自动配置的支持。这是对 DHCP 协议的改进和扩展，使得网络（尤其是局域网）的管理更加方便和快捷。

（5）IPv6 具有更高的安全性。在使用 IPv6 网络中用户可以对网络层的数据进行加密并对 IP 报文进行校验，在 IPv6 中的加密与鉴别选项提供了分组的保密性与完整性，极大地增强了网络的安全性。

（6）允许扩充。如果新的技术或应用需要时，IPv6 允许协议进行扩充。

（7）更好的头部格式。IPv6 使用新的头部格式，其选项与基本头部分开，如果需要，可将选项插入到基本头部与上层数据之间。这就简化和加速了路由选择过程，因为大多数的选项不需要由路由选择。

（8）新的选项。IPv6 有一些新的选项来实现附加的功能。

2. IPv6 与 IEEE 802.15.4 的互补

随着 IEEE 802.15.4 的提出，低速低功耗无线个域网逐步变成现实。它可以广泛应用在工业监控、智能家电和传感器网络等领域，具有广阔的应用前景。

IEEE 802.15.4 只规定了物理层和 MAC 层标准，没有涉及网络层以上规范，而 IEEE 802.15.4 设备密度很大，而且其最大特点也是网络化，因此迫切需要实现网络互连。同时为了满足不同设备制造商的设备间的互联和互操作性，需要制定统一的网络层标准。目前全球性产业联盟 ZigBee 正在研究制定网络层以上规范，针对网络层以上的规范 ZigBee 必须注意以下几个方面的问题。

1）网络层地址

IEEE 802.15.4 为 MAC 层定义了 16 比特短地址和 64 比特长地址，但是网络层也需要分配地址才能保证数据包的转发和路由选择。同时，由于 IEEE 802.15.4 的高密度性，每个网络中通常还有大量的信息节点，因此 ZigBee 必须能够提供大量的网络地址。

2）配置方式

在互联网中，大部分信息终端都需要手动配置，但由于数量不多，因此还可以保证。但在 IEEE 802.15.4 网络中，其信息节点数量非常多，手动配置每一个信息节点效率低下且容易出错。因此需要具备自动配置能力。

3）网络层协议复杂度

IEEE 802.15.4 通常都是在嵌入式微处理器上实现，其计算能力和存储能力都十分有限，因此要求网络协议及算法要非常简单、灵活和高效，可根据不同的应用场合进行裁剪，尽可能减少微处理器的资源占用。

4）数据包有效负载

IEEE 802.15.4 规定的 MAC 帧的最大数据负载只有 102 字节，而如果采用安全机制，则最小只有 81 字节。这就意味着单个 MAC 帧的数据负载有限，因此对最大传输单元、数据包传输效率等均提出了要求。

解决上述要求比较好的方式是将 IPv6 与 IEEE 802.15.4 结合。随着互联网的蓬勃发展，IP 网络取得了巨大成功，很多基于 IP 的技术已经非常成熟，可以很方便地沿用现有的基础结构，而无须重新设计一种全新的协议体系。而且，最重要的是 IP 网络标准的开放性。随着市场需求和技术的不断进步，IPv6 技术逐渐成熟，成为新一代互联网技术标准。IPv6 拥有巨大的地址空间，支持自动地址配置，协议可靠灵活，而且 IEEE 802.15.4 网络将来一定需要连接到互联网。所以，选择 IPv6 为 IEEE 802.15.4 的网络层协议标准将具有非常重要的意义和可行性。一般而言，IPv4 也可以胜任，但是 IPv4 到 IPv6 演变是大势所趋。

正因为如此，IETF 于 2005 年 3 月初正式成立 6LoWPAN 工作组，将 IEEE 802.15.4 和 IPv6 的互补性很好地结合起来。

3. 6LoWPAN 重点解决的问题

（1）IPv6 地址的生成和管理，即 IEEE 802.15.4 设备如何获取 IPv6 链路本地地址、全球单播地址并保证其唯一性。

（2）最大传输单元 MTU。IPv6 规定最小的 MTU 是 1280 字节，而 IEEE 802.15.4 留给网络层以上的负载最大只有 102 字节，因此必须在 MAC 层和 IPv6 层之间设置中间层，完成两者适配。

（3）微型化 IPv6 协议。IPv6 协议包括很多子协议，完全实现是没有必要的，而且几乎是不可能的。应该针对 IEEE 802.15.4 的特性确定保留或者改进部分功能协议，满足嵌入式 IPv6 对功能、体积、功耗和成本等的严格要求。

（4）包头压缩。IPv6 基本包头共 40 字节，固定包头占据了 IPv6 包很大的空间，而且如果存在扩展包头、传输层包头和安全机制等，效率将更加低下，导致发送更多的数据包，占用更多的带宽，增加了功耗，大大影响了电池的寿命。

（5）路由机制。6LowPAN 是新型网络，如何实现简单有效的路由是值得深入研究的课题。

（6）网络管理。网络管理是必要的，而且是必需的，传统的 SNMP v3 是否可行，还是需要重新设计适合的网络管理机制，这同样值得深入研究。

（7）安全机制。在 IEEE 802.15.4 的应用中，大多数都需要安全保证，一个可靠的安全机制是设备大规模商用的关键之一。而目前 IEEE 802.15.4 安全没有密钥分配、管理等机制，亟须上层提供合适的安全机制。

（8）实现考虑。这包括是否选用操作系统、何种操作系统和 API 等。

二、6LoWPAN 体系结构

如图 6-13 所示，6LoWPAN 网络体系结构包括 IEEE 802.15.4 物理层、IEEE 802.15.4MAC 层、适配层、传输层和应用层。

由于 IPv6 协议作为流行的网络层协议大多部署在路由器、PC 等计算资源较为丰富的设备上，而无线传感器节点采用 IEEE 802.15.4 标准，大多运行在计算和存储资源较弱的无线设备上。两者在设计出发点上的不同，导致了 IPv6 协议不能像构架到以太网那样直接地构架到 IEEE 802.15.4 MAC 层上，需要一定的机制来协调这两层协议之间的差异。因此，在 IPv6 层和 IEEE 802.15.4MAC 层之间引入了适配层来解决两个协议之间的差异问题。

IEEE 802.15.4物理层和IEEE 802.15.4MAC层在上一节中已经进行了介绍,这里主要介绍一下适配层。

适配层的主要功能如下。

| 应用层 |
| 传输层 |
| IPv6 层 |
| 适配层 |
| IEEE 802.15.4 MAC 层 |
| IEEE 802.15.4 物理层 |

图 6-13 6LoWPAN 网络
体系结构示意图

1. 网络拓扑管理

IEEE 802.15.4的MAC协议支持包括星型拓扑、树型拓扑及"点对点"的Mesh拓扑等多种网络拓扑结构。但是,MAC层协议并不负责这些拓扑结构的形成,它仅仅提供相关的功能性原语。因此上层协议(适配层协议)必须负责以合适的顺序调用相关原语,完成网络拓扑的形成,包括信道扫描、信道选择、PAN的启动、接受子节点加入请求、分配地址等。

2. 地址管理

在6LoWPAN中节点有两类地址:64位长地址和16位短地址。64位长地址为生产厂商写入的全局MAC地址,该MAC地址遵从EUI64规范,并在全球范围内唯一。但是,IEEE 802.15.4的MAC的有效报文长度仅为127字节,如果所有节点均采用64位长地址进行通信的话,则留给上层协议的有效负荷长度将大大减少。因此,较为合理的方案是在PAN内部使用16位短地址进行通信,这就需要在适配层采用一种动态的地址分配机制,使得6LoWPAN节点能够正确获得与PAN内其他节点不同的16位短地址。

3. 路由协议

IEEE 802.15.4标准仅提供了基本的"点对点"的传输原语,且一般传感器节点的传输范围为10 m到100 m不等,若要远距离传输只能采用多跳拓扑。但是,在IEEE 802.15.4标准中并未给出多跳的路由协议,因此适配层必须提供适合于802.15.4网络的无线路由协议。一般常见的无线路由协议有ADDV(ad-hoc on-demand distance vector)、TORA(temporally ordered routing algorithm)等,但是此类路由协议通常是采用广播的方式询问路由,要求节点周围的节点也要参与到路由询问的过程中,对于无线设备来讲,无线收发器的使用是电力消耗的主要部分。因此,传统的无线路由协议可能会造成较大的能量开销,这和6LoWPAN低功耗、低开销的目的相悖,因此需要在适配层加入低开销的路由协议。

4. 分片和重装

IPv6规定的链路层最小MTU为1280字节,对于不支持该MTU的链路层,协议要求必须提供对IPv6透明的链路层的分片和重装。而IEEE 802.15.4MAC层最大帧长仅为127字节,因此适配层需要通过对IP报文进行分片和重装来传输超过IEEE 802.15.4MAC层最大帧长的报文。

5. 头部压缩和解压缩

在不启用安全机制的前提下,IEEE 802.15.4MAC层除去报文头部后的最大有效负荷长度为102字节,而IPv6基本报头为40字节,如果再考虑到传输层头部长度(TCP 20字节、UDP 8字节),为上层数据留下的有效长度仅仅剩下50字节左右的空间。为了使IPv6报文能够在IEEE 802.15.4链路上传输,我们除了在适配层进行分片和重装外,还需要对IPv6报文头部及传输层报文头部进行一定的压缩,进而更大限度地提高传输的效率。为了实现压缩,需要在适配层头部后增加一个头部压缩编码字段,该字段将指出IPv6头部哪些可压缩字段将被压缩,例如传输类型和流标识字段均为0时将在头部压缩编码字段被指出并且在IPv6头部中省去。除了对IPv6头部以外,还可以对上层协议(UDP、TCP及

ICMPv6)头部进行进一步压缩。

6.组播支持

组播在 IPv6 协议中起着至关重要的作用,特别是邻居发现协议(NDP)很大程度上依赖于组播。但是 IEEE 802.15.4 的 MAC 协议并不提供组播功能,仅仅提供有限的广播功能,如果单纯地将所有组播功能退化为广播功能,则会在节点能耗上造成很大的开销。因此,需要在适配层通过有效的可控广播洪泛的方法在整个无线传感器网络中提供 IP 报文组播的功能。

图 6-14 所示为 6LoWPAN 适配层的功能模块示意图。

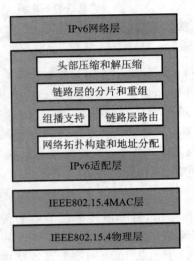

图 6-14　6LoWPAN 适配层的功能模块

三、6LoWPAN 技术优势

6LoWPAN 相比于前面介绍的物联网传输技术,具有以下几点优势。

1.普适性

互联网自 20 世纪 90 年代以来,已经得到了非常广泛的应用。基于 IP 技术的应用与研究已经非常成熟,作为下一代 IP 技术的 IPv6 正在世界各地普及。因此,基于 IPv6 的 6LoWPAN 技术在今后的物联网应用中也就更易于被广泛接受。

2.开放性

自互联网诞生以来,一直坚持开放的原则,IP 协议架构不归属于任何国家和企业联盟,因此其不涉及任何知识产权问题。这对 6LoWPAN 的普及和应用带来了诸如 ZigBee 等技术无法比拟的优势。

3.地址空间巨大

物联网中的感知节点可以说是海量的,要求具有信息传输能力的信息节点数量自然巨大。要实现如此数量巨大的节点间的信息互通,需要为每个信息节点配置相应的网络地址。随着物联网应用领域的扩展,目前网络地址已近枯竭的 IPv4 版本显然不能满足要求。而基于 IPv6 的 6LoWPAN 传感网络很好地解决了这一问题。

4.自动地址配置

在物联网应用中,信息节点通常具有流动性、远距离性等特点。这就要求信息节点应具备自动配置网络地址的能力,显然 IPv6 协议的自动配置功能能够很好地满足这一要求。

5.互通性

物联网的主干传输网络通常是基于 IP 协议的网络,无线感知网与主干网络能否实现顺畅的异构对接,一直是困扰物联网传输的难题。这一问题直接影响到物联网的应用普及工作。因此,在无线感知网中植入 IP 技术,可以很方便地解决网络异构的对接问题,同时也可以减少物联网基础网络设施的建设时间和成本。

6.易开发性

物联网比传统的互联网更贴近实际工程应用。对信息节点的有效感知和控制离不开应用层面的软件开发。针对 IPv4 的开发技术已经非常普及了,IPv6 技术经过这几年的研究,也已经日益趋于成熟和实用。因此,6LoWPAN 技术在应用开发层面比其他无线感知网技术更有优势。

四、6LoWPAN 技术与物联网

物联网丰富的应用和庞大的节点规模既带来了商业上的巨大潜力,同时也带来了技术上的挑战。首先,物联网由众多的节点连接构成,无论是采用自组织方式,还是采用现有的公众网进行连接,这些节点之间的通信必然牵涉到寻址问题。其次,目前互联网的移动性不足也造成了物联网移动能力的欠缺。IPv4 协议在设计之初并没有充分考虑到节点移动性带来的路由问题,即当一个节点离开了它原有的网络,如何再保证这个节点访问可达性的问题。再次,网络质量保证也是物联网发展过程中必须解决的问题。而 IPv4 网络实现网络质量的两种技术:资源预留技术和区分服务技术,仅仅考虑了业务的网络质量需求而并没有考虑业务的应用质量要求,但是物联网中的服务质量保障必须与具体的应用相结合。最后,物联网节点的安全性和可靠性也需要重新考虑。传统的应用层加密技术和网络冗余技术很难满足物联网的需求。

在物联网应用中可以使用 IPv6 地址中的接口地址来标识节点,在同一个子网络中,可以标识 264 个节点,这个标识空间具有巨大的地址空间,完全可以满足物联网的需要。

IPv6 在制定之初就考虑到了要解决移动性的问题,IPv6 有许多 IPv4 所不具备的适用于解决移动性问题的新特性。网络安全面临着截获、中断、篡改、伪造四类威胁。而 IPv6 网络比 IPv4 网络要安全。在物联网的安全保障方面,由于物联网应用中节点部署的方式比较复杂,节点可能通过有线方式或无线方式连接到网络,因此节点的安全保障的情况也比较复杂。在使用 IPv4 的场景中一个黑客可能通过在网络中扫描主机 IPv4 地址的方式来发现节点,并寻找相应的漏洞。而在 IPv6 场景中,由于同一个子网支持的节点数量极大,黑客通过扫描的方式找到主机的难度大大增加。

在 IP 基础协议栈的设计方面,IPv6 将 Internet 协议安全性(IPSec)协议嵌入到基础的协议栈中,通信的两端可以启用 IPSec 加密通信的信息和通信的过程,网络中的黑客将不能采用中间人攻击的方法对通信过程进行破坏或挟持。同时,黑客即使截取了节点的通信数据包,也会因为无法解码而不能窃取通信节点的信息。

基于 IPv4 的 Internet 在设计之初,只有一种简单的服务质量(quality of service,QoS),即采用"尽最大努力"(best effort)传输,这样的 QoS 是无保证的。QoS 对关键应用和多媒体应用十分必要,当网络过载或拥塞时,QoS 能确保重要业务量不受延迟或丢弃,同时保证网络的高效运行。IPv6 数据包的格式包含一个 8 位的业务流类别(class)字段和一个新的 20 位的流标签(flow label)字段来识别传输,可使路由器标识和特殊处理属于一个流量的数据包。流是指来自同一源和目的节点之间的一系列数据包,因为是在 IPv6 包头中识别传输,所以即使通过 IPSec 加密数据包载荷(payload),仍可实现对 QoS 的支持。

从整体来看,使用 IPv6 协议的 6LoWPAN 技术不仅能够满足物联网的地址需求,同时还能满足物联网对节点移动性、节点冗余、基于流的 QoS 保障的需要,很有希望成为物联网应用的基础网络技术。

6.2.5 WiMAX 技术

WiMAX 又称为 802.16 无线城域网,是又一种为企业和家庭用户提供"最后一千米"的宽带无线连接方案。因其在数据通信领域的高覆盖范围(可以覆盖 50 千米的范围),以及对 3G 可能构成的威胁,使 WiMAX 技术备受业界关注。

一、WiMAX 技术概述

WiMAX 的全名是全球微波互联接入（worldwide interoperability for microwave access）。WiMAX 技术以 IEEE 802.16 的系列宽频无线标准为基础，是针对微波和毫米波频段提出的一种新的空中接口标准。它用于将 802.11（WiFi）无线接入热点连接到互联网，也可连接公司与家庭等环境至有线骨干线路。它可作为线缆和 DSL 的无线扩展技术，从而实现无线宽带接入。

与 WiFi 一样，它也须要创建一个"热点"，类似于无线移动通信网络中的"基站"。但同 WiFi 相比，WiMAX 的覆盖范围要大得多，其最大传输速度为 75 Mbps、最大传输距离可达 50 km，可实现高速远距离传输。对于须要随时随地高速接入互联网的朋友，WiMAX 无疑是一种很好的技术解决方案。

IEEE 针对特定市场需求和应用模式提出了一系列不同层次的互补性无线技术标准，其中已经得到广泛应用的标准系列包括应用于家庭互联的 IEEE 802.15（ZigBee、6LoWPAN）和应用于无线局域网的 IEEE 802.11（WiFi）。2004 年 6 月，IEEE 正式审核通过了 IEEE 802.16 标准，弥补了 IEEE 在无线城域网（MAN）标准上的空白。

IEEE 802.16 又称为 IEEE Wireless MAN（无线城域网）空中接口标准，是适用于 2.66 GHz 的空中接口规范。由于它所规定的无线接入系统覆盖范围可达 50 km，因此 802.16 系统主要应用于城域网，被视为可与 DSL 竞争的"最后一千米"宽带接入解决方案。

根据使用频段高低的不同，802.16 系统可分为应用于视距范围和非视距范围两种，其中使用 2～11 GHz 频段的系统应用于非视距范围，而使用 10～66 GHz 频段的系统应用于视距范围。

根据是否支持移动特性，IEEE 802.16 标准系列又可分为固定宽带无线接入空中接口标准和移动宽带无线接入空中接口标准，其中的 802.16、802.16a、802.16d 属于固定宽带无线接入空中接口标准，而 802.16e 属于移动宽带无线接入空中接口标准。

IEEE 802.16 标准系列到目前为止包括 802.16、802.16a、802.16c、802.16d、802.16e、802.16f 和 802.16g 七个标准。

二、WiMAX 技术优势

基于 802.16 标准的 WiMAX 技术由于最初是由英特尔、奥维通等一部分厂商倡导成立的，一直以来饱受争议。但随着摩托罗拉、朗讯、思科、北电网络和富士通等国际巨头公司以及华为、中兴等国内网络通信巨头企业的加入，WiMAX 的发展前景呈现一片光明。正如当年对提升 802.11（WiFi）使用率有功的 WiFi 联盟，WiMAX 也成立了论坛，将提高大众对宽频潜力的认识，并力促供应商解决设备兼容问题，借此加速 WiMAX 技术的使用率，让 WiMAX 技术成为业界使用 IEEE 802.16 系列宽频无线设备的标准。

WiMAX 是在电信网络融合的大趋势下发展起来的城域网无线接入技术。WiMAX 的核心网采用移动 IP 的构架，具备与全 IP 网络无缝融合的能力。WiMAX 核心网可以满足不同业务和应用的 QoS 需求，有效利用端到端的网络资源；核心网具有可扩展性、伸缩性、灵活性和鲁棒性，能够满足电信级组网要求；具备先进的移动性，包括寻呼、位置管理、不同技术之间的切换以及不同运营商网络之间的切换，同时具备安全性保障和全移动模式下的 QoS 保证。

WiMAX 是采用无线方式代替有线实现"最后一千米"接入的宽带接入技术。WiMAX 的优势主要体现在这一技术集成了 WiFi 无线接入技术的移动性与灵活性以及 xDSL 等基于线缆的传统宽带接入技术的高带宽特性。其技术优势可以概括如下。

1. 实现更远的传输距离

WiMAX 所能实现的 50 km 的无线信号传输距离是无线局域网所不能比拟的，网络覆盖面积是 3G 发射塔的 10 倍，只要建设少数基站就能实现全城覆盖，这样就使得无线网络应用的范围大大扩展。

2. 提供更高速的宽带接入

WiMAX 所能提供的最高接入速度是 75 Mbps，这个速度是 3G 所能提供的宽带速度的 30 倍。对无线网络来说，这的确是一个惊人的进步。

3. 提供优良的最后一千米网络接入服务

作为一种无线城域网技术，它可以将 WiFi 热点连接到互联网，也可作为 DSL 等有线接入方式的无线扩展，实现最后一千米的宽带接入。WiMAX 可为 50 km 线性区域内提供服务，用户无须线缆即可与基站建立宽带连接。

4. 提供多媒体通信服务

由于 WiMAX 较之 WiFi 具有更好的可扩展性和安全性，从而能够实现电信级的多媒体通信服务。

三、WiMAX 发展历史及现状

20 世纪 90 年代宽带无线接入技术发展迅速，以本地多点分配业务（LMDS）和多信道多点分配为代表的无线技术的市场定位为小型办公室、中/小企业、城市商业中心等用户。但是，这一产业并没有像人们预期的那样进一步繁荣壮大，一个重要的原因就是没有统一的全球性宽带无线接入标准。

1999 年，IEEE 成立了 802.16 工作组来专门研究宽带无线接入技术规范，目标是要建立一个全球统一的宽带无线接入标准。目前，IEEE802.16 主要提及两个标准：802.16-2004，即 802.16d 固定宽带无线接入标准和 802.16e 支持移动特性的宽带无线接入标准。

IEEE 802.16d 标准于 2004 年 10 月 1 日发布，它规范了固定接入下用户终端同基站系统之间的空中接口，主要定义空中接口的物理层和 MAC 层。

IEEE 802.16e 标准的最大特点在于对移动性的支持。该标准规定了可同时支持固定和移动宽带无线接入系统，工作在小于 6 GHz 适宜于移动性的许可频段，可支持用户终端以车辆速度移动，同时 802.16d 规定的固定无线接入用户的功能并不因此受到影响。

目前，WiMAX 已经在国外得到大量运用，特别是 IEEE 802.16d WiMAX 芯片的商用化加速了设备市场的步伐，已有多家公司现可提供 IEEE802.16d 设备。全球有多家固定和移动运营商进行了 WiMAX 试验，全球 30 多个国家有 130 个部署案例，其中有 30 多个商业网络，现阶段其工作的频段主要是 3.5 GHz。

在 WiMAX 产业的上游，英特尔公司是 WiMAX 技术的鼎力支持者。2006 年 7 月，英特尔曾与摩托罗拉向 Clearwire 联合注资 9 亿美元，以推动 WiMAX 无线宽带技术的普及，同年 10 月，英特尔发布支持移动网络的第一代 WiMAX 芯片——LSIWiMAXConnection2250，并宣布立即进入批量生产阶段。在运营商方面，包括美国、英国、法国、德国、俄罗斯等在内的电信运营商都提出或正在实施 WiMAX 部署计划。比如，美国 5 大移动通信运营商之一的 SprintNextel 就斥资 30 亿美元，计划 2006 年底开始运营 WiMAX 服务，预计在 2008 年底，网络将覆盖美国 100 个城市的 85% 区域，拥有 1 亿个用户。PyramidResearch 咨询公司的一项调查显示：2007 年 78% 的电信运营商会考虑投资 WiMAX 技术。市场调研机构

TeleGeography 也指出,超过 200 家运营商正在着手进行 WiMAX 的研究、部署工作。

各国政府也加大了对 WiMAX 的支持力度。美国、英国、法国等国政府积极为 WiMAX 分配频段资源。目前,WiMAX 技术日益成熟,产业链已经初具规模,全球共有 24 个 WiMAX 网络投入商用,WiMAX 的足迹遍及亚洲、美洲、欧洲、非洲和大洋洲。除韩国之外,亚太区的其他国家也积极部署 WiMAX 网络,比如斯里兰卡 ISPLanka Internet 与 Redline 合作在科伦坡建造 WiMAX 系统;越南本地运营商与英特尔成立合资公司共同推进 WiMAX 技术的测试。

近年来,国内各设备厂商、研究机构也积极参与 802.16/WiMAX 的国际标准化活动,中国通信标准化协会(CCSA)也与 IEEE 802.16 工作组建立联络关系。另外,在 CCSA 内部各成员也在积极开展研究工作。目前,基于 802.16d 的一系列行业标准正在制定阶段,同时基于 IEEE 802.16e 的行业标准的制定工作也已开始。以 IEEE802.16 为代表的新型宽带无线接入技术,为宽带无线接入市场注入了新的活力。该技术采用开放的空中接口保证了设备的互通,扩展了技术的应用。IEEE 802.16 技术从固定到便携再到移动的发展特征,迎合了网络的发展趋势和人们的消费习惯,为使用便携终端的用户提供了灵活方便、随时随地的接入,在未来宽带市场将占有一席之地。中国早已进行了 WiMAX 可行性测试。国内通信行业知名企业(如中兴、华为等)已开始研制基于 WiMAX 技术的产品和服务。

四、WiMAX 与物联网

通过前面的介绍,我们知道 WiMAX 技术主要是应用在无线城域网络,它是互联网的一种无线接入方式。互联网通过它能够达到更大的无线覆盖范围。在物联网中的无线传感网络(WSN)不是一种互联网的接入技术,而只是存在于局部的一个小网络。在这个网络里,通过传感节点,将被感知的对象的一些相关数据如温度、压力等传递给数据的收集者。比如,在一个蔬菜里,安装了一些 WSN 的无线传感节点,通过这些节点组成的 WSN 无线传感网络向远程管理人员传达大棚里的温度、湿度、二氧化碳浓度等信息。但无线传感网无法完成这一任务,依靠 WiMAX 就可以做到这一点了,因此两者的结合就能够让我们及时得到这些感知到的各类信息。即,WSN 就像是地球的皮肤一样,感知有关信息,通过 WiMAX 无线互联网技术,使这些信息能够全球共享。

WiMAX 技术与 WSN 技术的联合应用使物联网真正能够将各种设备和信息都纳入全世界的信息网络。例如将 WiMAX 技术应用于智能电网,即在智能电表中置入 WiMAX 芯片,利用 WiMAX 传输距离和速度的优势实现过去几乎不可能的远程操作,如远程连接和断开、断电检测和通知、电力质量控制和设备优化等。能源公司常常握有通信频率资源,而组建无线 WiMAX 网络比建立有线网络省时省钱。目前由 WiMAX 控制的智能电网在澳大利亚和美国中部已经投入使用。

6.2.6 WiMAX 技术应用实例

1. WiMAX 系统在无线数字多媒体网络中的应用

目前,这类应用在国外已经进行了试验检测。为各类车辆内的乘客提供高速移动状态下的多媒体服务、定位服务。如在城铁、地铁、公交车、火车上为乘客提供高速网络互动、到站提示、车辆定位、实时影视、广告等各类服务。同时,由于 WiMAX 网络可以兼容 WiFi 的网络设备,因此 WiFi 终端用户也可享受移动宽带服务。

2. 应急移动通信系统

基于 WiMAX 技术的城域网,可以大大提升政府对于紧急事件的响应能力,提升城市的整体安全水平。在公共安全和紧急救助领域,大多数工作人员都处于移动状态,因此在通信方面必须依赖于无线网络解决方案。WiMAX 技术可以满足其对数据调度、移动视频监控、车辆/人员定位、移动指挥车应急通信等业务需求。应急指挥车辆或工作人员只要有一台笔记本电脑或者手持终端就可以通过无线城域网实时与总部保持视频、数据和语音通信。如图 6-15 所示。

图 6-15　城市应急移动通信系统

通过 WiMAX 系统在各领域的监控指挥中心与全市的智能通信指挥中心之间建立无线连接,可以构建城市智能通信系统,从而可以保证各部门步调一致、协同作战,处理城市中出现的各种突发事件。

本 章 小 结

（1）无线传感器网络（wireless sensor network,WSN）是一种自组织网络,通过大量低成本的传感节点设备协同工作完成感知、采集和处理网络覆盖区域内感知的对象信息,并自动发送给观察者。

（2）无线传感器网络包括传感器节点、汇聚节点、任务管理节点。传感器节点部署或固定在监测区域内,并通过传感器节点的自组织构成无线网络。这种自组织网络形式通过多跳中继方式将数据传输至汇聚节点,最后借助互联网或移动通信技术将整个区域内采集到的数据信息传输至任务管理节点。

（3）无线传感器网络软件体系包括无线传感器网络应用支撑层、无线传感器网络基础设施、基于无线传感器网络应用业务层的一部分共性功能以及管理、信息安全等部分。

（4）无线传感器网络通信体系结构与 TCP/IP 体系相似,由物理层、数据链路层、传输层及应用层组成。

（5）无线传感器网络关键技术包括无线信息网络技术、网络拓扑管理技术、网络协议技术、网络安全技术、定位技术、时间同步技术和数据融合技术等。

（6）无线传感网的组网技术包括蓝牙技术、WiFi 技术、ZigBee 技术、6LoWPAN 技术和 WiMAX 技术等。

习　　题

（1）无线传感器网络与互联网的区别主要体现在哪些方面？

（2）无线传感器网络为什么要求具有自组织能力？

（3）简述无线传感器网络的应用领域。

（4）常用的无线传感器网络组网技术有哪些？

（5）6LoWPAN 与 ZigBee 组网技术有哪些异同？

（6）说明 Ad-Hoc 和 Infrastructure 两种无线网络的拓扑结构的区别。

（7）IPv6 应用于无线传感器网络需要解决的技术问题有哪些？

第7章 物联网定位技术

物联网的体系架构中,传感层完成从物理世界当中获取各种各样的信息,通过网络最后传到用户或者服务器端,为用户提供各种各样的服务。在所有采集的信息中,物品(或人)的"位置"是其中非常具有现实意义的信息之一。从物联网的三个目标来看,要实现任何时间、任何事物、任何地点之间的连接就必须有定位技术的支持,而且在任何地方的连接里面本身就包含着物体之间的位置信息。在我们日常生活中,各种定位技术已经得到了广泛的应用,比如在大地测量里面现在用得最广泛的就是GPS定位系统,用于国内的大地测量。另外在各种交通运输行业,比如轮船的导航、汽车的导航以及飞机的导航都用到了GPS定位系统。而且现在在很多的智能手机上面都已经安装了GPS定位系统。可以说GPS定位系统是目前最成功得到大规模商业应用的系统,而且取得了非常好的社会效益。因此,无线定位技术是物联网一个重要的基础。我们作为单独的一章做以介绍。

7.1 无线定位技术概述

无线定位技术通过对接收到的无线电波的一些参数进行测量,根据特定的算法判断出被测物体的位置。测量参数一般包括传输时间、幅度、相位和到达角等。无线定位技术早已有之,随着无线通信技术的发展和数据处理能力的提高,基于位置的服务成为最具发展潜力的移动互联网业务之一。无论在室内还是室外环境下,快速准确地获得移动终端的位置信息和提供位置服务的需求变得日益迫切。通信和定位两大系统正在相互融合、相互促进。利用无线通信和参数测量确定移动终端位置,而定位信息又可以用来支持位置业务和优化网络管理,提高位置服务质量和网络性能。所以,在各种不同的无线网络中快速、准确地获取移动位置信息的定位技术及其定位系统已经成为当前的研究热点。

7.1.1 无线定位技术的发展历程及现状

物品的定位技术最早可追溯到1937年,世界上出现的第一台SCR-28雷达站,作为识别战时敌方飞机的有效工具,在二战的空战中起到了至关重要的作用。继雷达之后,卫星导航技术逐渐发展起来,它是以卫星通信技术为基础的无线电导航与定位技术,可发送高精度、全天时和全天候的导航、定位和授时信息,并提供海陆空领域的军民共享的信息资源。

世界上最早的卫星导航系统是美国1964年开始运行的子午仪导航系统。20世纪60年代末70年代初,美国和苏联又分别开始研制新一代全天候、全天时、连续实时提供精确定位服务的全球导航系统,至20世纪90年代中期,美国全球定位系统(global positioning system,GPS)和俄罗斯的GLONASS均已建成并投入使用。在这一领域,中国也研制了自主知识产权的"北斗卫星导航系统"。我国正在实施北斗卫星导航系统建设,已成功发射多颗北斗导航卫星。2011年12月27日起,开始向中国及周边地区提供连续的导航定位和授时服务。2012年12月27日向亚太地区正式提供服务,民用服务与GPS一样免费。

从目前的使用情况看,美国GPS是该领域最成功的一个。它已广泛用于军事和民用的多个领域。但由于它需要专用的客户端设备才能使用,并不利于在社会中普及。因此,美国高通公司推出了基于手机的定位系统 GPSOne。它是全球定位系统(GPS)和手机定位系统的混合定位技术。此外,GPS 系统由于需要接收卫星信号,使用环境受到很大限制,难以在小范围的工厂、仓库、楼宇等室内场所应用,另外由于定位精度的问题,GPS 系统也一直未能规模化地应用于制造车间、港口码头、仓储物流等领域。

为了弥补 GPS 的缺陷,2000 年后在美国诞生了基于粗略区域查询的主动式 RFID 定位技术。此技术虽然在成本上具有较大的优势,但由于其定位精度不高,大大限制了其应用范围。

GPS 和早期 RFID 技术的上述缺陷使得当时的实时目标定位技术无法满足市场的需求,由此推动了实时定位系统(real time location system,RTLS)在全球的发展,并使之成为一门集软件、传感、运算、通信、信息处理和人工智能等众多技术于一身的多学科交叉的新技术。自 2004 年在美国出现基于 TDOA(time difference of arrival,TDOA)和 TOA(time of arrival,TOA)技术的产品后,市场价值迅速得到体现,在短短的几年里这种新型实时定位系统的市场迅速扩大。例如在伊拉克战争中美国军事装备和给养的运输、部分车辆厂生产过程中关键部件的组装和入库、医院人员以及仪器设备位置的查询、码头集装箱定位、企业内部、校园、港口码头、仓库等对财产和人员实施定位和跟踪等,都在大量地推广使用这一实时定位技术。由于强大的市场诱惑力,许多世界级大型公司积极投入到 RTLS 技术和产品的研发中,包括日本三菱、美国思科、IBM、微软、摩托罗拉等。

许多国外一些特定行业领域 RTLS 技术的应用发展非常迅速。如医疗、汽车制造、物流、监狱管理、农业等领域。丰田汽车在汽车零部件供应链上建立了 RTLS 系统,该系统降低了人工成本,使工作流程自动化,降低了出错率,提高了经销商和顾客的满意度;比利时根特大学医院使用整合了医学监控设备的 WiFi 实时定位系统标签来远程传输病人健康状况数据和急救信号,并且在紧急情况下,实时定位标签能够自动报警;另一个较为成功的实时定位系统应用是以集装箱码头为代表的物流行业。目前在这类市场上,以 WhereNet 公司提供实时定位系统最具代表性,该公司的 RTLS 技术已经在美国西部的十几个港口码头储运基地得到应用。

在零售业、农业等领域也正在研究和开发使用 RTLS 技术,例如食品保鲜管理、无线预警、邮政服务、制造业半成品管理、服装分类仓储管理等。目前,国外只有少数几个专业性厂商能够提供多样性的 RTLS 解决方案:PanGo Network、Ekahau 和 AeroScout 公司提供的主要是基于 WiFi 技术框架的 RTLS 系统,WhereNet 和 G2 MicoSystem 公司提供的是基于 TDOA 的新型实施定位系统技术,半导体芯片公司 Nanotron 提供的是基于 TOA 新型算法的 RTLS 芯片技术。

如今中国已经有了部署新型实时定位系统的案例,全部是采用国外 RTLS 技术提供厂商的系统和解决方案,所有项目首先是集中在集装箱供应链和汽车制造业中。例如,上海洋山港集装箱堆场管理和上海通用汽车等都是采用了 WhereNet 的技术方案。由于国外技术系统价格昂贵,极大地限制了该项技术在中国市场的广泛应用,特别是在极度需要该项技术的军事领域,更是无法得到西方的支持。

RTLS 还处于发展的起始阶段,面对实时定位市场的复杂化和多样化需求,现有技术的发展跟不上需求的发展。国外新型 RTLS 多是依靠单项技术(TDOA 或 TOA)来实现实时定位,判断准确率、线性定位精度和平面定位精度等参数均有待提高。另外,实施成本也是影响实时定位技术规模化应用的主要原因,这一点在我国市场尤其如此。

7.1.2 无线定位技术主要的性能指标

在物联网应用中,针对无线定位技术的主要指标包括定位精度、系统规模、可扩展性、容错性和自适应性、系统功耗等。

1)定位精度

定位算法是影响定位精度指标的最主要因素,为了评价各种定位算法在实际环境中的定位精度,需要首先确定评价定位精度的指标。目前最常用的指标是定位均方差(MSE)、均方根误差(RMSE)、克拉美罗下界(CRLB)、几何精度因子(GDOP)、圆误差概率(CEP)。此外,工程应用中还常将定位物品的概率密度函数(PDF)和累积分布函数(CDF)、相对定位误差(RPE)等作为评价指标。

2)系统规模

不同的定位系统根据其定位原理和算法的不同,其定位的规模差异较大。比如 GPS 可实现全球范围内的众多目标定位,而应用无线传感网技术(WiFi、ZigBee 等)的定位系统通常在一个区域内,甚至是一个房间内,其定位服务范围和目标数量均有限。

3)可扩展性

扩展性是指定位系统的应用或业务规模的可持续扩展程度。该指标决定了定位系统的整体架构、复杂程度、灵活程度以及建设成本等。一个比较好的定位系统在可扩展性设计上至少应该包括以下几个方面。

(1)整体系统架构的可扩展性:系统的建设必须能够在系统的使用率快速增长的情况下,维持良好的性能,并且当增加定位目标的数量及导入新的定位算法时,也能维持较低的系统资源开销。

(2)数据交换、传输能力的可扩展性:允许在空中链路层和有线网络层保证系统稳定可靠的前提下,提高现有系统数据交换和传输的能力,以满足用户上层业务定制的需求。

(3)存储数据空间的可扩展性:鉴于物联网中的被定位目标数量巨多,定位信息产生的数据非常庞大,因此良好的系统数据存储是整体定位服务系统的关键保障之一。

(4)上层服务的可扩展性:该项要求是指系统能在满足实时定位需求的同时,可以根据不同用户的不同需求,开放应用程序接口(API),进行深层次的数据挖掘,在原有业务功能的基础上提供更加多元化、智能化、个性化的服务。

4)容错性和自适应性

可靠性是物联网的一个重要指标要求。定位系统和算法都需要比较理想的无线电磁环境和可靠的网络节点设备。在现实应用环境中,外界的各种干扰、信号的衰减、通信盲点等因素都会影响定位系统的信号稳定性,而网络节点由于周围环境或自身原因容易出现故障。因此,定位网络系统中的软硬件必须具有很强的容错性和自适应性,能够通过自动调整或重构纠正错误和适应环境以减少各种误差的影响,提高定位系统的精度。

5)系统响应速度

在物联网定位技术的制造加工应用中,所产生的信息量将会比传统的离散传感器或条码的使用所产生的信息量大得多。快速的响应是系统正常运行的基本要求和重要指标。处理如此大量的信息,不仅需要高效的硬件基础,还需要软件程序或对算法进行优化。

6)系统功耗

功耗是对无线传感网络的设计和实际应用影响最大的因素之一。由于传感器节点电池能量有限,在保证定位精度的前提下,与功耗密切相关的定位所需的计算量、通信开销、存储开销、时间复杂性是一组关键性指标,也是衡量定位系统的主要指标之一。

7)建设成本

根据定位系统规模范围、精度要求等不同的指标要求,其建设成本是不同的。在实践中实施定位系统应该综合考虑系统在短期和长期内的功效表现,根据不同的实际需求做出有针对性的规划和设计。在时间、空间、资金等几个方面的成本控制与系统指标之间做出很好的平衡。

7.2 无线定位技术分类

物联网中的无线定位技术是一种涉及传感、计算、通信、信息处理、人工智能等多学科的交叉技术。因其应用的技术、方法的不同,其分类也比较多。下面将针对常用的分类方法做介绍。

7.2.1 按工作模式分类

根据定位技术的工作模式不同,物联网定位技术可分为基于移动网络的定位技术和基于移动终端的定位技术两类。

基于移动网络的定位技术又称蜂窝小区(cell of origin)定位技术。每一个小区都有自己特定的小区标识号(cell-ID)。当移动终端(定位目标)进入某一小区时,移动终端要在当前小区注册,移动终端发送给移动基站的信息中就包含有相应的小区 ID 标识。系统根据采集到的定位目标所处小区的标识号来确定移动终端的具体位置。基于 RFID 技术的区域查询定位、无线传感网、RTLS 都属于这一类定位。

基于移动终端的定位技术是指多个已知位置的基站发射信号,所发射信号携带有与基站位置有关的特征信息,当移动终端接收到这些信号后,确定其与各个基站之间的几何位置关系(距离、角度等),并根据相关算法对其位置进行定位估算,从而得到自身的位置信息,具有较高的定位精度。卫星定位系统、移动通信网络定位技术都属于这一类。

7.2.2 按定位的空间范围分类

从定位的空间范围分类,定位技术可以分为全球定位技术和区域定位技术。

卫星全球定位技术:是实现全球导航定位的整套技术,可发送高精度、全天时、全天候的导航、定位和授时信息。

蜂窝区域定位技术:是指在某个特定的区域(如蜂窝移动通信信号覆盖区域)内,实现精确定位的技术。区域定位技术可作为全球定位技术的有益补充,可以解决 GPS 全球定位的终端投入成本和精度等问题。

实时定位技术(RTLS):RTLS 技术是在较小区域(如港口码头、小区、楼宇、室内等)内,基于无线(短距离)通信手段跟踪和确定物体位置信息的各种技术和应用的总称。其实现技术包括:红外线、超声波、RFID、WiFi、ZigBee 等无线传感网技术。该技术是目前物联网定位技术中正在热门研究的定位技术领域。

7.2.3 按定位方式分类

根据定位所采用的具体技术不同,物联网定位技术可以分为被动式定位技术和主动式定位技术两大类,其区别是定位目标是否主动发送无线定位信号。

在被动定位技术应用中，定位目标通过接受多个已知坐标的固定基站发送的信号，来确定自身与多个基站之间的几何位置关系（距离、角度等），并根据一定的算法对其自身位置进行定位估算，从而得到自身的具体位置。GPS定位是目前应用最为广泛的开阔区域被动式定位技术。它主要利用几颗卫星的测量数据计算移动目标的位置（经纬度、高度等）。在此基础上还出现了差分GPS、辅助GPS等技术，广泛用于航空、航海和野外勘测等领域。

在主动定位技术应用中，定位目标主动发射无线信号，信号接收器（或基站）接收到信号后，将信息传送给后台计算机，由计算机根据定位算法计算出目标的位置。由于采用定位目标主动发射信号的方式，这类实时定位可广泛用于室内、地下等封闭区域。由于单纯地只发射信号的终端设备成本远低于接收并处理信号的被动式定位移动终端的成本，因此这种实时定位更适用于规模化应用，在物联网中应用潜力尤其巨大。

主动式定位系统可采用多种无线电信号，目前主要有兼容无线以太网络的（IEEE 802.11系列标准）的WiFi实时定位系统、基于独立射频空中接口标准（ISO/IEC 24730系列标准）的RFID实时定位系统以及正在兴起的（IEEE 802.15.4标准）ZigBee实时定位系统。

基于WiFi的实时定位系统供应商有美国的AeroScout、Ekahau、Newbury Networks、Pango、RF Technologies；基于ISO/IEC 24730系列标准的供应商有美国的Wherenet、Savi，德国的Nanotron等；基于ZigBee的定位技术供应商有挪威的Chipon AS（CC2420/CC2430和CC2500/CC2550等）、美国的CompXs（ML7065）、美国的Ember（EM2420）、美国的Freescale Semiconductor（MCl3192/MCl3193）和美国德州仪器（TI CC2341）。

7.2.4　按定位算法分类

在上面介绍的模式分类中，一种是基于移动终端自身定位模式的定位技术，其实质是移动终端通过计算自身与基站之间的几何关系来确定自身的位置。在其所依据的几何关系中，有以下几种不同的几何算法从而产生了不同类别的定位技术。

1.无线电信号强度测距法

无线电信号强度（radio signal strength indicator，RSSI）测距法：已知发射功率，接收节点通过接收功率，计算传播损耗，再通过理论或者经验的传播模型将传播损耗转换为距离。在自由空间中，接收功率随着发射点与接收点距离的平方衰减。通过测量接收信号的强度，即可计算收发节点之间的大概距离。

2.到达时间测距法

到达时间差（time of arrival，TOA）测距法是通过信号传播时间来测量距离的。假定信号从参考节点到未知节点的传播时间为t，信号的传播速度为c，则参考节点到未知节点的距离为$t \times c$。这种方法需要接收信号的节点知道信号开始传输的时刻，所以要求节点的时钟比较精确。GPS采用的就是TOA测距法，它使用昂贵高能耗的电子设备来精确同步卫星时钟。

3.到达时间差测距法

到达时间差（time differences of arrival，TDOA）测距法通过记录两种不同信号（通常为无线电信号和超声波信号）的到达时间的差异，根据已知两种信号的传播速度，直接把时间差转换成距离。

在二维平面中，双曲线表示为两个定点的距离之差为一个常数的所有点的集合，而两个定点称作焦点。因此，TDOA测距方法在二维平面上的几何意义为：得到未知节点与两个参考节点的距离差,则未知节点的位置处于以两个参考节点为焦点的双曲线方程上。通过测量得到未知节点所属的两个以上的双曲线方程时,这些双曲线的交点即为未知节点的位置。

4. 到达角测距法

到达角(angle of arrival,AOA)测距法通过阵列天线或者多个接收器结合来得到相邻节点发送信号的方向,以构成一根从接收机到发射机的方位线。两根以上的方位线即可确定未知节点的位置。

上述的几种基于测距的定位算法,都是以测量距离或者角度为前提,除了 RSSI 测距方法,其他三种测距方法具有一个共同的缺点,就是传感器节点的造价比较高,采用这些测距方法的算法所要研究的重点大部分都放在如何利用有限的电池资源、如何提高测量距离和角度的准确性方面。

7.3 物联网常用定位技术

常用的定位技术包括卫星全球定位技术、蜂窝移动通信定位技术和实时定位技术。下面逐一进行介绍。

7.3.1 全球卫星定位系统

目前,世界上已经存在的全球卫星导航定位系统包括美国的 GPS(global positioning system,GPS)、俄罗斯的 GLONASS、中国的 COMPASS(北斗)、欧洲的 GALILEO(伽利略)系统。

一、美国的 GPS 系统

该系统的前身为美军研制的一种子午仪(Transit)卫星导航系统,1958 年开始研制,1964 年正式投入使用。该系统用 5 到 6 颗卫星组成的星网工作,每天最多绕过地球 13 次,并且无法给出高度信息,在定位精度方面也不尽如人意。然而,子午仪系统使得研发部门对卫星定位取得了初步的经验,并验证了由卫星系统进行定位的可行性,为 GPS 系统的研制埋下了铺垫。由于卫星定位显示出在导航方面的巨大优越性及子午仪系统存在对潜艇和舰船导航方面的巨大缺陷。美国海陆空三军及民用部门都感到迫切需要一种新的卫星导航系统。

为此,美国海军研究实验室(NRL)提出了名为 Tinmation 的用 12 到 18 颗卫星组成 10000 km 高度的全球定位网计划,并于 1967 年、1969 年和 1974 年各发射了一颗试验卫星,在这些卫星上初步试验了原子钟计时系统,这是 GPS 系统精确定位的基础。

最初的 GPS 方案将 24 颗卫星放置在互成 120° 的三个轨道上。每个轨道上有 8 颗卫星,地球上任何一点均能观测到 6 至 9 颗卫星。这样,粗码精度可达 100 m,精码精度为 10 m。由于预算压缩,GPS 计划不得不减少卫星发射数量,改为将 18 颗卫星分布在互成 60° 的 6 个轨道上。然而这一方案使得卫星可靠性得不到保障。1988 年又进行了最后一次修改:21 颗工作星和 3 颗备用星工作在互成 30° 的 6 条轨道上。这也是现在 GPS 卫星所使用的工作方式。

GPS 定位导航系统的基本原理是测量出已知位置的卫星到用户接收机之间的距离,然后综合多颗卫星的数据就可知道接收机的具体位置。要达到这一目的,卫星的位置可以根据星载时钟所记录的时间在卫星星历中查出。而用户到卫星的距离则通过记录卫星信号传播到用户所经历的时间,再将其乘以光速得到。当用户接收到导航电文时,提取出卫星时间并将其与自己的时钟做对比,便可得知卫星与用户的距离,再利用导航电文中的卫星星历数据推算出卫星发射电文时所处位置,用户在 WGS—84 大地坐标系中的位置速度等信息便可得知。

按定位方式不同,GPS 定位分为单点定位和相对定位(差分定位)。单点定位就是根据一台接收机的观测数据来确定接收机位置的方式,它只能采用伪距观测量,可用于车船等的概略导航定位。相对定位(差分定位)是根据两台以上接收机的观测数据来确定观测点之间的相对位置的方法,它既可采用伪距观测量也可采用相位观测量,大地测量或工程测量均应采用相位观测值进行相对定位。

在 GPS 观测量中包含了卫星和接收机的时钟差、大气传播延迟、多路径效应等误差,在定位计算时还要受到卫星广播星历误差的影响,在进行相对定位时大部分公共误差被抵消或削弱,因此定位精度将大大提高,双频接收机可以根据两个频率的观测量抵消大气中电离层误差的主要部分,在精度要求高、接收机间距离较远时(大气有明显差别),应选用双频接收机。

二、我国北斗系统

我国早在 20 世纪 60 年代末就开展了卫星导航系统的研制工作,但由于多种原因而夭折。在自行研制"子午仪"定位设备方面起步较晚,以致后来使用的大量设备中,基本上依赖进口。20 世纪 70 年代后期以来,国内开展了探讨适合国情的卫星导航定位系统的体制研究。先后提出过单星、双星、三星和 3～5 星的区域性系统方案,以及多星的全球系统的设想,并考虑到导航定位与通信等综合运用问题,但是由于种种原因,这些方案和设想都没能够得到实现。

1983 年,"两弹一星"功勋奖章获得者陈芳允院士和合作者提出利用两颗同步定点卫星进行定位导航的设想,经过分析和初步实地试验,证明效果良好,这一系统被称为"双星定位系统"。双星定位导航系统为我国"九五"列项,其工程代号取名为"北斗一号"。

双星定位导航系统是一种全天候、高精度、区域性的卫星导航定位系统,可实现快速导航定位、双向简短报文通信和定时授时 3 大功能,其中后两项功能是全球定位系统(GPS)所不能提供的,且其定位精度在我国地区与 GPS 定位精度相当。整个系统由两颗地球同步卫星(分别定点于东经 80°和东经 140°36000 km 赤道上空)、中心控制系统、标校系统和用户机 4 大部分组成,各部分之间由出站链路(即地面中心至卫星至用户链路)和入站链路(即用户机至卫星中心站链路)相连接。

一代"北斗"采用的基本技术路线最初来自于陈芳允先生的"双星定位"设想,正式立项是在 1994 年。北斗卫星导航系统由空间卫星、地面控制中心站和用户终端等 3 部分构成。空间部分即"北斗"一号由两颗工作卫星和两颗备份卫星组成,突出特点是构成系统的空间卫星数目少、用户终端设备简单,复杂部分均集中于地面中心处理站。两颗定位卫星分别发射于 2000 年 10 月 31 日和 12 月 21 日,备份星于 2003 年 5 月 25 日、2007 年 02 月 03 日发射。

北斗卫星导航定位系统的构成有:两颗地球静止轨道卫星、地面中心站、用户终端。北斗卫星导航定位系统的基本工作原理是"双星定位":以 2 颗在轨卫星的已知坐标为圆心,各以测定的卫星至用户终端的距离为半径,形成 2 个球面,用户终端将位于这 2 个球面交线的圆弧上。地面中心站配有电子高程地图,提供一个以地心为球心、以球心至地球表面高度为半径的非均匀球面。用数学方法求解圆弧与地球表面的交点即可获得用户的位置。

北斗二代：继美国的 GPS 系统升级，俄罗斯的 GLONASS 系统扩建，以及欧盟的"伽利略计划"之后，中国也将继续升级自己的全球卫星导航定位系统——"北斗第二代导航卫星网"。

我国从 1997 年底开始起步，经过充分、周密的论证，2004 年 9 月，第二代导航系统——北斗卫星导航系统建设被批准实施。从 2007 年 4 月至 2012 年 10 月先后发射了 16 颗北斗二代全球定位导航系统卫星。

"北斗一号导航系统"是区域卫星导航系统，北斗二代卫星可实现全球的定位与导航。"北斗第二代导航卫星网"将由 5 颗静止轨道卫星和 30 颗非静止轨道卫星组成，提供两种服务方式：开放服务和授权服务。其中 5 颗为静止轨道卫星，即高度为 36000 km 的地球同步卫星，提供 RNSS 和 RDSS 信号链路；30 颗非静止轨道卫星由 27 颗中轨（MEO）卫星和 3 颗倾斜同步（IGSO）卫星组成，提供 RNSS 信号链路。27 颗 MEO 卫星分布在倾角为 55°的三个轨道平面上，每个面上有 9 颗卫星，轨道高度为 21500 km。

第二代导航卫星系统与第一代导航卫星系统在体制上的差别主要是：第二代用户机可免发上行信号，不再依靠中心站电子高程图处理或由用户提供高程信息，而是直接接收卫星单程测距信号自己定位，系统的用户容量不受限制，并可提高用户位置隐蔽性。其代价是：测距精度要由星载高稳定度的原子钟来保证，所有用户机使用稳定度较低的石英钟，其时钟误差作为未知数和用户的三维未知位置参数一起由 4 个以上的卫星测距方程来求解。这就要求用户在每一时刻至少可见 4 颗以上几何位置合适的卫星进行测距，从而使得所需卫星数量大大增多，系统投资将显著增加。

2011 年 12 月 27 日起，北斗二代卫星开始向中国及周边地区提供连续的导航定位和授时服务，2012 年 12 月 27 日向亚太地区正式提供服务，民用服务与 GPS 一样免费，定位精度为 10 m，测速精度为 0.2 m/s，授时精度为 10 ns。

三、俄罗斯 GLONASS 系统

"GLONASS"是俄语中"全球卫星导航系统"的缩写，作用类似于美国的 GPS、欧洲的 GALILEO 卫星定位系统，最早开发于苏联时期，后由俄罗斯继续执行该计划。俄罗斯于 1993 年开始独自建立本国的全球卫星导航系统。1995 年俄罗斯耗资 30 多亿美元，完成了 GLONASS 导航卫星星座的组网工作。它也由 24 颗卫星组成，原理和方案都与 GPS 类似，不过，其 24 颗卫星分布在 3 个轨道平面上，这 3 个轨道平面两两相隔 120°，同平面内的卫星之间相隔 45°。每颗卫星都在 19100 km 高、64.8°倾角的轨道上运行，轨道周期为 11.25 h。地面控制部分全部都在俄罗斯领土境内。俄罗斯自称，多功能的 GLONASS 系统定位精度可达 1 m，速度误差仅为 15 cm/s。如果有必要，该系统还可用来为精确打击武器制导。GLONASS 卫星由质子号运载火箭一箭三星发射入轨，卫星采用三轴稳定体制，整体质量为 1400 kg，设计轨道寿命为 5 年。所有 GLONASS 卫星均使用精密铯钟作为其频率基准。第一颗 GLONASS 卫星于 1982 年 10 月 12 日发射升空。到目前为止，共发射了 80 余颗 GLONASS 卫星。

四、欧洲 GALILEO 系统

在 20 世纪 90 年代的局部战争中，美国的 GPS 出尽风头。利用 GPS 系统提供定位的导弹或战斗机可以对地面目标进行精确打击，这给欧洲国家留下了深刻印象。为减少欧洲对美国军事和技术的依赖，经过长达 3 年的论证，2002 年 3 月，欧盟 15 国交通部长会议一致决定，启动"伽利略"导航卫星计划。"伽利略"计划的总投资预计为 36 亿欧元，由分布在 3 个轨道上的 30 颗卫星组成。该系统与 GPS 类似，可以向全球任何地点提供精确定位信号。

与美国的 GPS 相比,"伽利略"系统可以为民用客户提供更为精确的定位,其定位精度可以达到 1 m。

2000 年,"伽利略"计划提出不久,欧盟委员会副主席德帕拉西奥在与当时的中国国务院总理朱镕基会晤时就表示希望中国参与"伽利略"计划,得到了中国的积极回应。随后,中国同欧盟签署协议,在北京成立了中欧卫星导航技术培训合作中心,中国向"伽利略计划"投资 2.3 亿欧元,根据比例获取相应收益。后来由于多种原因,合作不幸终止。

五、四大系统比较

美国国防部从 1973 年开始实施 GPS 系统,这是世界上第一个全球卫星导航系统,在相当长的一段时间内垄断了全球军用和民用卫星导航市场。GPS 全球定位系统计划自 1973 年至今,先后共发射了 41 颗卫星,总共耗资 190 亿美元。GPS 原来是专门用于为洲际导弹导航的秘密军事系统,在 1991 年的海湾战争中首次得到实战应用。随后,在科索沃战争、阿富汗战争和伊拉克战争中大显身手。从克林顿时代起,该系统开始应用在了民用方面。现运行的 GPS 系统由 24 颗工作卫星和 4 颗备用卫星组成。美国利用 GPS 获得了巨大的经济收益,多年来在出售信号接收设备方面赚取了巨额利润。以 1986 年为例,当时一台一般精度的 GPS 定位仪价格为 5 万美元,高精度的则达到 10 万美元。现在价格虽然有所下降,但也可推算出 20 年来 GPS"收获颇丰"。以 GPS 为代表的卫星导航定位应用产业,已成为八大无线产业之一。据美国国家公共管理研究院进行的调查评估表明,GPS 的全球销售额将以每年 38% 的速度增长,2005 年全球 GPS 市场已达到 310 亿美元。长期以来,美国对本国军方提供的是精确定位信号,对其他用户提供的则是加了干扰的低精度信号,也就是说,地球上任何一个目标的准确位置,只有美国人掌握,其他国家只知道"大概"位置。

从技术和应用前景上看,四大系统各有优劣,如果说 GPS 系统胜在成熟,伽利略系统胜在精准,那么格洛纳斯系统的最大价值就在于抗干扰能力强,而中国的北斗卫星导航系统的优势则在于互动性和开放性。与 GPS 相比,伽利略系统在许多方面具有优势,例如其卫星数量多达 30 颗,其卫星轨道位置比 GPS 高。伽利略可为地面用户提供 3 种类型的信号供选择,其中包括免费信号、加密且需交费才能使用的信号、加密且可以符合更高要求的信号。此外,伽利略卫星定位系统信号的最高精度比 GPS 高 10 倍,确定物体的误差范围在 1 m 之内。正如有关专家所说:"如今的 GPS 只能找到街道,而伽利略却能找到车库的门。"而俄国的格洛纳斯系统由 24 颗卫星组成,也是由军方负责研制和控制的军民两用导航定位卫星系统。尽管其定位精度比 GPS、伽利略略低,但其抗干扰能力却是最强的。中国自行研制生产的北斗卫星导航系统不仅具备在任何时间、任何地点为用户确定其所在的地理经纬度和海拔高度的能力,而且在定位性能上有所创新。北斗系统与其他系统最大的不同在于它不仅能使用户知道自己的所在位置,还可以告诉别人自己的位置,特别适用于需要导航与移动数据通信的场所。此外,中国还致力于提高北斗卫星导航系统与其他全球卫星导航系统的兼容性,促进卫星定位、导航、授时服务功能的应用。

7.3.2 蜂窝移动通信定位系统

蜂窝移动通信网中的无线定位系统按移动通信结构划分可分为基于移动通信网络的无线定位、基于移动台的无线定位、混合定位等。近年来,随着移动用户的快速增加,对位置服务的需求也大大增加,在蜂窝系统中,基于位置的服务有很多种类,如公共安全、基于位置的计费服务、跟踪服务、增强呼叫的路由选择服务等。当前的蜂窝无线定位系统中,为了避免对移动终端增加额外开销,多采用的是基于网络的定位方案,由多个基站同时接收检测移动台发出的信号,通过对接收到的无线电波中某些参数如传输时间、幅度、相位和到达角等进行测量,根据特定的算法判断出被测物体的位置。

1993 年 11 月,美国一个叫 Jenifer Koon 的 18 岁女孩遭绑架后被杀害,在此过程中,Jenifer Koon 用手机拨打 911 电话,但是 911 呼救中心无法通过手机信号确定她的具体位置。这个事件导致美国联邦通信委员会(FCC)于 1996 年下达指示要求移动运营商为移动电话用户提供 E-911(紧急救援)服务,规定各种无线蜂窝网络对发出 E-911 紧急呼叫的移动台提供精度在 125 m 内的定位服务,而且满足此定位精度的概率不能低于 67%。1999 年 12 月 FCC 又对 E-911 需求进一步细化:基于蜂窝网络的定位方案中,要求定位精度在 100 m 以内的概率不能低于 67%,定位精度在 300 m 以内的概率不能低于 95%;基于移动台的定位方案中,定位精度在 50 m 以内的概率不能低于 67%,定位精度在 150 m 以内的概率不能低于 95%。政府的强制性要求和定位服务的市场推动共同促进了定位技术的发展,目前世界上的蜂窝定位技术发展越来越成熟,电信运营商能够向用户提供的位置服务也越来越多。定位业务在 3G 中被看成是 3G 网络的附加功能,它可以为数亿移动用户提供与位置信息相关的多种服务。3GPP(the 3rd generation partnership project,第三代合作伙伴项目)目前仍然在对定位业务的各项规范做不断的制定和完善,各个运营商也对位置服务的开展表现出浓厚的兴趣,比如提供最近的商场/宾馆/餐厅等查询、导航、物流、报警、车辆跟踪/指挥/调度、老人/孩子位置查询等服务,人们的生活因此而变得更加方便和富有安全感。

根据移动定位的基本原理,移动定位大致可分为两类:基于移动网络的定位技术和基于移动终端的定位技术,还有的把这两者的混合定位作为第三种定位技术。

一、基于移动网络的定位技术

基于蜂窝移动网络的定位技术主要有以下几种。

1. 基于 cell-ID 的定位技术

该技术又称起源蜂窝小区(cell of origin)定位技术。每个小区都有自己特定的小区标识号(cell-ID),当进入某一小区时,移动终端要在当前小区进行注册,系统的数据中就会有相应的小区 ID 标识。系统根据采集到的移动终端所处小区的标识号来确定移动终端用户的位置。这种定位技术在小区密集的地区精度较高且易于实现,无需对现有网络和手机做较大的改动,得到广泛的应用。

2. 到达时间 TOA(time of arrival)定位技术

移动终端发射测量信号到达 3 个以上的基站,通过测量到达所用的时间(须保证时间同步),并施以特定算法的计算,实现对移动终端的定位。在该算法中,移动终端位于以基站为圆心,移动终端和基站之间的电波传输距离为半径的圆上,三个圆的交点即为移动终端所在的位置,如图 7-1 所示。

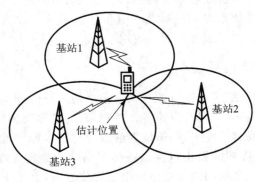

基站1

基站2

估计位置

基站3

图 7-1　TOA 定位技术示意图

3. 到达时间差 TDOA(time difference of arrival)定位技术

移动终端对基站进行监听并测量出信号到达两个基站的时间差,每两个基站得到一个测量值,形成一个双曲线定位区。这样,三个基站得到 2 个双曲线定位区,求解出它们的交结点并施以附加条件就可以得到移动终端的确切位置。由于所测量为时间差而非绝对时间,不必满足时间同步的要求,所以 TDOA 备受关注。如图 7-2 所示。

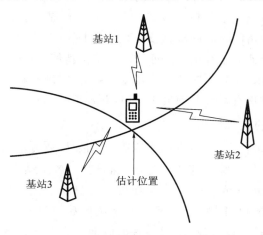

图 7-2　TDOA 定位技术示意图

4. 增强型观测时间差 E-OTD(enhanced-observed time difference)定位技术

在无线网络中放置若干位置接收器或参考点作为位置测量单元 LMU,参考点都有一个精确的定时源,当具有 E-OTD 功能的手机和 LMU 接收到 3 个以上的基站信号时,每个基站信号到达两者的时间差将被算出来,从而估算出手机所处的位置。这项定位技术定位精度较高但硬件实现也复杂。

5. 角度达到 AOA(arrival of angle)定位技术

这种定位技术的首要条件是基站需装设阵列智能天线。通过这种天线测出基站与发送信号的移动终端之间的角度,进一步确定两者之间的连线,这样移动终端与两个基站可得到两条连线,其交点即为待测移动终端的位置。该定位技术的缺点是所需智能天线要求较高,且有定位盲点。如图 7-3 所示。

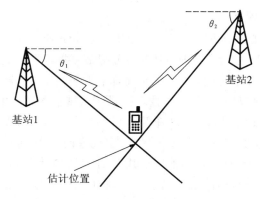

图 7-3　AOA 定位技术示意图

6. 混合定位技术

利用上述两种或多种不同类型的信号特征测量值进行定位估计。

通过上述定位方法的分析比较可见,场强定位法最简单,且蜂窝网络中小区切换、功率控制等操作都与场强测量有关,但定位精度较差;AOA 定位法虽有一定精度,但需要在接收端增加阵列天线,且到达接收天线阵列单元的电波必须有直射分量(LOS)存在,系统设备复杂,在传播环境差或都市环境下其精度较差;TOA 定位法精度很高,在 GPS 系统中已经得到采用,但对移动台和网络的时间同步有较高要求;TDOA 定位法可以消除对移动台时间基准的依赖性,因而可以降低成本并仍然保证较高的定位精度;不同的混合定位法具有不同的特点及不同的软硬件要求,达到不同的定位精度。可见,在现有移动通信网络中采用 TDOA 定位法较为简单有效,对现有系统改动最小,是目前理想的一种可实施的定位技术方案。

二、基于移动终端的定位技术

该定位技术的原理是:多个已知位置的基站发射信号,所发射信号携带有与基站位置有关的特征信息,当移动终端接收到这些信号后,确定其与各基站之间的几何位置关系,并根据相关算法对其自身位置进行定位估算,从而得到自身的位置信息。该定位技术具有较高的定位精度。但其致命的缺陷是需要手机参与定位参数的测量并进行坐标位置的计算,必须对手机和网络的软硬件加以改造或升级,目前倾向于在手机内集成 GPS 接收机,但这样加大了手机的能耗,而且从商用角度来看很难做到大面积的推广和使用。

目前已提出的基于移动终端的定位技术主要包括:下行链路观测到达时间差(OTDOA)方法、基于 GPS 的定位技术,如差分 GPS(DGPS)技术、辅助 GPS(AGPS)技术等。根据技术发展动态,我们把重点集中于 DGPS 技术和 AGPS 技术。

1. 差分 GPS(DGPS)技术

GPS 定位技术经过多年的发展,由于其定位精度高、覆盖范围广的优点,在军事用途中发挥着巨大的作用,近几年开始向各个领域渗透并得到广泛的应用。差分 GPS 技术可以提高 GPS 系统的定位精度。原理是:基准接收机对自己实施定位,得到的定位结果与自己确知的地理位置相比较得到差值,该差值被用作公共误差修正值,对与基准接收处于同一区域且共用四颗卫星进行定位的移动接收机来说,它们显然具有相同的公共误差。因此借助于公共误差修正值可以修正移动接收机的定位结果,从而提高定位精度。

2. 辅助 GPS(AGPS)技术

采用 GPS 对移动台直接定位时,首次定位需要较长的时间,这对于紧急救援的业务是不允许的。利用辅助 GPS 进行定位时,GPS 参考网络可将辅助的定位信息通过无线通信网络传送给移动台,可减小搜索时间,使定位时间降至几秒钟,而且辅助的定位信息也为在信号严重衰落的市区或室内应用 GPS 定位技术提供了可能。另外,由于在两次定位间歇期间 GPS 接收机可处于休眠状态,所以可以降低手机的能耗。所以,AGPS 技术弥补了传统的 GPS 定位技术的缺陷,使得 GPS 突破定位界限,实现室内 GPS 定位。

蜂窝移动通信定位技术的开发和推广应用具有广泛的社会和经济效益,越来越受到人们的重视,但是还存在着一系列问题有待解决。除了某些方案需要对现有移动台和网络进行必要的改进外,还需要对蜂窝系统的定位性能,尤其是如何获得满意的定位精度等进行深入的研究,因为有些应用需要较精确的定位,如定位到楼层。除了技术因素外,蜂窝移动通信定位技术的开发应用涉及用户个人的行踪时,还应考虑个人隐私权利的保护等方面。

7.3.3 实时定位(RTLS)技术

实时定位系统(real-time locating system,RTLS)是基于无线(短距离)通信手段跟踪和确定物体位置信息的各种技术和应用的总称,不包含基于长距离无线通信的GPS(长距离、微波等)和LBS(伪长距离)。RTLS主要用于小范围(如室内)定位,是GPS和基于蜂窝移动通信定位的补充。

一、实时定位技术概述

随着无线电通信技术的应用,实时对人员及物品定位已成为现实。市场调研公司Front&Sullivan发现,这种实时定位系统已经开始在美国部署,从几千美元的试点项目到三四百万美元的规模化应用已经存在,同时也出现了数家专门的商业实时定位系统提供商。可以说,实时定位技术越来越引起了人们的关注。

RTLS技术是指在一个指定的空间(港口码头、楼宇等)内,通过采集定位目标的相关信息,按照约定的协议与后台或服务器进行信息交换和通信,并采用TOA、TDOA、AOA以及RSSI等算法,实现对定位目标的智能化识别、定位、跟踪和管理的一种无线定位技术。

按照定位精度划分,RTLS可分为区域性定位和精确定位两类。它们的主要区别在于应用环境的不同。区域性定位仅要求定位目标的大致范围,如某个房间、楼层、区片等,主要用于人员定位、码头船舶定位及大型设备定位,其定位精度和范围一般不高;精确定位常常用于生产加工、仓储管理、物流配送等环节,定位精度一般要求在$1\sim3$ m之内,有效范围在1000 m^{2}之内。

二、实时定位系统组成

实时定位系统通常由四部分组成:感应标签、读写器、中间件和应用系统。

其中,感应标签与无线感知网中标签一样,依据不同的无线技术而不同,如RFID电子标签、超声波标签、红外标签、WiFi标签等。感应标签由芯片和天线构成,标签中存储唯一编码及相关信息,通常固定在定位目标之上。读写器是定位系统中的感知节点,当附有定位标签的定位目标靠近读写器的时候,它会读取标签中的表示信息并上传至中间件进行定位处理。中间件是实时定位系统的核心,是一种软件,可集成在读写器或后台服务器中,主要作用是将基于不同平台、不同需求的应用环境与感知设备相连接,并提供适合的接口使应用系统能够与前端的感知节点通信。

三、几种实时定位技术

常用的实时定位技术主要包括以下几种:超声波定位技术、红外线定位技术、超宽带定位技术、射频识别(RFID)定位技术、WiFi定位技术、蓝牙定位技术、ZigBee定位技术等,下面分别进行介绍。

1. 超声波定位技术

超声波是频率高于20000 Hz的声波,它方向性好,穿透能力强,易于获得较集中的声能。超声波在空气中的传播距离一般只有几十米。短距离的超声波测距系统已经在实际中有所应用,测距精度为厘米级。

超声波定位系统在具体实现上与无线电定位系统有所不同。不同发射点的无线电信号可以用不同的频率来区分,超声波系统却难以这样做。因此必须有一种能够把各个发射点的超声波信号区分开来的方法。为此采用带地址编码的无线电触发电路分别触发各个发射点。

系统的工作过程如下:首先由微处理机选定要触发的发射点地址,然后启动发射电路并开始计时,在给定时间内如接收到信号则由延迟时间可以计算出主测距器到发射点的距离。如在给定时间内接收不到信号,则认为主测距器距离发射点的距离已超过可接收距离,开始接收下一个发射点的信号。当接收到足够的发射点信号后,便可由主测距器到各个发射点的距离计算出主测距器的位置坐标。

目前主要的超声波定位方法有 4 种,具体如下。

(1)在待定位物体上加装超声波发射器,物体周围装有若干超声波接收器,通过计算发射器与每个接收器之间的距离进行定位。

(2)与第一种相似,不同的是待定位物体上装的是超声波接收器,物体周围装的是发射器,通过计算接收器与每个发射器之间的距离进行定位。这两种定位方法计算简单,定位准确,但需要在物体上加装发射器或接收器,不能对普通物体进行定位。

(3)在待定位物体四周加装多对小发射角的超声波探头,通过测量对各方向外界物体的距离来确定自身位置,这种方法同样不能对普通物体进行定位,并且外界环境须为已知。

(4)模仿蝙蝠的定位原理,使用 1 个超声波发射器,2 个超声波接收器,由物体反射波到达 2 个接收器所用的时间进行定位,该方法可以对普通物体进行定位,但容易受到干扰,当探测范围内有多个物体时,定位结果将不准确。

由于超声波在空气中的传播速度随着环境条件的不同而有所变化,为了提高测量精度,还需要对测量结果进行校正。超声波定位精度可达厘米级,精度比较高。缺陷:超声波在传输过程中衰减明显从而影响其定位有效范围。

2. 红外线定位技术

红外线是一种波长介于无线电波和可见光波之间的电磁波。红外定位系统由红外电子标识和多个红外接收机组成。红外电子标识固定在定位目标上,该标识通过红外发射机向定位空间内固定放置的红外接收机周期发送该定位目标唯一的 ID,接收机再通过有线网络将数据传输给数据库,以区分不同的定位目标。这个定位技术功耗较大且常常会受到室内墙体或物体的阻隔,实用性较低。

通常将红外线与超声波技术相结合来实现定位功能。用红外线触发定位信号使参考点的超声波发射器向待测点发射超声波,应用 TOA 基本算法,通过计时器测距定位。这样一方面降低了功耗,另一方面避免了超声波反射式定位技术传输距离短的缺陷。使得红外技术与超声波技术优势互补。红外定位精度为 5~10 m。

该定位技术的不足之处是红外线在传输过程中易受物体或墙体阻隔且传输距离较短,定位系统复杂度较高,有效性和实用性较其他技术仍有差距。此外,红外线信号衰减速度快,容易被房间内的灯光干扰,使得系统的精确定位具有局限性。直线视距和传输距离较短这两大主要缺点使红外技术应用于室内定位时的效果很差。而且系统需要在每个房间、走廊安装接收天线,造价较高。因此,红外室内定位系统无法成为高效的室内定位系统。

典型的红外室内定位系统是由 Olivetti 研究所(现在的 AT&T Cambridge)研发的 Active Badge 系统。系统采用离散红外技术,红外线发射器发射调制的红外射线,通过安装在室内的光学传感器接收进行定位。

3. 超宽带定位技术

超宽带技术(ultra wide band,UWB)数据传输技术,出现于 20 世纪 50 年代末 60 年代初,在 20 世纪 70 年代获得了重要的发展,其中多数集中在雷达系统应用中,包括探地雷达系统。到 20 世纪 80 年代后期,该技术开始被称为"无载波"无线电或脉冲无线电技术。美国国防部在 1989 年首次使用了"UWB"这一术语。为了研究 UWB 在民用领域商用的可行性,自 1998 年起,美国联邦通信委员会(FCC)对超宽带无线设备的使用,包括对原有窄带无线通信系统的干扰及其相互共容等问题开始广泛征求业界意见。2002 年 4 月,美国联邦通信委员会(FCC)通过了 UWB 技术在短距离无线通信领域的应用许可,颁布了 UWB 占用带宽以及辐射功率等的有关条例,允许 UWB 技术商业化。这一条例的颁布直接促进了基于 UWB 技术的通信系统的研发,给短距离高速无线通信系统的发展注入了新的活力。

UWB 是一种无线载波通信技术,它不采用传统的正弦载波,而是利用纳秒级的非正弦波脉冲传输数据,其所占的频谱范围很宽,可以从数赫兹至数吉赫兹。根据信道容量的香农公式可知,在信道容量一定的情况下,信号带宽和信噪比可以互补。这样 UWB 系统可以在信噪比很低的情况下工作,并且 UWB 系统发射的功率谱密度也非常低,几乎被湮没在各种电磁干扰和噪声中,故具有功耗低、系统复杂度低、隐秘性好、截获率低、保密性好等优点,能很好地满足现代通信系统对安全性的要求。同时,信号的传输速率高,并且抗多径衰落能力强,具有很强的穿透能力,能提供精确的定位精度。传统的几种定位技术例如 GPS 定位、基于蜂窝网的无线定位等方法各有不同的局限性。因此基于 UWB 的定位技术具有传统定位技术无法比拟的优势,在众多无线定位技术中脱颖而出,成为未来定位技术的热点,因此对 UWB 定位技术的研究是十分有意义的。

超宽带室内定位系统则包括 UWB 接收器、UWB 参考标签和主动 UWB 标签。定位过程中由 UWB 接收器接收标签发射的 UWB 信号,通过过滤电磁波传输过程中夹杂的各种噪声干扰,得到含有效信息的信号,再通过中央处理单元进行测距定位计算分析。超宽带室内定位技术常采用 TDOA 测距定位算法,就是通过信号到达的时间差,通过双曲线交叉来定位的超宽带系统包括产生、发射、接收、处理极窄脉冲信号的无线电系统。基于超宽带技术的室内定位系统的定位精度可达 10 cm 左右,不足之处是实施成本较高。

4. 射频识别(RFID)定位技术

射频识别(RFID)技术是一种操控简易,适用于自动控制领域的技术,它利用了电感和电磁耦合或雷达反射的传输特性,实现对被识别物体的自动识别。射频(RF)是具有一定波长的电磁波,范围从低频到微波不一。

将射频识别技术用于室内定位领域是目前 RFID 研究的一个热点。GPS 是大家首先想到的一个定位系统,它基于卫星通信,在室外空旷环境下可提供精度在 10 m 之内的导航,但是当目标移至室内,卫星信号受到建筑物的影响而大大衰减,定位精度也随之降低;红外线定位具有较高的室内定位精度,但是由于光线不能穿过障碍物传播,因此红外线定位受到直线视距的限制,而且定位距离比较短,通常只有 5 m 左右;超声波定位主要采用反射式测距法,通过三角定位算法确定物体的位置。超声波的定位精度通常都很高,但超声波不能穿透墙壁,受多径效应和非视距传播影响很大,定位距离比较短;UWB 技术通过发射和接收脉冲之间的时间差来进行距离测量和定位,具有定位精度高、鲁棒性好、不易受干扰等优点,但是系统需要较大的带宽(大于 500 MHz)和精度的同步时钟,校准难度较大。

射频识别(RFID)技术利用射频方式进行非接触式双向通信交换数据以达到识别定位的目的,这种技术成本低、传输范围大,同时有非接触和非视距的优点,很适合室内定位技术。RFID 系统通常由电子标签、射频读写器、中间件(基本控制单元、逻辑接口等)、服务器和应用系统组成。读写器包括天线、收发器、基本控制单元、逻辑接口等,可以方便地与标签和后台应用程序进行数据传输和交换。标签包括芯片和天线两个部分。标签芯片存储有商品或者物体的基本信息。当附着有标签或读写器的物体进入读写器天线的工作场区范围内,读写器和标签通过电场或者磁场耦合的方式实现两者之间的数据交互。

读写器/电子标签阵列接收来自服务器的指令,根据服务器的指令获取待定位目标的特征信息(如信号强度),并将其存储在读写器中。而数据传输网络包括服务器及服务器与各读写器之间的连接。服务器根据用户的需求产生指令信号并将其传送至传感网络。传感网络中的读写器获取了待定位目标相关的信息后,通过数据传输网络反馈给服务器。最后,服务器执行特定的算法得到待定位目标的位置信息。基于 RFID 的定位系统结构示意图如图7-4 所示。

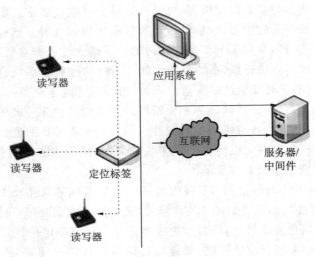

图 7-4 基于 RFID 的定位系统结构示意图

RFID 标签按照其供电方式不同,可以分为无源 RFID 标签、有源 RFID 标签和半有源 RFID 标签三种。无源 RFID 标签通过从读写器发射的电磁波耦合能量来产生整个芯片工作的电源,因此成本较低,但是其工作距离有限;有源 RFID 标签由于本身带有电池,不需要从电磁波中耦合能量,能主动发射射频信号,因此其工作距离较远,但寿命较短,而且成本相对较高;半有源 RFID 标签自身也带有电池来供给芯片工作,但是不会主动发射信号,需要外部信号来激活其正常工作。由于成本原因,目前物流和门禁等领域中最常用的还是无源 RFID 标签,有源和半有源 RFID 标签仅用于少数贵重物品的识别和管理。

近年来,各种基于 RFID 的定位技术应运而生,图 7-5 所示为常用的基于 RFID 的定位技术。

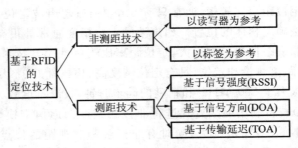

图 7-5 常用的基于 RFID 的定位技术

基于 RFID 技术的定位技术按照是否测距分为两大类：非测距定位技术和测距定位技术。

非测距定位技术不需要对距离进行检测，通过与参考点通信来进行区域定位：将参考读写器或者参考标签分布于特定区域，通过检测参考点与目标之间的通信成功与否来判断目标是否处于该区域。非测距定位技术必须将参考点按要求分布于目标区域，因此应用受到一定限制，成本也较高。

基于不同的测量技术，RFID 室内定位主要有四种方法：到达角度法（angle of arrival，AOA）、到达时间法（time of arrival，TOA）、到达时间差法（time difference of arrival，TDOA）和接收信号强度法（received signal strength indication，RSSI）。

5. WiFi 定位技术

WiFi 定位技术早在 2005 年由英特尔公司推出。该技术通过三个以上的已知位置的接入点发送一些特殊的数据包给用户端进行测量。其中由微软开发的 RADAR 定位系统就是采用 WiFi 技术。

WiFi 定位标签安装在定位目标（资产或人员）上，定位标签周期性地发出无线信号，接入点（AP）接收到信号后，将信号传送给定位引擎 EPE，EPE 根据收到的无线信号的强弱，计算判断出该标签所处位置，并通过定位应用系统可视化界面，显示其具体位置，实现实时精确定位跟踪与管理。WiFi 定位系统示意图如图 7-6 所示。

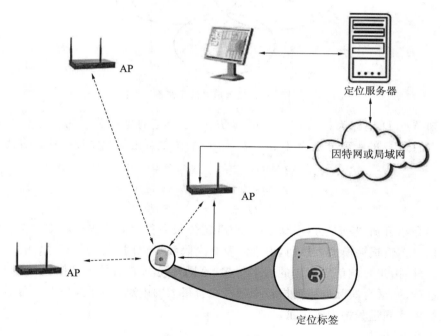

图 7-6　WiFi 定位系统示意图

在室内环境下，AP 的信号覆盖范围一般在 100 m 的范围以内，无线电波传播的速度接近光速，在这样短的距离内传播时间非常短，几乎可以忽略不计，因此，以传播时间和传播时间差为基础的 TOA、TDOA 定位技术，并不适合用来作为室内环境的定位技术。另一方面，从室内建筑的结构和用途分析可以发现，室内环境中的墙体，室内大型装饰物，室内人员的走动，都会成为影响信号传播的障碍物。无线信号在遇到障碍物时会形成反射和散射的现象,在信号到达信号接收端时,相位、入射角和幅度都产生了失真,因此以电波入射角为基础的 AOA 定位技术同样无法应用在室内环境下进行定位。室内环境下无线信号的信号强度在短距离范围内与传播距离存在衰减模型关系,通过信号强度可以计算传播距离。

因此,WiFi 多采用以信号强度(RSSI)为基础的定位技术。

基于信号强度(RSSI)为基础的 WiFi 定位方法主要有两种:三角形算法和位置指纹法。

1)三角形算法

基于三角形算法的 WiFi 定位可分成两个阶段:测距与定位。

(1)测距阶段。

待测点首先接收来自三个不同已知位置 AP 的 RSSI,然后依照无线信号的传输损耗模型将其转换成待测目标到相应 AP 的距离。无线信号在传输过程中通常会受路径损耗、阴影衰落等的影响,接收信号功率随距离的变化关系可由信号传输损耗模型给出。

(2)定位阶段。

通过三角形算法计算待测点位置,即分别以已知位置的三个 AP 为圆心,以其各自到待测点的距离为半径作圆,所得三个圆的交点,如图 7-7 所示。

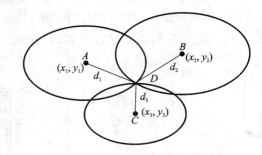

图 7-7　三角形算法示意图

设未知节点 D 坐标为 (x,y),已知 A、B、C 三个点的坐标分别为 (x_1,y_1)、(x_2,y_2)、(x_3,y_3),它们到 D 的距离分别为 d_1、d_2、d_3,则 D 的位置可由下列方程中的任意两个求得:

$$(x-x_1)^2+(y-y_1)^2=d_1^2$$
$$(x-x_2)^2+(y-y_2)^2=d_2^2$$
$$(x-x_3)^2+(y-y_3)^2=d_3^2$$

由上述介绍可知,基于三角形算法的 WiFi 定位很大程度上依赖于确知的 AP 位置信息及准确的信号传输损耗模型。然而,由于涉及个人隐私等原因,获知所有 AP 的位置信息并不现实。此外,由于影响信号传输的因素很多,不同环境下的信号传输损耗模型大不相同,建立一个准确的、适合实际应用的损耗模型存在着很大的困难。因此,基于三角形算法的无线定位在具体实施过程中困难重重。

2)位置指纹法

指纹定位的实施一般分为两个阶段。第一个阶段为离线阶段或数据采集阶段。主要工作是采集所需定位区域各位置的信号特征参数。这些参数包括信号强度、多径相角分量功率、多径迟延分量功率等,并形成位置指纹数据库,每一个指纹信息对应一个特定的位置。第二个阶段为实时阶段及完成定位阶段。通过接收机测定接收信号参数,采用相应的配置算法来确定与数据库的哪一条数据相匹配。从而得以确定用户的实际位置。如图 7-8 所示。

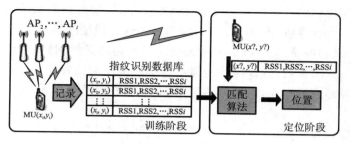

图 7-8 位置指纹定位法示意图

由于定位精度依赖于数据库的大小,离线阶段时需对定位区域做详细的测量,建立庞大的数据库,数据库必须定期或不定期更新,因为一旦电波传播环境发生改变,如新的高大建筑物的出现、天气变化甚至室内布置的改变,则接收信号的参数也会发生改变。

指纹定位技术的优点是所需定位基站少,一个基站即可实现定位,定位精度较高,且不需改动移动台;缺点是前期工作量大,且不适于环境变化较快的区域。

6. ZigBee 定位技术

随着无线技术在定位领域的迅猛发展,近些年来逐渐出现了很多用于定位的无线通信技术,比较典型的有红外技术、超声波技术以及同时兼顾定位精度和成本考虑的 RFID 方案。随着 ZigBee 协议的推出,人们便开始了基于 ZigBee 技术定位的研究。ZigBee 是一种新兴的短距离、低速率无线网络技术,它最显著的特点是低功耗和低成本。利用 ZigBee 技术实现定位具有低成本、低功耗的优点,且信号传输不受视距的影响。

1) 系统组成

ZigBee 定位系统由盲节点(即待定位节点)和参考节点组成,为了便于用户获得位置信息,还需要一个与用户进行交互的控制终端和一个 ZigBee 网关。如图 7-9 所示。

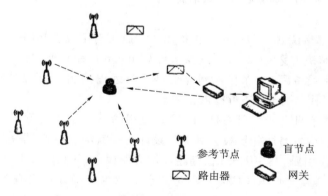

参考节点　盲节点

路由器　网关

图 7-9 ZigBee 定位系统示意图

参考节点是一个位于已知位置的静态节点,这个节点知道自己的位置并可以将其位置通过发送数据包通知其他节点。盲节点从参考节点处接收数据包信号,获得参考节点位置坐标及相应的 RSSI 值并将其送入定位引擎,然后可以读出由定位引擎计算得到的自身位置。由参考节点发送给盲节点的数据包至少包含参考节点的坐标参数水平位置 X 和垂直位置 Y,而 RSSI 值可由接收节点计算获得。

一般来说参考节点越多越好,要得到一个可靠的定位坐标至少需要 3 个参考节点。如果参考节点太少,节点间影响会很大,得到的位置信息就不精确,误差大。

为了收集计算得到的数据和与无线节点网络交互,特定的控制系统是必需的。一个典型的控制单元是一台计算机(PC),然而PC没有嵌入的无线接收器,因此接收器需要从外部接入,还需要一个ZigBee网关。ZigBee网关的作用就是将无线网络连接到控制终端,所有位置计算都由盲节点来实现,所以控制终端不需要具备任何位置计算功能。它的唯一目的是让用户和无线网络进行交互,比如获得盲节点的位置信息。

2)技术优势

相比于其他定位技术,ZigBee技术实现定位所具有的优势如下。

(1)功耗低。由于ZigBee的传输速率低,发射功率仅为1 mW,而且采用了休眠模式,因此ZigBee设备非常省电。ZigBee设备仅靠2节5号电池就可以维持长达6个月至2年的使用时间,其功耗远远低于其他无线设备。

(2)成本低。与GPS相比,定位引擎在单芯片ZigBee RF收发器中与MCU集成在一起,成本不及GPS硬件的1/10,功耗也只是GPS硬件的一小部分,并且ZigBee协议是免专利费的。

(3)时延短。通信时延和从休眠状态激活的时延都非常短,典型的搜索设备时延为30 ms,休眠激活的时延是15 ms,活动设备信道接入的时延为15 ms。因此ZigBee技术适用于对实时定位要求较高的应用。

(4)网络容量大。一个星型结构的ZigBee网络最多可以容纳254个从设备和1个主设备,组网方式灵活。随着ZigBee技术的成熟,未来ZigBee设备不断增多,可以利用具有ZigBee RF的设备或基础设施,容易组建ZigBee网络,降低了ZigBee节点设计和组网成本,且利用更多的ZigBee设备可以达到更高的定位精度。

(5)可靠性高。ZigBee采用了冲突避免机制,同时为需要固定带宽的通信业务预留了专用时隙,避免了发送数据时的竞争和冲突。MAC层采用了完全确认的数据传输机制,每个发送的数据包都必须等待接收方的确认信息。

3)技术动态

2006年,美国德州仪器(TI)公司率先推出了一款带有定位引擎的并且满足ZigBee协议的片上系统(SoC)解决方案CC2431。这款来自Chipcon产品系列的器件可满足多种应用要求,其中包括资产和设备跟踪、库存控制、病人监护、远程控制、安全监控网络等。此外,TI领先的ZigBee协议栈Z-Stack还可提供相关支持。

CC2431是建立在业界首款针对低功耗RF应用的SoC解决方案CC2430的基础上的,封装小、功能强。它内置有摩托罗拉为其专门设计的一款定位引擎,是基于接收到的信号强度RSSI测量的定位引擎,其中RSSI值随距离增大而减小。CC2431基于RSSI的定位引擎能根据接收信号的强度与已知CC2430参考节点的位置准确计算出有关节点的位置,然后将位置信息发送给接收端,如电脑、PDA、手机等。相比于集中型的定位系统,RSSI功能降低了网络流量与通信延迟,在典型应用中可实现3~5 m的精度。

除了使用像CC2431这种带定位功能的ZigBee芯片之外,近两年已经有越来越多的企业、研究所和高校在从事研究利用ZigBee网络进行定位的工作。它们都是利用已有的或是经过改进的一些定位算法,再利用ZigBee技术的组网功能进行位置的估计。并且有些地方已经进行了实际应用,例如,停车场车辆定位、矿井下人员定位、发生火灾时消防队员的定位以及医院或家庭里老人或重病人的定位监护等。随着定位技术和无线传感器网络技术的不断发展,基于ZigBee网络的定位技术在未来人们生活中将会得到越来越多的应用。

无线传感器网络(WSN)是对人类未来生活产生深远影响的十大新兴技术之一,而定位是 WSN 的关键技术之一。虽然不断有新的 WSN 定位算法提出,但目前移动信标节点定位和移动 WSN 定位还存在一些问题,有待进一步深入研究、改进和提高,如在保持现有定位精度的情况下如何进一步减少计算量和通信量,从而延长网络的使用寿命。随着微机电系统(micro-electro-mechanical system,MEMS)技术的发展、传感器节点成本的降低与实际应用的迫切需要,WSN 定位技术将得到更快的发展与应用。

7.4 定位技术应用实例

无线定位技术的应用已经非常普遍。我们熟悉的 GPS 全球定位系统已广泛应用于军事、交通、地质勘探等诸多领域。我国的北斗卫星定位系统也已经在实践中得到应用,比如,在海事监管、渔船作业等领域的应用。基于移动通信的蜂窝定位技术在公共安全管理、城市管理等领域发展也很快。下面介绍一个基于无线传感器网络的实时定位系统,以说明在区域定位中的应用。

我们以杭州某信息技术有限公司研发的"基于 ZigBee 无线局域网络的医院无线信息管理系统"为例,介绍无线定位技术在医院资产、人员跟踪管理方面的应用。

基于 ZigBee 无线局域网络的医院无线信息管理系统是针对医疗机构资产、人员看护的需求,专门设计开发的一套软硬件结合的应用系统。该系统为医疗机构提供完整的资产、病患和职员追踪解决方案,以利于他们降低运行成本,提高运行效率和医疗服务水平。

该方案的特点如下。

(1)提高医疗设备利用率,优化资源配置,降低成本,扩大收益。

(2)医护流程自动化,免除人工干预,减少人为错误,降低人工劳动强度。

(3)增强病患的安全监控,提高医疗服务水准。

(4)减少病患等待时间,提高医治效率,减少医疗事故。

系统基本功能具体如下。

(1)使管理人员实时掌握医院各个房间内病人的详细信息,有效对病人进行实时监控,避免事故发生。

(2)实时记录病人的出入时间,方便随时对病人进行必要的照顾,最大限度地防止事故的发生及人为的错误。

(3)实现对每个房间的病人进行人数统计、提醒看护人员及时找到病人。

(4)使用带有报警按钮的电子标签,在病人有突发病情的时候通过按动报警按钮,医护人员可以通过后台及时了解病人所处房间并能及时赶到抢救病人。

系统工作原理如下。

首先在医院内部铺设好无线局域网,同时在需要定位的医护人员、医疗设备或病人身上上佩带一个电子标签,无线 AP 能马上感应到电子标签的信号,同时立即将其上传到控制中心的计算机上,计算机马上就可判断出具体信息(如:是谁,在哪个位置,具体时间),同时把它显示在控制中心的大屏幕或电脑显示屏上并做好备份。当要查找、核对某个人员及物品时,可以快速地在屏幕上确定其位置,极大地提高了工作效率。

系统构成具体如下。

(1)电子标签:资产标签(采用条状标签,固定在物体上);病患标签,职员标签(采用腕带状,戴在手上,具有防撕、防拆及手动或自动报警功能)。

(2)可视化软件平台:通过一个图形化的操作界面,在显示资产分布或人员移动区域地图上能够迅速检测、找寻到目标对象,操作清晰简单。

(3)无线局域网接入点(AP)。

系统组成如图 7-10 所示。

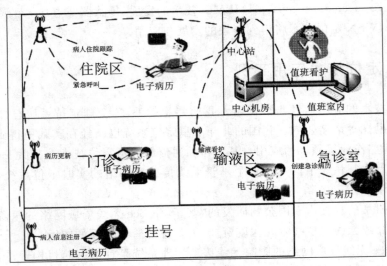

图 7-10　医院无线信息管理系统组成图

本章小结

(1)无线定位技术通过对接收到的无线电波的一些参数进行测量,根据特定的算法判断出被测物体的位置。测量参数一般包括传输时间、幅值、相位和到达角等。无线定位系统分为三个部分:被定位目标、定位信息接收装置和定位系统。

(2)无线定位技术的主要指标包括:定位精度、系统规模可扩展性、容错性和自适应性、系统工作能耗等。

(3)物联网定位技术根据定位技术的工作模式不同,可分为基于移动网络的定位技术和基于移动终端的定位技术两类;从定位的空间范围分类,定位技术可以分为全球定位技术和区域定位技术;根据定位所采用的具体技术不同,可以分为被动式定位技术和主动式定位技术两大类,其区别是定位目标是否主动发送无线定位信号;按定位算法不同可分为无线电信号强度测距法、到达时间测距法、到达时间差测距法、到达角测距法;根据在定位过程中,定位目标与基站之间是否需要测量距离,可分为测距定位和不测距定位两个类别。

(4)常用的定位技术包括卫星全球定位技术、蜂窝移动通信定位技术和实时定位技术。

(5)世界上已经存在的全球卫星导航定位系统包括:美国的 GPS(global positioning system,GPS)、俄罗斯的 GLONASS、中国的 COMPASS(北斗)、欧盟的 GALILEO(伽利略)系统。

(6)蜂窝移动通信网中的无线定位系统多采用的是基于网络的定位方案,由多个基站同时接收检测移动台发出的信号,通过对接收到的无线电波中某些参数如传输时间、幅值、相位和到达角等进行测量,根据特定的算法判断出被测物体的位置。

根据移动定位的基本原理,移动定位大致可分为两类:基于移动网络的定位技术和基于移动终端的定位技术,还有的把这两者的混合定位作为第三种定位技术。

（7）实时定位系统（real-time locating system，RTLS）是基于无线（短距离）通信手段跟踪和确定物体位置信息的各种技术和应用的总称，不包含基于长距离无线通信的 GPS（长距离、微波等）和 LBS（伪长距离）。RTLS 主要用于小范围（如室内）定位，是 GPS 和基于蜂窝移动通信定位的补充。

常用的实时定位技术主要包括以下几种：超声波定位技术、红外线定位技术、超宽带定位技术、RFID 定位技术、WiFi 定位技术、蓝牙定位技术、ZigBee 定位技术等。

习　　题

（1）简述物联网工程应用中无线定位的重要意义。

（2）无线定位中，常用哪些测量参数来确定被定位物体的位置？

（3）简述无线定位系统的工作过程。

（4）对无线定位系统的性能指标要求都有哪几个方面？

（5）分别说明各种无线定位算法的优缺点。

（6）物联网工程应用中，对无线定位技术有哪些具体要求？

（7）简述卫星定位系统的工作原理。

（8）说说身边的无线定位技术的具体应用实例。

第4篇

Part 1
YINGYONGPIAN 应用篇

第4篇
应用篇

应用层包括应用基础设施/中间件和各种物联网应用,应用基础设施/中间件为物联网应用提供信息处理、计算等通用基础服务设施、能力及资源调用接口,以此为基础实现物联网在众多领域的各种应用。

应用层主要接收网络层传递的信息,经过分析处理,实现特定的智能化应用和服务任务,即结合各个应用行业领域的特点,将物联网的优势与行业的生产经营、信息化管理、组织调度结合起来,形成各类的物联网解决方案,构建智能化的行业应用。

与传统的信息网络系统不同,物联网应用层要处理的信息具有以下特点。

1. 数据实时采集,具有明显的实效特征

物联网中通过对物理世界信息的实时采集,基于所采集数据进行分析处理后,进行快速的反馈和管理,具有明显的实效性特征,这就对应用层需要对信息进行快速处理提出了要求。

2. 事件高度并发,具有不可预见性

对物理世界的感知往往具有多个维度,并且状态处于不断变化之中,因此会产生大量不可预见的事件,从而要求物联网应用层具有更好的适应能力。

3. 基于海量数据的分析挖掘

感知层信息的实时采集特性决定了必然产生海量的数据,这样除了存储要求之外,更为重要的是基于这些海量数据的分析挖掘,预判未来的发展趋势,才能实现实时的精准控制和决策支撑。

4. 自主智能协同

物联网感知事件的实时性和并发性,需要应对大量事件应用的自动关联和即时自主智能协同,提升对物联网世界的综合管理水平。

因此,物联网数据实时采集、事件高度并发、海量数据分析挖掘、自主智能协同的特性要求从新的角度审视物联网应用层的建设需求与应用技术。

第 8 章 应用层的关键技术

应用层将网络层传输来的数据通过各类信息系统进行处理,并通过各种设备与人进行交互。这一层也可按形态直观地划分为两个子层:一个是应用程序层;另一个是终端设备层。

 ## 8.1 M2M 技术

M2M 技术的目标是使所有机器设备都具备联网和通信能力。其核心理念为网络就是一切(network is everything)。M2M 是一种理念,也是所有增强机器设备通信和网络能力的技术总称。

8.1.1 M2M 技术概述

从广义上说,M2M 代表机器对机器(machine to machine)、人对机器(man to machine)、机器对人(machine to man)、移动网络对机器(mobile to machine)之间的连接与通信,它涵盖了所有可以实现在"人、机、系统"之间建立通信连接的技术和手段。

从狭义上说,M2M 代表机器对机器通信,目前更多的时候是指非 IT 机器设备通过移动通信网络与其他设备或 IT 系统的通信。

人与人之间的沟通很多也是通过机器来实现的,例如通过手机、电话、电脑、传真机等机器设备之间的通信来实现人与人之间的沟通。另外一类技术是专为机器和机器建立通信而设计的。如许多智能化仪器仪表都带有 RS-232/485/422、TTL 接口和 GPIB 通信接口,增强了仪器与仪器之间、仪器与电脑之间的通信能力。目前,绝大多数的机器和传感器不具备本地或者远程的通信和联网能力。

M2M 提供了设备实时数据在系统之间、远程设备之间以及与个人之间建立无线连接的简单手段,并综合了数据采集、远程监控、电信、信息等技术,能够实现业务流程自动化。这一平台可为安全监测、自动读取停车表、机械服务和维修业务、自动售货机、公共交通系统、车队管理、工业流程自动化、电动机械、城市信息化等领域提供广泛的应用和解决方案。

就如互联网之初也是由一个个局域网构成一样,现有的 M2M 应用已经是物联网的构成基础。从核心构成来说,物联网由云计算的分布式中央处理单元、传输网络和感应识别末梢组成。就像互联网是由无数个局域网构成的一样,未来的物联网势必也是由无数个 M2M 系统构成,不同的 M2M 系统会负责不同的功能,通过中央处理单元协同运作,最终组成智能化的社会系统。

8.1.2 M2M 的构成

M2M 组成:机器、M2M 硬件、通信网络、中间件、应用。如图 8-1 和图 8-2 所示。

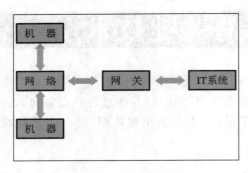

图 8-1　M2M 系统框架

图 8-2　M2M 系统组成

1. 机器

实现 M2M 的第一步就是从机器/设备中获得数据,然后把它们通过网络发送出去。使机器具备"说话(talk)"能力的基本方法有两种:生产设备的时候嵌入 M2M 硬件;对已有机器进行改装,使其具备通信/联网能力。

2. M2M 硬件

M2M 硬件是使机器获得远程通信和联网能力的部件。现在的 M2M 硬件产品可分为五种。

1)嵌入式硬件

嵌入式硬件是指将模块嵌入到机器里面,使其具备网络通信能力。常见的产品是支持 GSM/GPRS 或 CDMA 无线移动通信网络的无线嵌入数据模块。典型产品有:Nokia 12 GSM 嵌入式无线数据模块;Sony Ericsson 的 GR 48 和 GT 48;Motorola 的 G18/G20 for GSM,C18 for CDMA;Siemens 的用于 GSM 网络的 TC45、TC35i、MC35i 嵌入模块。

2)可组装硬件

在 M2M 的工业应用中,厂商拥有大量不具备 M2M 通信和联网能力的设备仪器,可组装硬件就是为满足这些机器的网络通信能力而设计的。其实现形式也各不相同,包括从传感器收集数据的 I/O 设备;完成协议转换功能,将数据发送到通信网络的连接终端;有些 M2M 硬件还具备回控功能。

3)调制解调器

上面提到嵌入式模块将数据传送到移动通信网络上时,起的就是调制解调器的作用。如果要将数据通过公用电话网络或者以太网送出,分别需要相应的调制解调器。

4)传感器

传感器可分成普通传感器和智能传感器两种。智能传感器是指具有感知能力、计算能力和通信能力的微型传感器。由智能传感器组成的传感器网络是 M2M 技术的重要组成部分。一组具备通信能力的智能传感器以 Ad-Hoc 方式构成无线网络,协作感知、采集和处理网络覆盖的地理区域中感知对象的信息,并发布给观察者。也可以通过 GSM 网络或卫星通信网络将信息传给远方的 IT 系统。

目前智能微尘面临的最具挑战性的技术难题之一是如何在低功耗下实现远距离传输。另一个技术难题在于如何将大量智能微尘自动组织成网络。

5)识别标识

识别标识如同每台机器、每个商品的"身份证",使机器之间可以相互识别和区分。常用的技术如条形码技术、射频识别技术等。标识技术已经被广泛用于商业库存和供应链管理中。

3. 通信网络

网络技术彻底改变了我们的生活方式和生存面貌,我们生活在一个网络社会。今天,M2M 技术的出现,使得网络社会的内涵有了新的内容。网络社会的成员除了原有的人、计算机、IT 设备之外,数以亿计的非 IT 机器/设备正要加入进来。随着 M2M 技术的发展,这些新成员的数量和其数据交换的网络流量将会迅速增加。

通信网络在整个 M2M 技术框架中处于核心地位,包括:广域网(无线移动通信网络、卫星通信网络、因特网、公众电话网)、局域网(以太网、无线局域网)、个域网(ZigBee、传感器网络)。

在 M2M 技术框架下的通信网络中,有两个主要参与者,它们是网络运营商和网络集成商。尤其是移动通信网络运营商,在推动 M2M 技术应用方面起着至关重要的作用,它们是M2M 技术应用的主要推动者。第三代移动通信技术除了提供语音服务之外,数据服务业务的开拓是其发展的重点。随着移动通信技术的进一步发展,必定将 M2M 应用带到一个新的境界。国外提供 M2M 服务的网络有 AT&T Wireless 的 M2M 数据网络计划、Aeris 的MicroBurst 无线数据网络等。

4. 中间件

中间件包括两部分:M2M 网关、数据收集/集成部件。网关是 M2M 系统中的"翻译者",它获取来自通信网络的数据,将数据传送给信息处理系统。中间件的主要功能是完成不同通信协议之间的转换。

数据收集/集成部件是为了将数据变成有价值的信息。对原始数据进行不同加工和处理,并将结果呈现给需要这些信息的观察者和决策者。这些中间件包括:数据分析和商业智能部件、异常情况报告和工作流程部件、数据仓库和存储部件等。

5. WMMP 协议

WMMP(wireless M2M protocol)协议是为实现 M2M 业务中 M2M 终端与 M2M 平台之间、M2M 终端之间、M2M 平台与应用平台之间的数据通信过程而设计的应用层协议。

WMMP 协议建立在 TCP/IP 或 UDP/IP 协议、SMS 和 USSD 之上,其通信协议栈结构如图 8-3 所示。

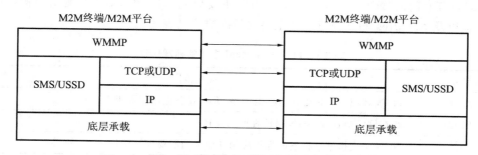

图 8-3 M2M 终端与 M2M 平台之间通信协议栈结构

在网络质量欠佳的情况下,建议优先采用 UDP 协议。如在采用 GPRS 作为接入方式时,建议采用 UDP 协议作为传输层协议,这是由于 GPRS 网络带宽较窄,延迟较大,不适于采用 TCP 协议进行通信。采用 UDP 方式通信,可提高传输效率,减少数据流量,节省网络带宽资源。UDP 是无连接的、面向消息的数据传输协议,与 TCP 协议相比较,它有两个致命的缺点:一是没有确认机制,数据包容易丢失;二是数据包无序。因而,M2M 数据通信过程通过在 UDP 的上层应用层的 WMMP 协议实现类似 TCP 的数据包确认和重传机制,从而提高通信效率及可靠性。根据实际经验发现,采用 UDP 方式传输,丢包率能控制在 1%以下,能够满足 M2M 应用的需要。

8.1.3 M2M 标准与进展

当前,国际上有多个标准化组织在研究物联网相关系列标准,对于一个庞大的物联网系统而言,各标准化组织基本上都涉及物联网系统的部分标准化活动。

中国:2009 年底,中国通信标准化协会(CCSA)成立"泛在网技术工作委员会(TC10)",TC10 从通信行业的角度统一对口、统一协调政府和其他行业的需求,系统规划泛在网络标准体系,满足政府以及其他行业对泛在网络的标准要求,提高通信行业对政府和其他行业泛在网络的支持力度和影响力。

WMMP 协议是中国移动制定 M2M 平台与终端、M2M 平台与应用之间交互的企业标准。中国移动制定 WMMP 协议的目的是规范 M2M 业务的发展,降低终端、平台和应用的开发部署成本。目前,国外的主流厂商还很少有支持该协议的,WMMP 协议还没能很好地在 M2M 中得到应用。需要通过企业及相关部门的进一步努力来提升我国企业标准在国际上的地位。

国际电信联盟-电信标准局(ITU-T):ITU-T 研究内容主要集中在泛在网总体框架、标识及应用三方面。目前有四个工作组在进行相关研究,具体如下。

SG13:主要从下一代网络(next generation network,NGN)角度展开泛在网相关研究:基于 NGN 的泛在网络/泛在传感器网络需求及架构研究、支持标签应用的需求和架构研究、身份管理(IDM)相关研究、NGN 对车载通信的支持。

SG16:集中在业务和应用、标识解析方面,具体包括:泛在感测网络(USN)应用和业务;用于通信/智能交通系统业务/应用的车载网关平台;用于电子健康(e-health)应用的多媒体架构。

SG17:关于网络安全、身份管理、解析的研究,具体包括泛在网通信业务安全方面;身份管理架构和机制;抽象语法标记(ASN.1)、对象标识(OIDs)及相关注册。

SG11:有专门的"NID 和 USN 测试规范",主要研究 NID 和 USN 的测试架构,H.IRP测试规范以及 X.oidres 测试规范。其主要的标准协议见表 8-1。

表 8-1 ITU 支持 M2M 主要的标准协议

标准号	应用范围
Y.2221	NGN 环境下支持泛在传感器网络 USN 业务应用的需求
Y.2002	泛在网络概述及 NGN 对泛在网的支持
Y.2016	NGN 中支持基于标签的标识应用和业务功能要求及架构

欧洲电信标准化协会 M2M 技术委员会(ETSI M2MTC):在 ETSI Board 69 次会议上通过了成立 M2M 技术委员会的决议。该组织主要研究目标是从端到端的全景角度研究机器对机器通信,并与 ETSI 内 NGN 的研究及 3GPP 已有的研究进行协同工作,以克服过去一些 M2M 标准只针对特定应用场景的不足,将这些相对分散的技术和标准放到一起考虑。

ETSI M2MTC 共进行了 12 次 F2F（面对面）会议，启动了 11 个工作组。其中，WI♯1（业务需求）、WI♯3（smart metering use cases）已经结束。当前 WI♯2（功能架构）和 WI♯10（接口）方面正在热烈讨论中。其主要的标准协议见表 8-2。

表 8-2　ETSI 支持 M2M 主要的标准协议

标准代号	标准名称	应用范围
TS 102 689	M2M 业务需求	定义支持 M2M 通信业务所需能力，描述端到端系统需求
TS 102 690	M2M 功能架构	描述 M2M 功能架构，对功能进行描述
TR 102 725	M2M 定义	定义 M2M 术语，保证各工作组术语的一致性
TS 102 921	M2M 接口	接口设计包括协议/API，数据模型

第三代合作伙伴计划（3GPP）：3GPP 组织针对 M2M 的研究主要从移动网络出发，研究 M2M 应用对网络的影响，包括网络优化技术等。

3GPP 对于 M2M 的研究范围为：只讨论移动网的 M2M 通信；只定义 M2M 业务，不具体定义特殊的 M2M 应用；无线侧和网络侧的改进，不讨论与（x）SIMs 和（x）SIM 管理的新模型相关的内容。3GPP 对 M2M 的研究在 2009 年开始加速，目前基本完成了需求分析，转入网络架构和技术框架的研究，核心的 RAN 研究工作还未展开。其主要的标准工作组见表 8-3 。

表 8-3　3GPP 支持 M2M 主要的标准工作组

标准工作组	完成状态
SA1	2008 年开始需求讨论；TS 22 368 已经完成，正寻求新的需求
SA2	2009 年 9 月通过 WI NIMTC；列出了部分需求和特性
SA3	TR 33 812 已经完成，2009 年 11 月更新了 M2M Study Item
RAN2	2010 年 1 月通过 SI RANIMTC

国际电气与电子工程师学会（IEEE）：传感器网络的特征与低速无线个人局域网有很多相似之处，因此传感器网络大多采用 IEEE 802.15.4 标准作为物理层和媒体存取控制层。

IEEE 802.15.4 标准致力于研究低速无线个人局域网。该标准把低能量消耗、低速率传输、低成本作为重点目标，旨在为个人或者家庭范围内不同设备之间的低速互联提供统一标准。2010 年 4 月，IEEE 启动 M2M 需求、应用场景和架构前期研究，进行了 802.16p 立项初步讨论。

 ## 8.2　数据挖掘（data mining）技术

数据挖掘技术是人们长期对数据库技术进行研究和开发的结果。起初各种商业数据是存储在计算机的数据库中的，然后发展到可对数据库进行查询和访问，进而发展到对数据库的即时遍历。数据挖掘使数据库技术进入了一个更高级的阶段，它不仅能对过去的数据进行查询和遍历，并且能够找出过去数据之间的潜在联系，从而促进信息的传递。数据挖掘的核心模块技术历经了数十年的发展，其中包括数理统计、人工智能、机器学习等。今天，这些成熟的技术，加上高性能的关系数据库引擎以及广泛的数据集成，让数据挖掘技术在当前的数据库环境中进入了实用的阶段。

8.2.1 数据挖掘技术概述

一、数据挖掘的定义

数据挖掘(data mining)就是从大量的、不完全的、有噪声的、模糊的、随机的实际应用数据中,提取隐含在其中的、人们事先不知道的,但又是潜在有用的信息和知识的过程。

这个定义包括如下含义:数据源必须是真实的、大量的、含噪声的;发现的是用户感兴趣的知识;发现的知识要可接受、可理解、可运用;并不要求发现放之四海皆准的知识,仅支持特定的发现问题。

数据挖掘是一种新的商业信息处理技术,其主要特点是对商业数据库中的大量业务数据进行抽取、转换、分析和其他模型化处理,从中提取辅助商业决策的关键性数据。

数据挖掘其实是一类深层次的数据分析方法。数据分析本身已经有很多年的历史,只不过在过去数据收集和分析的目的是用于科学研究,另外,由于当时计算能力的限制,对大数据量进行分析的复杂数据分析方法受到很大限制。现在,由于各行业业务自动化的实现,商业领域产生了大量的业务数据,这些数据不再是为了分析的目的而收集的,而是由于经常性的商业运作而产生。分析这些数据也不再是单纯为了研究的需要,更主要是为商业决策提供真正有价值的信息,进而获得利润。但所有企业面临的一个共同问题是:企业数据量非常大,而其中真正有价值的信息却很少,因此从大量的数据中经过深层分析,获得有利于商业运作、提高竞争力的信息,就像从矿石中淘金一样,数据挖掘也因此而得名。

因此,数据挖掘可以描述为:按企业既定业务目标,对大量的企业数据进行探索和分析,揭示隐藏的、未知的或验证已知的规律性,并进一步将其模型化的先进有效的方法。

二、数据挖掘与传统数据分析的区别

数据挖掘与传统的数据分析(如查询、报表、联机应用分析)的本质区别是数据挖掘是在没有明确假设的前提下去挖掘信息、发现知识。数据挖掘所得到的信息应具有先前未知、有效和实用三个特征。

先前未知的信息是指该信息是预先未曾预料到的,即数据挖掘是要发现那些不能靠直觉发现的信息或知识,甚至是违背直觉的信息或知识,挖掘出的信息越是出乎意料,就可能越有价值。在商业应用中最典型的例子就是美国零售业巨头沃尔玛通过数据挖掘发现了小孩尿布和啤酒之间有着惊人的联系。

三、支持数据挖掘技术的基础

数据挖掘技术是人们长期对数据库技术进行研究和开发的结果。起初各种商业数据是存储在计算机的数据库中的,然后发展到可对数据库进行查询和访问,进而发展到对数据库的即时遍历。数据挖掘使数据库技术进入了一个更高级的阶段,它不仅能对过去的数据进行查询和遍历,并且能够找出过去数据之间的潜在联系,从而促进信息的传递。现在数据挖掘技术在商业应用中已经可以马上投入使用,因为对这种技术进行支持的三种基础技术已经发展成熟,它们是:海量数据收集、强大的多处理器计算机和数据挖掘算法。

学者 Friedman 列举了四个主要的技术理由激发了数据挖掘的开发、应用和研究的兴趣。

(1)超大规模数据库的出现,例如商业数据库和计算机自动收集的数据记录。

(2)先进的计算机技术,例如更快和更大的计算能力和并行体系结构。

(3)对巨大量数据的快速访问。

（4）对这些数据应用精深的统计方法计算的能力。

四、数据挖掘研究的知识内容

数据挖掘所发现的知识最常见的有以下几类。

1. 广义知识

广义知识指类别特征的概括性描述知识。根据数据的微观特性发现其表征的、带有普遍性的、较高层次概念的、中观和宏观的知识，反映同类事物共同性质，是对数据的概括、精炼和抽象。

2. 关联知识

它反映一个事件和其他事件之间依赖或关联的知识。如果两项或多项属性之间存在关联，那么其中一项的属性值就可以依据其他属性值进行预测。最为著名的关联规则发现方法是 R. Agrawal 提出的 Apriori 算法。关联规则的发现可分为两步：第一步是迭代识别所有的频繁项集，要求频繁项集的支持率不低于用户设定的最低值；第二步是从频繁项集中构造可信度不低于用户设定的最低值的规则。识别或发现所有频繁项集是关联规则发现方法的核心，也是计算量最大的部分。

3. 分类知识

它反映同类事物共同性质的特征知识和不同事物之间的差异型特征知识。最为典型的分类方法是基于决策树的分类方法。

4. 预测型知识

它根据时间序列型数据，由历史的和当前的数据去推测未来的数据，也可以认为是以时间为关键属性的关联知识。

5. 偏差型知识

它是对差异和极端特例的描述，揭示事物偏离常规的异常现象，如标准类以外的特例，数据聚类外的离群值等。所有这些知识都可以在不同的概念层次上被发现，并随着概念层次的提升，从微观到中观，到宏观，以满足不同用户不同层次决策的需要。

五、数据挖掘的功能

数据挖掘通过预测未来趋势及行为，做出前摄的、基于知识的决策。数据挖掘的目标是从数据库中发现隐含的、有意义的知识，主要有以下五类功能。

1. 自动预测趋势和行为

数据挖掘自动在大型数据库中寻找预测性信息，以往需要进行大量手工分析的问题如今可以迅速直接由数据本身得出结论。一个典型的例子是市场预测问题，数据挖掘使用过去有关促销的数据来寻找未来投资中回报最大的用户，其他可预测的问题包括预报破产以及认定对指定事件最可能做出反应的群体。

2. 关联分析

数据关联是数据库中存在的一类重要的可被发现的知识。若两个或多个变量的取值之间存在某种规律性，就称为关联。关联可分为简单关联、时序关联、因果关联。关联分析的目的是找出数据库中隐藏的关联网。有时并不知道数据库中数据的关联函数，即使知道也是不确定的,因此关联分析生成的规则带有可信度。

3. 聚类

数据库中的记录可被划分为一系列有意义的子集,即聚类。聚类增强了人们对客观现实的认识,是概念描述和偏差分析的先决条件。聚类技术主要包括传统的模式识别方法和数学分类学。20 世纪 80 年代初,Mchalski 提出了概念聚类技术,其要点是,在划分对象时不仅考虑对象之间的距离,还要求划分出的类别具有某种内涵描述,从而避免了传统技术的某些片面性。

4. 概念描述

概念描述就是对某类对象的内涵进行描述,并概括这类对象的有关特征。概念描述分为特征性描述和区别性描述,前者描述某类对象的共同特征,后者描述不同类别对象之间的区别。生成一个类别的特征性描述只涉及该类对象中所有对象的共性。生成区别性描述的方法很多,如决策树方法、遗传算法等。

5. 偏差检测

数据库中的数据常有一些异常记录,从数据库中检测这些偏差很有意义。偏差包括很多潜在的知识,如分类中的反常实例、不满足规则的特例、观测结果与模型预测值的偏差、量值随时间的变化等。偏差检测的基本方法是,寻找观测结果与参照值之间有意义的差别。

8.2.2 数据挖掘的常用算法

机器学习、数理统计等方法是数据挖掘进行知识学习的重要方法。数据挖掘算法的好坏将直接影响到所发现知识的好坏,目前对数据挖掘的研究也主要集中在算法及其应用方面。统计方法应用于数据挖掘主要是进行数据评估。机器学习是人工智能的另一个分支,也称为归纳推理。它通过学习训练数据集,发现模型的参数,并找出数据中隐含的规则。其中关联分析法、人工神经元网络、决策树和遗传算法在数据挖掘中的应用很广泛。

一、关联分析法

从关系数据库中提取关联规则是几种主要的数据挖掘方法之一。挖掘关联是通过搜索系统中的所有事物,并从中找到出现条件概率较高的模式。关联实际上就是数据对象之间相关性的确定,用关联找出所有能将一组数据项和另一组数据项相联系的规则,这种规则的建立并不是确定的关系,而是一个具有一定置信度的可能值,即事件发生的概率。关联分析法直观、易理解,但对于关联度不高或相关性复杂的情况不太有效。

二、人工神经元网络

人工神经元网络是数据挖掘中应用最广泛的技术。神经网络的数据挖掘方法是通过模仿人的神经系统来反复训练学习数据集,从待分析的数据集中发现用于预测和分类的模式。神经元网络对于复杂情况仍能得到精确的预测结果,而且可以处理类别和连续变量,但神经元网络不适合处理高维变量,其最大的缺点是它的不透明性,因为其无法解释结果是如何产生的,以及在推理过程中所用的规则。神经元网络适合于结果比可理解性更重要的分类和预测的复杂情况,可用于聚类、分类和序列模式。

三、决策树

决策树是一种树型结构的预测模型,其中树的非终端节点表示属性,叶节点表示所属的不同类别。根据训练数据集中数据的不同取值建立树的分支,形成决策树。与神经元网络最大的不同在于其决策制定的过程是可见的,可以解释结果是如何产生的。决策树一般产生直观、易理解的规则,而且分类不需太多计算时间,适于对记录分类或结果的预测,尤其适用于当目标是生成易理解、可翻译成 SQL(结构化查询语言)或自然语言的规则时。决策树也可用于聚类、分类及序列模式,其应用的典型例子是 CART(回归决策树)方法。

四、遗传算法

遗传算法是一种基于生物进化理论的优化技术。其基本观点是"适者生存"原理,用于数据挖掘中则常把任务表示为一种搜索问题,利用遗传算法强大的搜索能力找到最优解。实际上遗传算法是模仿生物进化的过程,反复进行选择、交叉和突变等遗传操作,直至满足最优解。遗传算法可处理许多数据类型,同时可并行处理各种数据,常用于优化神经元网络,解决其他技术难以解决的问题,但需要的参数太多,对许多问题编码困难,一般计算量很大。

五、聚集发现

聚集是把整个数据库分成不同的群组。它的目的是使群与群之间差别很明显,而同一个群之间的数据尽量相似。此外聚类分析可以作为其他算法的预处理步骤,这些算法再在生成的簇上进行处理。与分类不同,在开始聚集之前你不知道要把数据分成几组,也不知道怎么分(依照哪几个变量)。因此在聚集之后要有一个对业务很熟悉的人来解释这样分群的意义。很多情况下一次聚集你得到的分群对你的业务来说可能并没有意义,这时你需要删除或增加变量以影响分群的方式,经过几次反复之后才能最终得到一个理想的结果。聚类方法主要有两类,包括统计方法和神经网络方法。自组织神经网络方法和 K-均值法是比较常用的聚集算法。

六、关联分析和序列模式分析

关联分析,即利用关联规则进行数据挖掘。关联分析的目的是挖掘隐藏在数据间的相互关系。序列模式分析和关联分析相似,但侧重点在于分析数据间的前后序列关系。序列模式分析描述的问题是:在给定交易序列数据库中,每个序列是按照交易时间排列的一组交易集,挖掘序列函数作用在这个交易序列数据库上,并返回该数据库中出现的高频序列。在进行序列模式分析时,同样也需要由用户输入最小置信度 C 和最小支持度 S。

8.2.3　数据挖掘与物联网

物联网数据类型复杂多样、数据连续不间断到达、数据量巨大等特征,对数据统计分析、挖掘算法提出了更高的要求。物联网数据挖掘解决方案在优化算法的同时,通过云计算技术构建一个集数据汇聚、数据挖掘、结果发布为一体的分析挖掘服务平台,对物联网海量数据进行实时在线挖掘,支持多用户并发计算,为物联网用户提供快速、友好、廉价、个性化的全面数据分析服务。

物联网数据的产生、采集过程具有实时不间断到达的特征,随时间的变化,数据量不断增长,具有潜在无限性。物联网数据的这些特性对数据挖掘技术提出了新的挑战。

首先,互联网将信息互联互通,物联网将现实世界的物体通过传感器和互联网连接起来,并通过云存储、云计算实现云服务。物联网具有行业应用的特征,依赖云计算对采集到的各行各业的、数据格式各不相同的海量数据进行整合、管理、存储,并在整个物联网中提供数据挖掘服务,实现预测、决策,进而反向控制这些传感网络,达到控制物联网中客观事物运动和发展进程的目的。

其次,从物联网的层次结构看,数据挖掘成为物联网的重要环节。物联网常见的层次结构包含:感知层——对物品信息进行识别、采集;传输层——通过现有的 2G、3G、4G 通信网络将信息进行可靠传输;信息处理层——通过后台系统来进行智能分析和管理。

一、基于云计算来进行数据挖掘存在的问题与挑战

1. 数据挖掘算法

这是一个首要的问题,并不是所有算法都能完成目前的任务,需要选择合适的算法,并采取适当的并行策略,然后才能提高并行效率。因此算法的设计变得非常重要,参数的调节也变得必不可少,而且参数的调节直接影响最终的结果。

2. 数据挖掘的不确定性

数据挖掘的不确定性包括:①数据挖掘任务的描述具有不确定性;②数据挖掘的方法和结果具有不确定性;③挖掘结果的评价存在不确定性。

3. 软件服务可信性

软件服务可信性包括:①服务的正确性;②服务的安全性;③服务的质量,服务质量包含可用、可靠、高性能和隐私安全等几个方面。

4. 数据安全问题

云计算安全的本质是信任管理问题,在云计算环境下计算模型与需求要有一致性,算法要可检验,过程对用户要做到可控、可视,挖掘结果对用户而言要可理解。同时,隐私保护也是一个不容忽视的问题。

二、目前开发进展和行业推广

在中国,基于云计算的数据挖掘是从中国移动发起做云计算平台开始的。2008 年底中国科学院计算技术研究所与中国移动合作开发完成了基于云计算的数据挖掘软件,这个软件集成了很多算法。中国科学院计算技术研究所开发出的 PDMiner 系统中包含 ETL 组件和数据挖掘组件,ETL 算法具有线性加速比,挖掘效率随节点增加而增加,而且多个任务工作流之间可以相互不干预,在不同节点同时启动,可以处理失败的节点,具有容错能力,开放的开发架构,算法可方便地配置加载到平台上。

中国科学院计算技术研究所开发了面向 Web 数据挖掘云服务平台 COMS 系统。这个系统提供基于云计算的并行数据挖掘云服务模式。COMS 系统有四部分模块:数据管理模块、任务管理模块、用户管理模块和系统帮助模块。这个系统可以把任务的输入输出参数设定好,配置平台的数据,按照工作流的方式可以再添加另外一个任务。在执行任务过程当中,对 Map/reduce 的进程是可视的,这就是一种数据挖掘云服务。如图 8-4 所示。

总之,物联网中数据挖掘计算方式将采取云计算模式,数据挖掘的服务方式将采用云服务。数据挖掘云服务将会兴起,有服务的提供者,也有大众和各种企业组织,他们是服务的受益方。同时,对数据挖掘研究受到计算环境的影响将降低,数据挖掘应用范围将大大拓宽。数据挖掘将与物联网紧密结合,基于云计算的数据挖掘在物联网上不可缺少,物联网中高可信度的数据挖掘云服务是未来的一个重要研究方向。

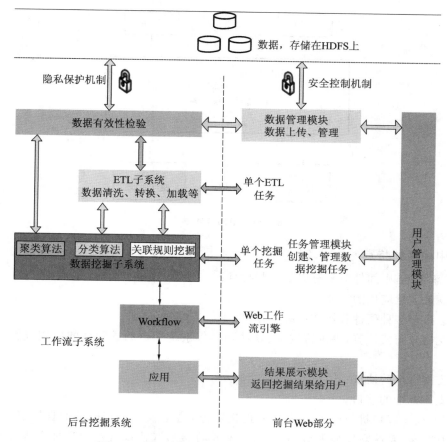

图 8-4　数据挖掘云服务平台 COMS 系统流程图

8.3　中间件技术

中间件是伴随着计算机技术、应用软件的飞速发展而产生的。由于计算机技术和人们需求的快速提升,在计算机应用中时常会要求应用软件在不同的系统平台之间部署和移植,或者在同一系统平台上使用不同的、各种类型的应用程序,这就要求在计算机硬件系统和软件系统之间可以有效、可靠地进行数据的传递、转换。尤其是在物联网中,系统的异构问题更加突出,因此中间件技术是物联网应用系统中不可或缺的一项重要技术。

8.3.1　中间件技术概述

中间件(middleware)是基础软件的一大类,属于可复用的软件范畴。中间件在操作系统软件、网络、各种硬件和数据库之上,应用软件之下。总的作用是为处于自己上层的应用软件提供运行与开发的环境,帮助用户灵活、高效地开发和集成复杂的应用软件。

中间件所包括的范围十分广泛,针对不同的应用需求涌现出多种各具特色的中间件产品。但至今中间件还没有一个比较精确的定义,因此在物联网领域,中间件的定义为:中间件是一种独立的系统软件或服务程序,分布式应用软件借助这种软件在不同的技术之间共享资源,中间件位于客户机/服务器的操作系统之上,管理计算机资源和网络通信。如图8-5所示。

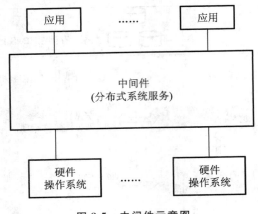

图 8-5　中间件示意图

一、中间件的特点

通常意义下,中间件应具有以下一些特点:

(1)满足大量应用的需要;

(2)运行于多种硬件和操作系统平台上;

(3)支持分布式计算,提供跨网络、硬件和操作系统平台的透明性的应用或服务的交互功能;

(4)支持标准的协议;

(5)支持标准的接口。

中间件提供客户机与服务器之间的连接服务,这些服务具有标准的程序接口和协议。针对不同的操作系统和硬件平台,它们可以有符合接口和协议规范的多种实现方式。利用中间件技术有助于减轻应用软件开发者的负担,使他们利用现有的硬件设备、操作系统、网络、数据库管理系统以及对象模型创建分布式应用软件时更加得心应手。程序员通过调用中间件提供的大量 API,实现异构环境的通信,从而屏蔽异构系统中复杂的操作系统和网络协议。

中间件带给应用系统的不只是开发变得简单及开发周期的缩短,也减少了系统的维护、运行和管理的工作量,还减少了计算机总体费用的投入。根据 Standish Group 的调查报告显示,由于采用了中间件技术,应用系统的总建设费用可以减少 50％左右。在网络经济大发展、电子商务大发展的今天,从中间件获得利益的不只是 IT 厂商,IT 用户同样是赢家,并且是更有把握的赢家。

二、中间件功能

中间件一般提供如下几项功能。

1. 通信支持

大多数基于中间件的系统包含有分布式操作,也就是说,系统需要与其他分布式服务或系统进行交互。现代操作系统一般提供一组网络操作的编程接口(如套接字),中间件则提供通信支持以屏蔽这组底层、复杂的接口。基于中间件的应用分布式交互主要包括远程过程调用(remote procedure call,RPC)和消息两种方式。

2. 并发支持

分布式应用系统一般需要具有较强的处理能力,也就是说,系统可以处理很多的客户请求。为尽量利用硬件的计算能力,一般采用并发技术(如多进程或多线程),对多个客户请求同时进行处理。

中间件为应用系统提供并发支持,提供一种"单线程"或"单进程"的编程模型,开发者在开发系统时,无须考虑并发对程序的影响,可以假设程序是串行执行的,从而极大地简化了程序开发和维护的复杂度,也减少了程序出错的可能性。

3. 公共服务

公共服务是对应用中共性功能或约束的抽取。中间件提供一个或一组公共服务,供系统使用,这组公共服务不特定于某一种或某一类系统;应用系统在实现和运行时直接使用这些公共服务。公共服务的好处在于一方面将应用中的共性抽取出来由中间件实现,减少了系统开发的工作量;另一方面使得应用开发者更能关注业务功能的需求、设计和实现,有助于提高软件的质量。

不同中间件中提供的公共服务有可能存在差别,其中主要的公共服务包括以下几方面。①名字和目录服务,提供动态的查找功能,应用系统可以在运行时按照名字或目录查找需要使用或进行交互的其他系统或系统组成部分。②事务服务,提供对应用操作事务性的保证,包括声明型的自动完成事务的启动、提交或回滚,以及编程型的事务接口由应用程序控制事务流程。另外,很多中间件还提供分布式的事务支持。③安全服务,从通信、访问控制等多个层次上保证应用系统的安全。④持久化服务,提供一种管理机制,应用系统可以管理其持久化的数据。

8.3.2　中间件发展历程及趋势

一、发展历程

国外中间件起步较早,始于 20 世纪 80 年代末。成立于 1995 年的 BEA,从 Novell 手里购买了 Tuxedo 后,BEA 利用其强大的资金、技术优势,开始在全球市场推广中间件产品,几乎所向披靡,很快成为全球最大的独立中间件厂商,个别产品的市场份额甚至占到全球市场的 70%。计算机行业巨头 IBM 早在 20 世纪 90 年代初,就及时调整了其产品策略,将中间件产品作为其今后开发的重点之一。从 2000 年起,IBM 投入 10 亿英镑的资金改进 WebSphere 网站开发工具,想要建立一个完整的电子商务平台,巩固实力。同时,IBM 采用了捆绑销售的策略,买硬件送中间件,用低产品价格占领市场,以高服务费用实现利润。而业内人士认为,未来基于因特网的电子商务体系将有 79% 建筑在中间件的基础之上。国际上做中间件的厂商已有几十家,Microsoft、HP、SUN、Oracle 等国际大公司也早已涉足电子商务中间件。

我国的中间件发展非常迅速,中间件厂商在与国际巨头的打拼中成长壮大。但由于技术及资金等方面的原因,国产中间件的市场份额还非常低。有调查数据显示,在国内中间件市场,2003 年国产厂商仅占有 11% 的市场份额。随着中间件市场的急剧增长和政府、军队、制造业对国产中间件需求的不断增加,国产中间件厂家主要有:中创软件、东方通、上海普元、金蝶、中关村科技、点击科技等。进入 21 世纪后,我国中间件市场的发展进入了一个新的时期。经过几年的酝酿,国内中间件的发展已迈过萌芽期,进入快速发展的成长期。一批上市公司如托普软件、东软集团、中创软件、天大天财等均以中间件为投资项目向股票市场募集资金,开始进入中间件领域。

国防科技大学、北京大学、北京航空航天大学、中国科学院软件研究所、东南大学等大学和院所很早就投入到中间件技术的研究中,并形成了一系列的成果。在国家发改委、信息产业部(现已并入工业和信息化部)电子发展基金和 863 计划以及政府其他基金的资助下,通过各项目研究单位和国内骨干软件企业多年的不懈努力,国内在基础中间件领域已经形成丰富的技术积累,并在 CORBA 技术(国防科技大学与中创软件)、消息中间件技术(中科院软件所)、J2EE 应用服务器(北京大学)、Web Service(北京航空航天大学)等方面在技术上基本与国外保持同步发展的水平。

二、发展趋势

综合产业界的发展情况,我国中间件产业呈现出如下发展特点。

1. 技术多样化

中间件已经成为网络应用系统开发、集成、部署、运行和管理必不可少的工具。由于中间件技术涉及网络应用的各个层面,涵盖从基础通信、数据访问、业务流程集成到应用展现等众多的环节,因此,中间件技术呈现出多样化的发展特点。

2. 产品平台化

由于传统的中间件技术门槛较高,学习周期较长,已经不能适应信息化建设对中间件的广泛应用需求。为此,中间件产品从解决网络计算中的关键问题开始向一体化平台方向发展,以提高中间件产品的使用便利性,更全面地满足各种网络应用软件所要求的可靠性、可伸缩性和安全性。

3. 应用普及化

中间件技术已经是成熟的技术。我国大型信息化建设项目采纳中间件已经成为一种自然、例行的举措。中间件的广泛使用,也进一步促进了应用框架技术的丰富和发展,并为建立企业信息化业务基础架构奠定了基础。

8.3.3 主流中间件技术平台

下面重点阐述和比较了三大主流中间件技术平台,以加深对中间件技术的理解。

当前支持服务器端中间件技术的平台:OMG 的 CORBA、Sun 的 J2EE 和 Microsoft DNA 2000。它们都是支持服务器端中间件技术开发的平台,但都有其各自的特点,下面分别阐述。

一、OMG 的 CORBA

CORBA 分布计算技术是对象管理组织(OMG)基于众多开放系统平台厂商提交的分布对象互操作内容的基础上制定的公共对象请求代理体系规范。

CORBA 分布计算技术是绝大多数分布计算平台厂商支持和遵循的系统规范技术,具有模型完整、先进,独立于系统平台和开发语言,被支持程度广泛的特点,已逐渐成为分布计算技术的标准。COBRA 标准主要分为 3 个层次:对象请求代理、公共对象服务和公共设施。最底层是对象请求代理(ORB),规定了分布对象的定义(接口)和语言映射,实现对象间的通信和互操作,是分布对象系统中的"软总线";在 ORB 之上定义了很多公共服务,可以提供诸如并发服务、名字服务、事务(交易)服务、安全服务等各种各样的服务;最上层的公共设施则定义了组件框架,提供可直接为业务对象使用的服务,规定业务对象有效协作所需的协定规则。目前,CORBA 兼容的分布计算产品层出不穷,其中有中间件厂商的 ORB 产品,如BEAM3,IBM Component Broker;有分布对象厂商推出的产品,如 IONAObix 和

OOCObacus 等。

二、Sun 的 J2EE

为了推动基于 Java 的服务器端应用开发，Sun 公司于是在 1999 年底推出了 Java2 技术及相关的 J2EE 规范，J2EE 的目标是：提供平台无关的、可移植的、支持并发访问和安全的、完全基于 Java 的开发服务器端中间件的标准。

在 J2EE 中，Sun 给出了完整的基于 Java 语言开发面向企业分布应用规范，其中，在分布式互操作协议上，J2EE 同时支持 RMI 和 IIOP，而在服务器端分布式应用的构造形式，则包括了 Java Servlet、JSP、EJB 等多种形式，以支持不同的业务需求，而且 Java 应用程序具有"write once，run anywhere"的特性，使得 J2EE 技术在发布计算领域得到了快速发展。

J2EE 简化了构件可伸缩的、其于构件服务器端应用的复杂度，虽然微软公司 DNA 2000 也一样，但最大的区别是 DNA 2000 是一个产品，J2EE 是一个规范，不同的厂家可以实现自己的符合 J2EE 规范的产品，J2EE 规范是众多厂家参与制定的，它不为 Sun 所独有，而且其支持跨平台的开发，目前许多大的分布计算平台厂商都公开支持与 J2EE 兼容技术。

J2EE 的优点是，服务器市场的主流还是大型机和 UNIX 平台，这意味着以 Java 开发构件，能够做到"write once，run anywhere"，开发的应用可以配置到包括 Windows 平台在内的任何服务器端环境中去。

三、Microsoft DNA 2000

Microsoft DNA 2000 是 Microsoft 在推出 Windows2000 系列操作系统平台基础上，在扩展了分布计算模型，以及改造 Back Office 系列服务器端分布计算产品后发布的新的分布计算体系结构和规范。

在服务器端，DNA 2000 提供了 ASP、COM、Cluster 等的应用支持。目前，DNA2000 在技术结构上有着巨大的优越性。一方面，由于 Microsoft 是操作系统平台厂商，因此 DNA 2000 技术得到了底层操作系统平台的强大支持；另一方面，由于 Microsoft 的操作系统平台应用广泛，支持该系统平台的应用开发厂商数目众多，因此在实际应用中，DNA 2000 得到了众多应用开发商的采用和支持。

DNA 2000 融合了当今最先进的分布计算理论和思想，如事务处理、可伸缩性、异步消息队列、集群等内容。DNA2000 使得开发可以基于 Microsoft 平台的服务器构件应用，其中，如数据库事务服务、异步通信服务和安全服务等，都由底层的分布对象系统提供。

DNA2000 是单一厂家提供的分布对象构件模型，开发者使用的是同一厂家提供的系列开发工具，这比组合多家开发工具更有吸引力。但是它的不足是依赖于 Microsoft 的操作系统平台，因而在其他开发系统平台（如 Unix、Linux）上不能发挥作用。

目前，针对上述的各种分布计算平台技术，都出现了相似且具有可比性的分布式构件，即 CORBA CCM(CORBA Component Model)技术、SUN 的 EJB(Enterprise Java Bean)技术和 DNA 2000 中的 COM/DCOM/COM＋技术。虽然这三种平台因为其形成的历史背景和商业背景有所不同，各自有自己的侧重和特点，但在它们之间也有很大的相通性和互补性。

8.3.4 中间件与物联网

目前我国物联网的技术产业主要集中在感知层面，也就是传感器技术，这些技术多半已超出了信息技术层面，属于物理、化学以及材料科学的范畴。在数据传输层面，相关的有线和无线网络技术已基本发展成熟,尤其是 3G 技术的发展,作为物联网的重要基础设施,已经基本可以满足物联网产业的需求,关键是网络资源的整合和规范问题,也就是集成问题,需要得到进一步的解决。

一、中间件是物联网的灵魂

物联网产业发展的关键在于把现有的智能物件和子系统连接起来,实现应用的大集成和"管控营一体化",为实现"高效、节能、安全、环保"的社会服务,软件(包括嵌入式软件)和中间件将作为核心和灵魂起到至关重要的作用。这并不是否定发展传感器等末端设备的重要性,而是在大集成工程中,系统变得更加智能化和网络化,反过来会对末端设备提出更高的要求,如此循环螺旋上升会推动整个产业链的发展。因此,要占领物联网制高点,软件和中间件的作用至关重要。

如果说软件是物联网的灵魂,中间件就是这个灵魂的核心。中间件与操作系统和数据库并列成为三足鼎立的"基础软件",这一理念经过多年的探讨已经被国内业界和政府主管部门认可,但在国内长期"重硬轻软"的大环境下,中间件产业并未得到足够的重视。

除操作系统、数据库和直接面向用户的客户端软件以外,凡是能批量生产、高度复用的软件都算是中间件。中间件有很多种类,如通用中间件、嵌入式中间件、数字电视中间件、RFID 中间件和 M2M 物联网中间件等。

二、业务应用程序和底层数据获取设备之间的桥梁

物联网中间件处于物联网的集成服务器端或感知层、传输层的嵌入式设备中。服务器端中间件称为物联网业务基础中间件,一般都是基于传统的中间件构建,加入设备连接和图形化组态展示等模块;嵌入式中间件是一些支持不同通信协议的模块。中间件的特点是它固化了很多通用功能,但在具体应用中多半需要二次开发来实现个性化的行业业务需求,因此所有物联网中间件都要提供快速开发(RAD)工具。

物联网的发展把传统的信息通信网络向广泛的物理世界进行延伸,形成"人机物"一体化的信息系统。随着数据分布式存储技术和并行大规模数据计算中心的发展,如何在数据获取、传输、处理和应用的阶段形成格式可匹配、业务也链接的服务中间件发展的新领地,再加之开放业务平台、软件在线服务运行对高效可适应、安全高可靠的需求,使得中间件将不再局限传统单一领域,以应用业务为主的上层应用,而是逐渐向互联网运行平台下方深入。

◤ 8.4 云计算

云计算(cloud computing)是分布式计算(distributed computing)、并行计算(parallel computing)和网格计算(grid computing)的发展,或者说是这些计算机科学概念的商业实现。云计算通过共享基础资源(硬件、平台、软件)的方法,将巨大的系统池连接在一起以提供各种 IT 服务,这样企业与个人用户无须再投入昂贵的硬件购置成本,只需要通过互联网来租赁计算力等资源。用户可以在多种场合,利用各类终端,通过互联网接入云计算平台来共享资源。

云计算由于具有强大的处理能力、存储能力、带宽和极高的性价比,可以有效用于物联网应用和业务,也是应用层能提供众多服务的基础。它可以为各种不同的物联网应用提供统一的服务交付平台,可以为物联网应用提供海量的计算和存储资源,还可以提供统一的数据存储格式和数据处理方法。利用云计算大大简化了应用的交付过程,降低了交付成本,并

能提高处理效率。同时,物联网也将成为云计算最大的用户,促使云计算取得更大的商业成功。

8.4.1 云计算概述

一、云计算定义

云计算一般有狭义和广义之分。

1. 狭义云计算

狭义云计算指 IT 基础设施的交付和使用模式,通过网络以按需、易扩展的方式获得所需的资源(硬件、平台、软件)。提供资源的网络被称为"云"。"云"中的资源在使用者看来是可以无限扩展的,并且可以随时获取、按需使用、随时扩展、按使用付费。这种特性经常被称为像水电一样使用的 IT 基础设施。

2. 广义云计算

广义云计算指服务的交付和使用模式,通过网络以按需、易扩展的方式获得所需的服务。这种服务可以是 IT 和软件、互联网相关的,也可以使用任意其他的服务。

云计算的"云"就是存在于互联网上的服务器集群上的资源,它包括硬件资源(网络设施、服务器、存储器、CPU 等)、通信资源(网络带宽等)和软件资源(应用软件、集成开发环境等)。

通过上述对云计算的描述,我们明白用户所需的应用程序并不需要运行在用户的个人电脑、手机等终端设备上,而是运行在互联网的大规模服务器集群中。用户所处理的数据也并不存储在本地,而是保存在互联网的数据中心里面。这些数据中心正常运转的管理和维护则由提供云计算服务的企业负责,并由它们保证足够强的计算能力和足够大的存储空间来供用户使用。在任何时间和任何地点,用户都可以任意连接至互联网的终端设备。因此,无论是企业还是个人,都能在云上实现随需随用。同时,用户终端的功能将会被大大简化,而诸多复杂的功能都将转移到终端背后的网络上去完成。

二、云计算特点

云计算与传统的单机和网络应用模式相比,具有如下特点。

1. 虚拟化技术

这是云计算最强调的特点,包括资源虚拟化和应用虚拟化。每一个应用部署的环境和物理平台是没有关系的。通过对虚拟平台的管理达到对应用进行扩展、迁移、备份的目的,操作均通过虚拟化层次完成。

2. 动态可扩展

通过动态扩展虚拟化的层次达到对应用进行扩展的目的。可以实时将服务器加入到现有的服务器机群中,增加"云"的计算能力。

3. 按需部署

用户运行不同的应用需要不同的资源和计算能力。云计算平台可以按照用户的需求部署资源和计算能力。

4. 高灵活性

现在大部分的软件和硬件都对虚拟化有一定支持,各种 IT 资源,例如,软件、硬件、操作系统、存储网络等所有要素通过虚拟化,放在云计算虚拟资源池中进行统一管理。同时,云计算能够兼容不同硬件厂商的产品,兼容低配置机器和外设而获得高性能的计算能力。

5. 高可靠性

虚拟化技术使得用户的应用和计算分布在不同的物理服务器上面,即使单点服务器崩溃,仍然可以通过动态扩展功能部署新的服务器作为资源和计算能力添加进来,保证应用和计算的正常运转。

6. 高性价比

云计算采用虚拟资源池的方法管理所有资源,对物理资源的要求较低。可以使用廉价的 PC 组成云,而计算性能却可超过大型主机。

7. 超大规模性

"云计算管理系统"具有相当的规模,Google 云计算已经拥有 100 多万台服务器,Amazon、IBM、微软、Yahoo 等的"云"均拥有几十万台服务器。企业私有云一般拥有上千台服务器。"云"能赋予用户前所未有的计算能力。

8.4.2 云计算系统组成

如图 8-6 所示,云计算系统包括专用云、社区云、公用云和混合云等多种形式。每一种形式的云计算均包括:物理资源、虚拟化的资源池、核心中间件以及云计算应用服务。而虚拟化的资源池通过核心中间件以软件即服务(software as a service,SaaS)、平台即服务(platform as a service,PaaS)和基础设施即服务(infrastructure as a service,IaaS)三种模式向各类用户提供各种应用服务。

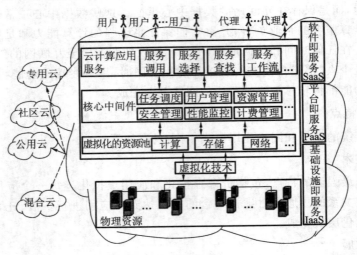

图 8-6　云计算系统框图

一、"云"的形式分类

1. 公用云

公用云由第三方运行,而不同客户提供的应用程序可能会在云的服务器、存储系统和网络上混合在一起。公用云通常在远离客户建筑物的地方托管,而且它们通过提供一种像企业基础设施一样的灵活的扩展,提供一种降低客户风险和成本的方法。

2. 专用云

专用云是为一个客户单独使用而构建的,因而提供对数据、安全性和服务质量的最有效控制。专用云可由公司自己的工厂机构也可由云提供商进行构建。

3. 混合云

混合云把公用云模式与专用云模式结合在一起。混合云有助于提供按需的、外部供应的扩展服务。用公用云的资源扩充专用云的能力可用来在发生工作负荷快速波动时维持服务水平。混合云也可用来处理预期的工作负荷高峰。

4. 社区云

社区云是大的"公用云"范畴内的一个组成部分,是指在一定的地域范围内,由云计算服务提供商统一提供计算资源、网络资源、软件和服务能力所形成的云计算形式。即基于社区内的网络互连优势和技术易于整合等特点,通过对区域内各种计算能力进行统一服务形式的整合,结合社区内的用户需求共性,实现面向区域用户需求的云计算服务模式。社区云算是公用云中的一朵"云"。

二、"云计算"的服务模式

云计算以三个模式提供服务:软件即服务(software as a service,SaaS)、平台即服务(platform as a service,PaaS)以及基础设施即服务(infrastructure as a service,IaaS)。

1. 软件即服务 (SaaS)

SaaS 提供商将应用软件统一部署在自己的服务器上,该软件的单个实例运行于云上,并为多个最终用户或客户机构提供服务。

用户根据需求通过互联网向厂商订购应用软件服务,服务提供商根据客户所定软件的数量、时间的长短等因素收费,并且通过浏览器向客户提供软件的模式。这种服务模式的优势是,由服务提供商维护和管理软件,提供软件运行的硬件设施,用户只需拥有能够接入互联网的终端,即可随时随地使用软件。这种模式下,客户不再像传统模式那样花费大量资金在硬件、软件、维护人员上,只需要支出一定的租赁服务费用,通过互联网就可以享受到相应的硬件、软件和维护服务,这是网络应用最具效益的营运模式。对于小型企业来说,SaaS 是采用先进技术的最好途径。

以企业管理软件来说,SaaS 模式的云计算 ERP 可以让客户根据并发用户数量、所用功能多少、数据存储容量、使用时间长短等因素不同组合按需支付服务费用,既不用支付软件许可费用,也不需要支付采购服务器等硬件设备费用,更不需要支付购买操作系统、数据库等平台软件费用,也不用承担软件项目定制、开发、实施费用,还不需要承担 IT 维护部门开支费用,实际上云计算 ERP 正是继承了开源 ERP 免许可费用只收服务费用的最重要特征,是突出了服务特性的 ERP 产品。

2. 平台即服务(PaaS)

PaaS 把开发环境作为一种服务来提供,是一种分布式平台服务。厂商提供开发环境、服务器平台、硬件资源等服务给客户,用户在其平台基础上定制开发自己的应用程序并通过其服务器和互联网传递给其他客户。

PaaS 能够给企业或个人提供研发的中间件平台,提供应用程序开发、数据库、应用服务器、试验、托管及应用服务。

从服务生产商或消费者的观点看,关于 PaaS 的观点至少有以下两种。

(1)生产 PaaS 的某个人可能会通过将操作系统、中间件、应用软件甚至开发环境集成为一个平台,然后将这个平台作为服务向客户提供。

(2)使用 PaaS 的人会看到一个封装式服务,该服务是通过 API 提供给用户的。客户通过 API 与该平台互动,而且该平台执行一切必要的操作来管理和扩展其本身,以提供规定的服务。

3. 基础设施即服务(IaaS)

IaaS 即通过网络作为标准化服务提供基本存储和计算能力。把 IaaS 提供商的服务器、存储系统、交换机、路由器和其他系统组成一个虚拟的资源池为整个业界提供所需要的存储资源和虚拟化服务器等服务。这是一种托管型硬件方式,用户付费使用厂商的硬件设施。例如 Amazon Web 服务(AWS)、IBM 的 BlueCloud 等均是将基础设施作为服务出租。

IaaS 的优点是用户按需租用相应的计算能力和存储能力,大大降低了用户在硬件上的开销。

8.4.3　主要的云计算系统

云计算一经提出便受到了产业界和学术界的广泛关注,目前国外已经有多个云计算的科学研究项目,最有名是 Scientific Cloud 和 Open Nebula 项目。产业界也在投入巨资部署各自的云计算系统,目前主要的参与者有 Google、IBM、Microsoft、Amazon 等。国内关于云计算的研究刚刚起步,并于 2007 年启动了国家"973"重点科研项目"计算系统虚拟化基础理论与方法研究",取得了阶段性成果。下面讨论几个最具代表性的研究计划。

一、Google 的云计算平台

Google 有天然的硬件条件优势,大型的数据中心、搜索引擎的支柱应用,促进 Google 云计算迅速发展。Google 的云计算主要由 MapReduce、Google 文件系统(GFS)、BigTable 组成。它们是 Google 内部云计算基础平台的 3 个主要部分。Google 还构建了其他云计算组件,包括一种领域特定描述语言以及分布式锁服务机制等。Sawzall 是一种建立在 MapReduce 基础上的领域特定语言,专门用于大规模的信息处理。Chubby 是一个高可用、分布式数据锁服务,当有机器失效时,Chubby 可使用 Paxos 算法来进行备份。

从 Google 的整体的技术构架来看,Google 云计算系统依然是边做科学研究,边进行商业部署,依靠系统冗余和良好的软件构架来支撑庞大的系统运作。

Google 在应对互联网海量数据处理的压力下,充分借鉴了大量的开源代码,大量借鉴了其他研究机构和专家的思路,走了一条差异化的技术道路,构架自己的有创新性的云计算平台。

从 Google 这样的互联网企业可以看到,基于 Linux 系统的开源代码的方式,让企业不受商业软件系统的限制,可以自主进行二次、定制开发。而这种能充分利用社会资源,并根据自己的能力进行定制化的系统设计最终将会成为互联网企业之间的核心竞争力。

二、IBM"蓝云"计算平台

"蓝云"解决方案是由 IBM 云计算中心开发的企业级云计算解决方案。该解决方案可以对企业现有的基础架构进行整合,通过虚拟化技术和自动化技术,构建企业自己的云计算中心,实现企业硬件资源和软件资源的统一管理、统一分配、统一部署、统一监控和统一备份,打破应用对资源的独占,从而帮助企业实现云计算理念。

IBM 的"蓝云"计算平台是一套软、硬件平台,将因特网上使用的技术扩展到企业平台上,使得数据中心使用类似于互联网的计算环境。"蓝云"大量使用了 IBM 先进的大规模计算技术,结合了 IBM 自身的软、硬件系统以及服务技术,支持开放标准与开放源代码软件。

"蓝云"基于 IBM Almaden 研究中心的云基础架构,采用了 Xen 和 PowerVM 虚拟化软件、Linux 操作系统映像以及 Hadoop 软件。IBM 已经正式推出了基于 x86 芯片服务器系统的"蓝云"产品。

"蓝云"计算平台由一个数据中心、IBM Tivoli 部署管理软件（Tivoli provisioning manager）、IBM Tivoli 监控软件（Tivoli monitoring）、IBM WebSphere 应用服务器、IBM DB2 数据库以及一些开源信息处理软件和开源虚拟化软件共同组成。"蓝云"的硬件平台环境与一般的 x86 服务器集群类似，使用刀片的方式增加了计算密度。"蓝云"软件平台的特点主要体现在虚拟机以及对于大规模数据处理软件 Apache Hadoop 的使用上。

"蓝云"计算平台中的存储体系结构："蓝云"计算平台中的存储体系结构对于云计算来说也是非常重要的，无论是操作系统、服务程序还是用户的应用程序的数据都保存在存储体系中。"蓝云"存储体系结构包含类似于 Google File System 的集群文件系统以及基于块设备方式的存储区域网络。

在设计云计算平台的存储体系结构时，可以通过组合多个磁盘获得很大的磁盘容量。相对于磁盘的容量，在云计算平台的存储中，磁盘数据的读写速度是一个更重要的问题，因此需要对多个磁盘进行同时读写。这种方式要求将数据分配到多个节点的多个磁盘当中。为达到这一目的，存储技术有两个选择：一个是使用类似于 Google File System 的集群文件系统；另一个是基于块设备的存储区域网络系统。

在"蓝云"计算平台上，存储区域网络系统与分布式文件系统（例如 Google File System）并不是相互对立的系统，存储区域网络系统提供的是块设备接口，需要在此基础上构建文件系统，才能被上层应用程序所使用。而 Google File System 正好是一个分布式的文件系统，能够建立在存储区域网络系统之上。

三、Amazon 的弹性计算云

Amazon 是互联网上最大的在线零售商，为了应付交易高峰，不得不购买了大量的服务器。而在大多数时间，大部分服务器闲置，造成了很大的浪费，为了合理利用空闲服务器，Amazon 建立了自己的云计算平台——弹性计算云 EC2（elastic compute cloud），它是第一家将基础设施作为服务出售的公司。

Amazon 将自己的弹性计算云建立在公司内部的大规模集群计算的平台上，而用户可以通过弹性计算云的网络界面去操作在云计算平台上运行的各个实例（instance）。用户使用实例的付费方式由用户的使用状况决定，即用户只需为自己所使用的计算平台实例付费，运行结束后计费也随之结束。这里所说的实例即是由用户控制的完整的虚拟机运行实例。通过这种方式，用户不必自己去建立云计算平台，节省了设备与维护费用。

弹性计算云用户使用客户端通过 SOAP over HTTPS 协议与 Amazon 弹性计算云内部的实例进行交互。这样，弹性计算云平台为用户或者开发人员提供了一个虚拟的集群环境，在用户具有充分灵活性的同时，也减轻了云计算平台拥有者（Amazon 公司）的管理负担。弹性计算云中的每一个实例代表一个运行中的虚拟机。用户对自己的虚拟机具有完整的访问权限，包括针对此虚拟机操作系统的管理员权限。虚拟机的收费也是根据虚拟机的能力进行费用计算的，实际上，用户租用的是虚拟的计算能力。

Amazon 通过提供弹性计算云，满足了小规模软件开发人员对集群系统的需求，减小了维护负担。其收费方式相对简单：用户使用多少资源，只需为这一部分资源付费即可。

为了弹性计算云的进一步发展，Amazon 规划了如何在云计算平台基础上帮助用户开发网络化的应用程序。除了网络零售业务以外，云计算也是 Amazon 公司的核心价值所在。

Amazon 将来会在弹性计算云的平台基础上添加更多的网络服务组件模块，为用户构建云计算应用提供方便。

四、微软 Azure Services Platfotm

微软公司于 2008 年微软开发者大会上发布的全新的云计算平台，基于微软数据中心 PaaS 平台，主要向开发人员提供了一个在线的基于 Windows 系列产品的开发、储存和服务代管等服务的环境。

Windows Azure 平台是一个建构在微软数据中心内，提供云计算的应用程序平台，其构成包含操作系统（Windows Azure）、数据库服务（SQL Azure），以及横跨不同程序语言的网页应用服务，为应用程序提供安全强化的联机能力与联合访问控制。Windows Azure 是一套云端服务操作系统，作为 Windows Azure 平台的开发、服务代管及服务管理环境。透过微软数据中心的 Windows Azure 系统可提供开发人员随选运算及储存，用来装载、延展及管理因特网上的 Web 应用程序、云端应用程序和因特网服务。

SQL Azure Microsoft SQL Azure 将 Microsoft SQL Server 的功能延伸至云端上成为 Web 型分布式关系数据库。它提供关系型查询、搜寻及与行动使用者、远程办公室与商业伙伴数据同步等 Web 服务。它可以让你储存并撷取结构化、半结构化与非结构化数据。目前 Azure 推出了 5 项托管服务，包括 NET 应用服务、SQL 服务、SharePoint 服务、Dynamics CRM 服务，以及 LIve 服务等。

（1）NET 最初被命名为 BizTalk 服务，包括 NET 应用服务，它由访问控制、服务总线和工作站 3 个模块组成。NET 服务提供了一个基础架构，是用户可以不必一遍一遍开发重复的功能和基础设施来构建基于 Internet 的分布式应用，就可以初步实现 Internet 服务总线的一些功能。

（2）SQL 是一个云计算平台上的数据库，构建在企业级的 SQL Sever 数据库和 Windows 服务器上。SQL 服务提供了一系列丰富的集成服务，可以对数据进行查询、搜索、同步、报告和分析之类的操作。数据可以存储在各种设备上，从数据中心最大的服务器一直到桌面计算机和移动设备，用户可以控制数据而不用管数据在哪里。另外，SQL 服务可以为程序提供高级别的安全性、可靠性和伸缩性，减少管理和开发应用程序的时间和成本。

（3）SharePoint 提供协作服务。通过使用协作特性，组织内的用户可以轻松创建、管理和构建他们的协作 Web 站点，并让这些站点为整个组织所使用，通过这种协作和快速开发的服务建立更强的客户关系。

（4）Dynamics CRM 是一个完全集成的客户关系管理系统，提供类似 Saleforce 的应用级的服务，用户可以从第一次接触客户开始，在整个购买和售后流程中创建并维护清晰明了的客户数据；可以强化和改进公司的销售、营销和客户服务流程，提供快速、灵活且经济实惠的解决方案；开可以帮助用户在日常业务处理过程中获得持续和显著的改进。

（5）Live 以客户为中心，提供诸如联系人信息、博客和图片等服务。微软将 Windows Live 的很多功能和资源，通过 Live 服务封装以后提供给软件厂商和开发人员使用。通过 Live 服务，可以存储和管理 Windows Live 用户的信息和联系人，将 Live Mesh 中的文件和应用同步到用户的不同设备上去。

五、SAP 公司云技术

SAP 创立于 1972 年，是全球商业软件市场的领导厂商。

SAP Business ByDesign 是 2007 年 9 月 19 号在美国发布的，是由 SAP 全新开发的针对

中小型企业(SME)的商务套件,产品包括 CRM,SCM,SRM,Finance,HCM 五个核心模块,涵盖上接供应商、内连企业内部、下接客户的整套解决方案。

SAP Business ByDesign 是 SAP 第一个推出的涵盖了整个企业的端到端的流程的 SaaS 产品,即由 SAP 提供 hosting,为客户提供软件租用服务的方式。SAP Business ByDesign 的目标是希望实现可获利发展的,并且规模在 100～500 名员工的中小企业。SAP Business ByDesign 向客户提供了完善,适用性强的按需配置业务解决方案。企业可以通过它精简并优化各业务领域。使用此解决方案,您可全面了解和掌控所有业务运营,立即发现问题和机会,并迅速做出响应。该解决方案极具适应性,可帮助您在最短的时间内,以最小的投入和最低的成本满足新的业务需求。使用 SAP Business ByDesign,您可让 SAP 替您管理软件。因此,您可确信企业将以最低总购置成本成功部署,且整体运营极具可预测性。

2010 年 5 月上旬,SAP 宣布斥资 58 亿美元收购 Sybase,开启了向移动互联的转型之路,将未来的大赌注压在了移动商业应用领域。SAP 同时宣布了其 SAAS 向云计算转型的战略。SAP 联席 CEO 施杰翰强调,在云应用将更加普及的时代,SAP 的方案可以通过企业预置、按需随选和移动应用三种方式,为用户灵活实施,另一位联席 CEO 孟鼎铭勾勒出了 SAP 产品应用的三大目标—— 实时、移动和可持续,SAP 的内存计算技术改变了游戏规则,可以满足数以亿计的联通设备日益膨胀的数据量处理需求。

2010 年 6 月,通过在虚拟化计算环境当中的相互协作,并利用集成的 Vblock 基础架构组合包(Vblock Infrastructure Package),SAP 与思科、EMC 和 VMware 联手合作,共同进行了大范围的持续创新,旨在充分发掘普遍虚拟化能给客户带来的最大益处,推动"私有云计算"的加速发展。

8.4.4 云计算与物联网

物联网与云计算是近年来兴起的两个不同的概念。它们互不隶属,但它们之间却有着千丝万缕的联系。物联网与云计算都是基于互联网的,可以说互联网就是它们相互连接的一个纽带。人类是从对信息积累搜索的互联网方式逐步地向对信息智能判断的物联网方式前进。而且这样的信息智能化是结合不同的信息载体进行的。互联网教会人们怎么看信息,物联网则教会人们怎么用信息,更具智慧性是物联网的特点。由于把信息的载体扩充到"物",因此,物联网必然是一个大规模的信息计算系统。

物联网是互联网通过传感网络向物理世界的延伸,它的最终目标就是对物理世界进行智能化管理。物联网的这一使命,也决定了它必然要由一个大规模的计算平台作为支撑。

由于云计算从本质上来说就是一个用于海量数据处理的计算平台,因此,云计算技术是物联网涵盖的技术范畴之一。随着物联网的发展,未来物联网将势必产生海量数据,而传统的硬件架构服务器将很难满足数据管理和处理要求。如果将云计算运用到物联网的传输层与应用层,采用云计算的物联网,将会在很大程度上提高运行效率。

一、物联网的日趋规模化是两者结合的基础

物联网与云计算的结合存在着很多可能性,随着当今世界物联网的规模化发展,使云计算服务物联网更加成为可能。

物联网运营平台需要支持通过无线或有线网络采集传感网络节点上的物品感知信息,进行格式转换、保存和分析计算。相比互联网相对静态的数据,在物联网环境下,将更多地涉及基于时间和空间特征、动态的超大规模数据计算。如果物联网的规模达到足够大,就有

必要和云计算结合起来，比如行业应用：智能电网、地震台网监测、物流管理、动植物研究、智能交通、电力管理等方面就非常适合通过云计算的服务平台，通过物联网的技术支撑，从而让其更好地为人类服务。而对一般性的、局域的、家庭网的物联网应用，则没有必要结合云计算。

二、云计算的实用技术是两者结合的实现条件

要实现云计算对物联网的服务支撑，云计算的关键技术对其有很大程度的影响。具体来说，云计算的超大规模、虚拟化、多用户、高可靠性、高可扩展性等特点正是物联网规模化、智能化发展所需的技术。

虚拟化技术也是云计算的基础。为了提供"按需使用，按使用付费"的服务模式，云计算供应商必须利用虚拟化技术。实现了 IT 虚拟化，能真正实现资源共享和 IT 服务能力的按需提供，这其中关键技术就涉及服务器虚拟化、网络虚拟化和存储虚拟化，当然如果能够将服务器、网络和存储进行融合，让服务器与网络之间，网络与存储之间也能够达到资源共享的虚拟化，这将会在计算能力的有效利用、服务能力的错峰处理等方面更具有吸引力。

在未来物联网中，每个物体都会有一个标识，分配一个 IP 地址，进而接入网络。数十亿甚至数百亿的传感网络节点需要进行配置、管理和监控，这就需要物联网运营平台具备节点参数配置、节点状态监测、节点远程唤醒/激活/控制、节点故障告警、节点按需接入、节点软件升级、节点网络拓扑展现等功能。要实现这些功能，要求计算平台必须高度可靠，又要易于扩展。而云计算使用了数据多副本容错、计算节点同构可互换等措施来保障服务的高可靠性，使用云计算比使用本地计算机更加可靠；另外，云计算的规模可以动态伸缩，满足应用和用户规模增长的需要。这使得云计算为物联网提供支撑服务进一步成为可能。

三、两者结合的方式

1. 结合架构

物联网在运营过程中呈现出诸多云计算特征，如对资源的大规模和海量需求、资源负载变化大、以服务方式提供计算能力等，从而适合采用云计算技术建立物联网运营平台，其体系架构主要由云基础设施、云平台、云应用和云管理 4 部分组成。

（1）云基础设施是指通过物理资源虚拟化技术，使得平台上运行的不同行业应用以及同一行业应用的不同客户间的资源（存储、ＣＰＵ 等）实现共享，并提供资源需求的弹性伸缩；通过服务器集群技术，将一组服务器关联起来，使其在外界看起来如同一台服务器，从而改善平台的整体性能。

（2）云平台是物联网运营平台的核心，实现网络节点的配置和控制、信息的采集和计算。可以采用分布式存储、分布式计算技术实现对海量数据的分析处理，以满足大数据量且实时性要求非常高的数据处理要求。

（3）云应用用于实现行业应用的业务流程，可以作为物联网运营平台的一部分，也可以集成第三方行业应用，但在技术上应通过应用虚拟化技术，让一个物联网行业应用的多个不同租户共享存储、计算能力等资源，提高资源利用率，降低运营成本，在共享资源的同时又相互隔离，保证了用户数据的安全性。

（4）云管理采用了弹性资源伸缩机制，用户占用的电信运营商资源随时间在不断变化，需要平台提供按需计费的支持能力。

2. 结合方式

云计算与物联网各自具备很多优势，如果把云计算与物联网结合起来，可以认为云计算

相当于一个人的大脑,而物联网就是其眼睛、鼻子、耳朵和四肢等。云计算与物联网的结合可以采用以下几种模式。

(1)单中心/多终端模式。

此类模式分布在范围较小的各物联网终端(传感器、摄像头或4G手机等),把云中心或部分云中心作为数据处理中心,终端获得的信息、数据由云中心统一进行处理及存储,云中心提供统一界面给使用者操作或者查看。这类应用非常多,如小区及家庭的监控、对某一高速路段的监测、幼儿园小朋友监管以及某些公共设施的保护等。

(2)多中心/大量终端模式。对于很多区域跨度较大的企业而言,该模式较适合。如一个跨多地区或者多国家的企业,因其分公司较多,要对其各公司或工厂的生产流程进行监控、对相关的产品进行质量跟踪等。

(3)信息、应用分层处理/海量终端模式。这种模式可以针对用户范围广、信息及数据种类多、安全性要求高等特征打造。当前,客户对各种海量数据的处理需求越来越多,根据客户需求及云中心的分布进行合理的资源分配。

3. 结合价值

有人认为云计算是下一代互联网,也有人认为物联网是下一代互联网,其实,云计算和物联网都是下一代互联网的支撑和补充。在可预测的未来,物联网和互联网将长期共存,相互促进,共同发展,最终也许会走向基于普适计算的泛在网。泛在网是网络发展的高级形态,物联网和互联网的有效结合几乎就等于泛在网。现在,每一个人都能从互联网平台中找到自己所需要的东西,与互联网一样,物联网的世界也一定会应用无时不有,价值无所不在。

云计算作为一种新的网络基础设施交付和使用模式,将在一定程度上改变传统思维,促进物联网和互联网更好地发展。云计算让人们更直观地理解物联网和互联网,提供了更多的服务和机遇。云计算和物联网作为实现泛在网的支持技术和必经阶段,具有十分重要的发展价值。

 8.5 嵌入式技术

8.5.1 嵌入式系统概述

一、嵌入式系统定义与特点

根据IEEE(电气和电子工程师协会)的定义,嵌入式系统是"控制、监视或者辅助装置、机器和设备运行的装置"。从中可以看出嵌入式系统是软件和硬件的综合体,还可以涵盖机械等附属装置。

对于嵌入式系统,目前国内一个普遍被认同的定义是:以应用为中心,以计算机技术为基础,软件硬件可裁剪,适应应用系统对功能、可靠性、成本、体积、功耗严格要求的专用计算机系统。

嵌入式系统一般由嵌入式微处理器、外围硬件设备、嵌入式操作系统以及用户的应用程序等四个部分组成,用于实现对其他设备的控制、监视或管理等功能。

嵌入式系统一般指非PC系统,它包括硬件和软件两部分。硬件包括处理器/微处理器、存储器及外设器件和I/O端口、图形控制器等;软件部分包括操作系统软件(要求实时和多任务操作)和应用程序编程。

嵌入式计算机系统与通用型计算机系统相比具有以下特点。

（1）系统内核小。由于嵌入式系统一般是应用于小型电子装置的，系统资源相对有限，所以内核较之传统的操作系统要小得多。比如 Enea 公司的 OSE 分布式系统，内核只有 5K。

（2）专用性强。嵌入式系统的个性化很强，其中的软件系统和硬件的结合非常紧密，一般要针对硬件进行系统的移植，即使在同一品牌、同一系列的产品中也需要根据系统硬件的变化和增减不断进行修改。同时针对不同的任务，往往需要对系统进行较大更改，程序的编译下载要和系统相结合，这种修改和通用软件的"升级"完全是两个概念。

（3）系统精简。嵌入式系统一般没有系统软件和应用软件的明显区分，不要求其功能设计及实现上过于复杂，这样一方面有利于控制系统成本，同时也有利于实现系统安全。

（4）高实时性的系统软件（OS）是嵌入式软件的基本要求，而且软件要求固态存储，以提高速度；软件代码要求高质量和高可靠性。

（5）嵌入式软件开发想要走向标准化，就必须使用多任务的操作系统。嵌入式系统的应用程序可以没有操作系统直接在芯片上运行，但是为了合理地调度多任务，利用系统资源、系统函数以及和专家库函数接口，用户必须自行选配实时操作系统（real-time operating system，RTOS）开发平台，这样才能保证程序执行的实时性、可靠性，并减少开发时间，保障软件质量。

（6）嵌入式系统开发需要开发工具和环境。由于其本身不具备开发能力，即使设计完成以后用户通常也不能对其中的程序功能进行修改，必须有一套开发工具和环境才能进行开发，这些工具和环境一般是基于通用计算机上的软硬件设备以及各种逻辑分析仪、混合信号示波器等。开发时往往有主机和目标机的概念，主机用于程序的开发，目标机作为最后的执行机，开发时需要交替结合进行。

二、嵌入式系统发展历程及趋势

1. 发展历程

虽然嵌入式系统是近几年才流行起来的，但是这个概念并非最近才出现。从 20 世纪 70 年代单片机的出现到今天各式各样的嵌入式微处理器、微控制器的大规模应用，嵌入式系统已经有了近 30 年的发展历史。

作为一个系统，往往是在硬件和软件交替发展的双螺旋的支撑下逐渐趋于稳定和成熟的，嵌入式系统也不例外。

嵌入式系统的出现最初是基于单片机的。20 世纪 70 年代单片机的出现，使得汽车、家电、工业机器、通信装置以及成千上万种产品可以通过内嵌电子装置来获得更佳的使用性能：更容易使用、更快、更便宜。这些装置已经初步具备了嵌入式的应用特点，但是这时的应用只是使用 8 位的芯片，执行一些单线程的程序，还谈不上"系统"的概念。

最早的单片机是 Intel 公司的 8048，它出现在 1976 年。Motorola 同时推出了 68HC05，Zilog 公司推出了 Z80 系列，这些早期的单片机均含有 256 字节的 RAM、4K 的 ROM、4 个 8 位并口、1 个全双工串行口、两个 16 位定时器。之后在 20 世纪 80 年代初，Intel 又进一步完善了 8048，在它的基础上研制成功了 8051，这在单片机的历史上是值得纪念的一页，迄今为止，51 系列的单片机仍然是最为成功的单片机，在各种产品中有着非常广泛的应用。

从 20 世纪 80 年代早期开始，嵌入式系统的程序员开始用商业级的"操作系统"编写嵌入式应用软件，这使得可以获取更短的开发周期、更低的开发资金和更高的开发效率，"嵌入式系统"真正出现了。确切来说,这个时候的操作系统是一个实时核,这个实时核包含了许多传统操作系统的特征,包括任务管理、任务间通信、同步与相互排斥、中断支持、内存管理等功能。

其中比较著名的嵌入式系统有 Ready System 公司的 VRTX、Integrated System Incorporation (ISI)的 PSOS 和 IMG 的 VxWorks、QNX 公司的 QNX 等。这些嵌入式操作系统都具有嵌入式的典型特点:它们均采用占先式的调度,响应的时间很短,任务执行的时间可以确定;系统内核很小,具有可裁剪性、可扩充性和可移植性,可以移植到各种处理器上;具有较强的实时性和可靠性,适合嵌入式应用。这些嵌入式操作系统的出现,使得应用开发人员得以从小范围的开发中解放出来,同时也促使嵌入式系统有了更为广阔的应用空间。

20 世纪 90 年代以后,随着对实时性要求的提高,软件规模不断上升,实时核逐渐发展为实时多任务操作系统(RTOS),并作为一种软件平台逐步成为目前国际嵌入式系统的主流。这时更多的公司看到了嵌入式系统的广阔发展前景,开始大力发展自己的嵌入式操作系统。除了上面的几家老牌公司以外,还出现了 Palm OS、WinCE、嵌入式 Linux、Lynx、Nucleux,以及国内的 Hopen、Delta Os 等嵌入式操作系统。随着嵌入式技术的发展前景日益广阔,相信会有更多的嵌入式操作系统出现。

2. 发展趋势

信息时代、数字时代使得嵌入式产品获得了巨大的发展契机,为嵌入式市场展现了美好的前景,同时也对嵌入式生产厂商提出了新的挑战,从中我们可以看出未来嵌入式系统的几大发展趋势。

(1)嵌入式开发是一项系统工程,因此要求嵌入式系统厂商不仅要提供嵌入式软硬件系统本身,同时还需要提供强大的硬件开发工具和软件包支持。

目前很多厂商已经充分考虑到这一点,在主推系统的同时,将开发环境也作为重点推广项目。比如三星在推广 Arm7、Arm9 芯片的同时还提供开发板和支持包,而 Window CE 在主推系统时也提供 Embedded VC++作为开发工具,还有 VxWorks 的 Tonado 开发环境,Delta OS 的 Limda 编译环境等都是这一趋势的典型体现。当然,这也是市场竞争的结果。

(2)网络化、信息化的要求随着因特网技术的成熟、带宽的提高日益提高,使得以往的设备如电话、手机、冰箱、微波炉等的功能不再单一,结构更加复杂。

这就要求芯片设计厂商在芯片上集成更多的功能,为了满足应用功能的升级,设计师们一方面采用更强大的嵌入式处理器如 32 位、64 位 RISC 芯片或信号处理器 DSP 来增强处理能力,同时增加了功能接口,如 USB 接口;扩展总线类型,如 CAN BUS,加强对多媒体、图形等的处理,逐步实施片上系统(SOC)的概念。软件方面采用实时多任务编程技术和交叉开发工具技术来控制功能复杂性,简化应用程序设计,保障软件质量和缩短开发周期。

(3)网络互联成为必然趋势。

未来的嵌入式设备为了适应网络发展的要求,必然要求硬件上提供各种网络通信接口。传统的单片机对于网络支持不足,而新一代的嵌入式处理器已经开始内嵌网络接口,除了支持 TCP/IP 协议,还有的支持 IEEE1394、USB、CAN、Bluetooth 或 IrDA 通信接口中的一种或者几种,同时也需要提供相应的通信组网协议软件和物理层驱动软件。软件方面系统内核支持网络模块,甚至可以在设备上嵌入 Web 浏览器,真正实现随时随地用各种设备上网。

(4)精简系统内核、算法,降低功耗和软硬件成本。

未来的嵌入式产品是软硬件紧密结合的设备,为了减低功耗和成本,需要设计者尽量精简系统内核,只保留和系统功能紧密相关的软硬件,利用最低的资源实现最适当的功能,这就要求设计者选用最佳的编程模型和不断改进算法,优化编译器性能。因此,既要软件人员有丰富的硬件知识,又需要发展先进的嵌入式软件技术,如 Java、Web 和 WAP 等。

(5)提供友好的多媒体人机界面。

嵌入式设备能与用户亲密接触,最重要的因素就是它能提供非常友好的用户界面。它的图像界面,灵活的控制方式,使得人们感觉嵌入式设备就像是一个熟悉的老朋友。这方面的要求使得嵌入式软件设计者要在图形界面及多媒体技术上有所突破。手写文字输入、语音拨号上网、收发电子邮件以及接收彩色图形、图像都会让使用者获得自由的感受。目前一些先进的 PDA 在显示屏幕上已实现汉字写入、短消息语音发布等功能,但一般的嵌入式设备距离这个要求还有很长的路要走。

8.5.2　嵌入式系统组成

嵌入式系统是具有应用针对性的专用计算机系统,应用时作为一个固定的组成部分"嵌入"在应用对象中。每个嵌入式系统都是针对特定应用定制的,所以彼此间在功能、性能、体系结构、外观等方面可能存在很大的差异,但从计算机原理的角度看,嵌入式系统包括硬件和软件两个组成部分。

图 8-7 所示为一个典型的嵌入式系统组成,实际系统中可能并不包括所有的组成部分。嵌入式系统硬件部分以嵌入式处理器为核心,扩展存储器及外部设备控制器。在某些应用中,为提高系统性能,还可能为处理器扩展 DSP(digital signal processor)或 FPGA(field-programmable gate array)等作为协处理器,实现视频编码、语音编码及其他数字信号处理等功能。在一些 SOC(system on chip)中,将 DSP 或 FPGA 与处理器集成在一个芯片内,降低系统成本、缩小电路板面积、提高系统可靠性。嵌入式系统软件部分,驱动层向下管理硬件资源,向上为操作系统提供一个抽象的虚拟硬件平台,是操作系统支持多硬件平台的关键。在嵌入式系统软件开发过程中,用户的主要精力一般做在用户应用程序和设备驱动程序开发上。

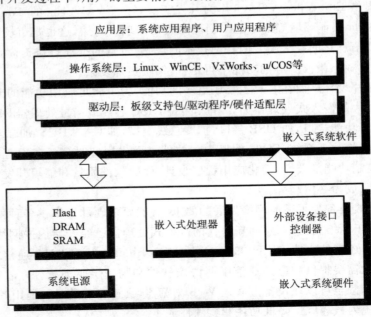

图 8-7　嵌入式系统组成框图

一、嵌入式系统硬件层

硬件中包含嵌入式微处理器、存储器（SDRAM、ROM、Flash等）、通用设备接口和I/O接口（A/D、D/A、I/O等）。在一片嵌入式处理器基础上添加电源电路、时钟电路和存储器电路，就构成了一个嵌入式核心控制模块。其中操作系统和应用程序都可以固化在ROM中。

1. 嵌入式微处理器

嵌入式系统硬件层的核心是嵌入式微处理器，嵌入式微处理器与通用CPU最大的不同在于嵌入式微处理器大多工作在为特定用户群所专用设计的系统中，它将通用CPU许多由板卡完成的任务集成在芯片内部，从而有利于嵌入式系统在设计时趋于小型化，同时还具有很高的效率和可靠性。

嵌入式微处理器的体系结构可以采用冯·诺依曼体系或哈佛体系结构；指令系统可以选用精简指令系统（reduced instruction set computer, RISC）和复杂指令系统CISC（complex instruction set computer, CISC）。RISC计算机在通道中只包含最有用的指令，确保数据通道快速执行每一条指令，从而提高了执行效率并使CPU硬件结构设计变得更为简单。

嵌入式微处理器有各种不同的体系，即使在同一体系中也可能具有不同的时钟频率和数据总线宽度，或集成了不同的外设和接口。据不完全统计，目前全世界嵌入式微处理器已经超过1000多种，体系结构有30多个系列，其中主流的体系有ARM、MIPS、PowerPC、X86和SH等。但与全球PC市场不同的是，没有一种嵌入式微处理器可以主导市场，仅以32位的产品而言，就有100种以上的嵌入式微处理器。嵌入式微处理器的选择是根据具体的应用而决定的。

2. 存储器

嵌入式系统需要存储器来存放和执行代码。嵌入式系统的存储器包含Cache、主存和辅助存储器。

1）Cache

Cache是一种容量小、速度快的存储阵列。它位于主存和嵌入式微处理器内核之间，存放的是最近一段时间微处理器使用最多的程序代码和数据。在需要进行数据读取操作时，微处理器尽可能地从Cache中读取数据，而不是从主存中读取，这样就大大改善了系统的性能，提高了微处理器和主存之间的数据传输速率。Cache的主要目标是：减小存储器（如主存和辅助存储器）给微处理器内核造成的存储器访问瓶颈，使处理速度更快，实时性更强。

在嵌入式系统中Cache全部集成在嵌入式微处理器内，可分为数据Cache、指令Cache或混合Cache，Cache的大小依不同处理器而定。一般中高档的嵌入式微处理器才会把Cache集成进去。

2）主存

主存是嵌入式微处理器能直接访问的寄存器，用来存放系统和用户的程序及数据。它可以位于微处理器的内部或外部，其容量为256KB~1GB，根据具体的应用而定，一般片内存储器容量小，速度快；片外存储器容量大。

常用作主存的存储器如下。ROM类：NOR Flash、EPROM和PROM等；RAM类：SRAM、DRAM和SDRAM等。

其中NOR Flash凭借其可擦写次数多、存储速度快、存储容量大、价格便宜等优点，在嵌入式领域内得到了广泛应用。

3）辅助存储器

辅助存储器用来存放大数据量的程序代码或信息，它的容量大，但读取速度与主存相比就慢很多，用来长期保存用户的信息。

嵌入式系统中常用的外存有：硬盘、NAND Flash、CF 卡、MMC 和 SD 卡等。

3. 通用设备接口和 I/O 接口

嵌入式系统和外界交互需要一定形式的通用设备接口，如 A/D、D/A、I/O 接口等，外设通过和片外其他设备或传感器的连接来实现微处理器的输入/输出功能。每个外设通常都只有单一的功能，它可以在芯片外也可以内置于芯片中。外设的种类很多，可从一个简单的串行通信设备到非常复杂的 802.11 无线设备。

目前嵌入式系统中常用的通用设备接口有 A/D（模/数转换接口）、D/A（数/模转换接口），I/O 接口有 RS-232 接口（串行通信接口）、Ethernet（以太网接口）、USB（通用串行总线接口）、音频接口、VGA 视频输出接口、I^2C（现场总线）、SPI（串行外围设备接口）和 IrDA（红外线接口）等。

二、嵌入式系统驱动层

硬件层与软件层之间为驱动层，也称为硬件抽象层（hardware abstraction layer，HAL）或板级支持包（board support package，BSP），它将系统上层软件与底层硬件分离开来，使系统的底层驱动程序与硬件无关，上层软件开发人员无须关心底层硬件的具体情况，根据 BSP 层提供的接口即可进行开发。该层一般包含相关底层硬件的初始化、数据的输入/输出操作和硬件设备的配置功能。BSP 具有以下两个特点。

硬件相关性：因为嵌入式实时系统的硬件环境具有应用相关性，而作为上层软件与硬件平台之间的接口，BSP 需要为操作系统提供操作和控制具体硬件的方法。

操作系统相关性：不同的操作系统具有各自的软件层次结构，因此，不同的操作系统具有特定的硬件接口形式。

实际上，BSP 是一个介于操作系统和底层硬件之间的软件层次，包括了系统中大部分与硬件联系紧密的软件模块。设计一个完整的 BSP 需要完成两部分工作：嵌入式系统的硬件初始化以及设计硬件相关的设备驱动。

嵌入式系统的硬件初始化过程可以分为 3 个主要环节，按照自底向上、从硬件到软件的次序依次为片级初始化、板级初始化和系统初始化。

1. 片级初始化

完成嵌入式微处理器的初始化，包括设置嵌入式微处理器的核心寄存器和控制寄存器、嵌入式微处理器核心工作模式和嵌入式微处理器的局部总线模式等。片级初始化把嵌入式微处理器从上电时的默认状态逐步设置成系统所要求的工作状态。这是一个纯硬件的初始化过程。

2. 板级初始化

板级初始化是指完成嵌入式微处理器以外的其他硬件设备的初始化。另外，还需设置某些软件的数据结构和参数，为随后的系统初始化和应用程序的运行建立硬件和软件环境。这是一个同时包含软硬件两部分在内的初始化过程。

3. 系统初始化

该初始化过程以软件初始化为主，主要进行操作系统的初始化。BSP 将对嵌入式微处理器的控制权转交给嵌入式操作系统，由操作系统完成余下的初始化操作，包含加载和初始化与硬件无关的设备驱动程序,建立系统内存区,加载并初始化其他系统软件模块,如网络系统、文件系统等。最后,操作系统创建应用程序环境,并将控制权交给应用程序的入口。

BSP 的另一个主要功能是设计硬件相关的设备驱动。硬件相关的设备驱动程序的初始化通常是一个从高到低的过程。尽管 BSP 中包含硬件相关的设备驱动程序,但是这些设备驱动程序通常不直接由 BSP 使用,而是在系统初始化过程中由 BSP 将它们与操作系统中通用的设备驱动程序关联起来,并在随后的应用中由通用的设备驱动程序调用,实现对硬件设备的操作。与硬件相关的驱动程序是 BSP 设计与开发中另一个非常关键的环节。

三、嵌入式系统软件层

嵌入式系统软件层由实时操作系统(real-time operating system,RTOS)、文件系统、图形用户接口(graphic user interface,GUI)、网络系统及通用组件模块组成。RTOS 是嵌入式应用软件的基础和开发平台。

嵌入式操作系统(embedded operating system,EOS)是一种用途广泛的系统软件,过去它主要应用于工业控制和国防系统领域。EOS 负责嵌入系统的全部软、硬件资源的分配、任务调度,控制、协调并发活动。它必须体现其所在系统的特征,能够通过装卸某些模块来达到系统所要求的功能。目前,已推出一些应用比较成功的 EOS 产品系列。随着网络技术的发展、信息家电的普及应用,以及 EOS 的微型化和专业化,EOS 开始从单一的弱功能向高专业化的强功能方向发展。嵌入式操作系统在系统实时高效性、硬件的相关依赖性、软件固化以及应用的专用性等方面具有较为突出的特点。EOS 是相对于一般操作系统而言的,它除具备了一般操作系统最基本的功能,如任务调度、同步机制、中断处理、文件功能等外,还有以下一些特点。

(1)可装卸性。EOS 具有开放、可伸缩的体系结构。

(2)强实时性。EOS 的实时性一般较强,可用于各种设备控制当中。

(3)统一的接口。提供各种设备驱动接口。

(4)操作方便、简单,提供友好的图形用户界面,易学易用。

(5)提供强大的网络功能,支持 TCP 协议及其他协议,提供 TCP/UDP/IP/PPP 协议支持及统一的 MAC 访问层接口,为各种移动计算设备预留接口。

(6)强稳定性,弱交互性。嵌入式系统一旦开始运行就不需要用户过多干预,这就要求负责系统管理的 EOS 具有较强的稳定性。嵌入式操作系统的用户接口一般不提供操作命令,它通过系统调用命令向用户程序提供服务。

(7)固化代码。在嵌入系统中,嵌入式操作系统和应用软件被固化在嵌入式系统计算机的 ROM 中。

(8)更好的硬件适应性,也就是良好的移植性。

8.5.3 嵌入式系统分类

嵌入式系统种类繁多,应用在各行各业里,对其分类也有很多不同的方法。

一、按处理器位宽分类

按处理器位宽不同可将嵌入式系统分为 4 位、8 位、16 位、32 位系统,一般情况下,位宽越大,性能越强。

对于通用计算机处理器,因为要追求尽可能高的性能,在发展历程中总是高位宽处理器取代、淘汰低位宽处理器。而嵌入式处理器不同,千差万别的应用对处理器要求也大不相同,因此不同性能的处理器都有各自的用武之地。

二、按有无操作系统分类

现代通用计算机中,操作系统是必不可少的系统软件。在嵌入式系统中则有两种情况:有操作系统的嵌入式系统和无操作系统(裸机)的嵌入式系统。

在有操作系统支持的情况下,嵌入式系统的任务管理、内存管理、设备管理、文件管理等都由操作系统完成,并且操作系统为应用软件提供丰富的编程接口,用户可以把精力都放在具体的应用设计上,这与在计算机上开发软件相似。

在一些功能单一的嵌入式系统中,如基于8051单片机嵌入式系统,硬件平台很简单,系统不需要支持复杂的显示、通信协议、文件系统、多任务的管理等,这种情况下可以不用操作系统。

三、按实时性分类

根据实时性要求,可将嵌入式系统分为软实时系统和硬实时系统两类。

在硬实时系统中,系统要确保在最坏情况下的服务时间,即对事件响应时间的截止期限必须得到满足。在这样的系统里,如果一个事件在规定期限内不能得到及时处理则会导致致命的系统错误。在软实时系统中,从统计的角度看,一个任务能够得到确保的处理时间,到达系统的时间也能够在截止期限前得到处理,但截止期限条件没有得到满足时并不会带来致命的系统错误。

四、按应用分类

嵌入式系统应用在各行各业,按照应用领域的不同可对嵌入式系统进行如下分类。

1)消费类电子产品

消费类电子产品是嵌入式系统需求最大的应用领域,日常生活中的各种电子产品都有嵌入式系统的身影,从传统的电视、冰箱、洗衣机、微波炉,到数字时代的影碟机、MP3、MP4、手机、数码相机、数码摄像机等,在可预见的将来,可穿戴计算机也将走入我们的生活。现代社会里,人们被各种嵌入式系统的应用产品包围着,嵌入式系统已经在很大程度上改变了我们的生活方式。

2)过程控制类产品

这一类的应用有很多,如生产过程控制、数控机床、汽车电子、电梯控制等。过程控制引入嵌入式系统可显著提高效率和精确性。

3)信息、通信类产品

通信是信息社会的基础,其中最重要的是各种有线、无线网络,在这个领域大量应用嵌入式系统,如路由器、交换机、调制解调器、多媒体网关、计费器等。

很多与通信相关的信息终端也大量采用嵌入式技术,如POS机、ATM自动取款机等。使用嵌入式技术的信息类产品还包括键盘、显示器、打印机、扫描仪等计算机外部设备。

4)智能仪器、仪表产品

嵌入式系统在智能仪器、仪表中大量应用,采用计算机技术不仅能提高仪器、仪表性能,还可以设计出传统模拟设备所不具备的功能。如传统的模拟示波器能显示波形,通过刻度人为计算频率、幅度等参数,而基于嵌入式计算机技术设计的数字示波器,除能更稳定地显示波形外,还能自动测量频率、幅度,甚至可以将一段时间里的波形存储起来,供事后详细分析。

5)航空、航天设备与武器系统

航空、航天设备与武器系统一向是高精尖技术集中应用的领域,如飞机、宇宙飞船、卫星、军舰、坦克、火箭、雷达、导弹、智能炮弹等,嵌入式计算机系统是这些设备的关键组成部分。

6)公共管理与安全产品

这类应用包括智能交通、视频监控、安全检查、防火防盗设备等。现在常见的可视安全监控系统已基本实现数字化,在这种系统中,嵌入式系统常用于实现数字视频的压缩编码、硬盘存储、网络传输等,在更智能的视频监控系统中,嵌入式系统甚至能实现人脸识别、目标跟踪、动作识别、可疑行为判断等高级功能。

7)生物、医学微电子产品

这类应用包括生物特征(指纹、虹膜)识别产品、红外温度检测、电子血压计及一些电子化的医学化验设备、医学检查设备等。

8.5.4　嵌入式系统核心技术

一、处理器技术

处理器技术与实现系统功能的计算引擎结构有关,很多不可编程的数字系统也可以视为处理器,这些处理器的差别在于其面向特定功能的专用化程度,导致其设计指标与其他处理器不同。

1. 通用处理器

这类处理器可用于不同类型的应用,一个重要的特征就是存储程序,由于设计者不知道处理器将会进行何种运算,所以无法用数字电路建立程序。另一个特征就是通用的数据路径,为了处理各类不同的计算,数据路径是通用的,其数据路径一般有大量的寄存器以及一个或多个通用的算术逻辑单元。设计者只需要对处理器的存储器编程来执行所需的功能,即设计相关的软件。在嵌入式系统中使用通用处理器具有设计指标上的一些优势:提前上市时间和 NRE 成本较低。因为设计者只需编写程序,而不需要做任何数字设计,灵活性高,功能的改变通过修改程序即可实现。通用处理器与自行设计处理器相比,数量少时单位成本较低。

当然,这种方式也有一些设计指标上的缺陷:数量大时的单位成本相对较高。因为数量大时,自行设计的 NRE 成本分摊下来,可降低单位成本。同时,对于某些应用,性能可能很差。由于包含了非必要的处理器硬件,系统的体积和功耗可能会变大。

2. 单用途处理器

单用途处理器是设计用于执行特定程序的数字电路,也指协处理器、加速器、外设等。如 JPEG 编码解码器执行单一程序,压缩或解压视频信息。嵌入式系统设计者可通过设计特定的数字电路来建立单用途的处理器。设计者也可以采用预先设计好的商品化的单用途处理器。

在嵌入式系统中使用单用途处理器,在指标上有一些优缺点。这些优缺点与通用处理器基本相反,性能可能更好,体积与功率可能较小,数量大时的单位成本可能较低,而设计时间与 NRE 成本可能较高,灵活性较差;数量小时的单位成本较高,对某些应用其性能不如通用处理器。

3. 专用处理器

专用指令集处理器（ASIP）是一个可编程处理器，针对某一特定类型的应用进行最优化设计。这类特定应用具有相同的特征，如嵌入式控制、数字信号处理等。在嵌入式系统中使用 ASIP 可以在保证良好的性能、功率和大小的情况下，提供更大的灵活性，但这类处理器仍需要昂贵的 NRE 成本建立处理器本身和编译器。单片机和数字信号处理器是两类应用广泛的 ASIP。数字信号处理器是一种针对数字信号进行常见运算的微处理器，而单片机是一种针对嵌入式控制应用进行最优化设计的微处理器，通常控制应用中的常见外设，如串行通信外设、定时器、计数器、脉宽调制器及数/模转换器等都集成到了微处理器芯片上，从而使得产品的体积更小、成本更低。

据不完全统计，全世界嵌入式处理器的品种总量已经超过 1000 多种，流行的体系结构有三十几个系列。根据其现状，嵌入式系统设计模式主要有下面几类。

1）基于 ASIC（专用集成电路）的嵌入式微处理器。

ASIC 是在一个芯片上定制设计的硬件。嵌入式微处理器的基础是通用计算机中的 CPU。在应用中，将微处理器装配在专门设计的电路板上，只保留和嵌入式应用有关的母板功能，这样可以大幅度减小系统体积和功耗。为了满足嵌入式应用的特殊要求，嵌入式微处理器虽然在功能上和标准微处理器基本是一样的，但在工作温度、抗电磁干扰、可靠性等方面一般都做了各种增强。

与工业控制计算机相比，嵌入式微处理器具有体积小、重量轻、成本低、可靠性高的优点，目前 16 位和 32 位 CPU 的 ARM 系列是嵌入式系统应用的主流微处理器。

2）DSP（Digital Signal Processing，数字信号处理）系统

DSP 系统是一种类似于微处理器的设备，不同的是它内部的 CPU 被优化，用于特定的应用，如离散信号处理。除了标准的微处理器指令外，DSP 常常支持复杂指令集去非常快速地完成通用的信号处理计算。

DSP 处理器对系统结构和指令进行了特殊设计，使其适合于执行 DSP 算法，编译效率较高，指令执行速度也较快。在数字滤波、FFT、谱分析等方面 DSP 算法正在大量进入嵌入式领域，DSP 应用正从在通用单片机中以普通指令实现 DSP 功能，过渡到采用嵌入式 DSP 处理器。嵌入式 DSP 处理器有两个发展来源：一是 DSP 处理器经过单片化、EMC 改造、增加片上外设成为嵌入式 DSP 处理器，TI 的 TMS320C2000 /C5000 等属于此范畴；二是在通用单片机或 SoC 中增加 DSP 协处理器，例如 Intel 的 MCS-296 和 Infineon（SIEMENS）的 TriCore。

推动嵌入式 DSP 处理器发展的另一个因素是嵌入式系统的智能化发展，例如各种带有智能逻辑的消费类产品、生物信息识别终端、带有加解密算法的键盘、ADSL 接入、实时语音压解系统、虚拟现实显示等。这类智能化算法一般运算量较大，特别是向量运算、指针线性寻址等较多，而这些正是 DSP 处理器的长处所在。

嵌入式 DSP 处理器比较有代表性的产品是 Texas Instruments 的 TMS320 系列和 Motorola 的 DSP56000 系列。TMS320 系列处理器包括用于控制的 C2000 系列、用于移动通信的 C5000 系列，以及性能更高的 C6000 和 C8000 系列。DSP56000 目前已经发展成为 DSP56000、DSP56100、DSP56200 和 DSP56300 等几个不同系列的处理器。另外 PHILIPS 公司也推出了基于可重置嵌入式 DSP 结构低成本、低功耗技术上制造的 R. E. A. L DSP 处理器，特点是具备双 Harvard 结构和双乘/累加单元，应用目标是大批量消费类产品。

3）SoC 系统

随着 VLSI 设计的普及化及半导体工艺的迅速发展，在一个硅片上实现一个更为复杂的系统的时代已来临，这就是 SoC。各种通用处理器内核将作为 SoC 设计公司的标准库，和许多其他嵌入式系统外设一样，成为 VLSI 设计中一种标准的器件，用标准的 VHDL 等语言描述，存储在器件库中。用户只需定义出其整个应用系统，仿真通过后就可以将设计图交给半导体工厂制作样品。这样，除个别无法集成的器件以外，整个嵌入式系统大部分均可集成到一块或几块芯片中去，应用系统电路板将变得更简洁，对于减小体积和功耗、提高可靠性非常有利。

4）基于现场可编程门阵列 FPGA(field programmable gate array)

可编程片上系统设计是一个崭新的、富有生机的嵌入式系统设计技术研究方向。嵌入式系统是一个面向应用、技术密集、资金密集、高度分散、不可垄断的产业。虽然 ASIC 的成本很低，但设计周期长、投入费用高、风险较大，而可编程逻辑器件设计灵活、功能强大，尤其是高密度现场可编程逻辑器件，其设计性能已完全能够与 ASIC 媲美，而且由于 FPGA 的逐步普及，其性能价格比也足以与 ASIC 抗衡。因此，FPGA 在嵌入式系统设计领域已占据着越来越重要的地位。

5）SoPC 系统

随着处理器以 IP 的形式嵌入到 FPGA 中，ASIC 和 FPGA 之间的界限将越来越模糊，未来的某些电路板上可能只有这两部分电路：模拟部分（包括电源）和一块 FPGA 芯片，最多还有一些大容量的存储器。可编程片上系统（system on programmable chip，SoPC）的时代已经到来。

可编程片上系统是一种特殊的嵌入式系统，首先它是片上系统（SoC），即由单个芯片完成整个系统的主要逻辑功能；其次，它是可编程系统，具有灵活的设计方式，可裁减、可扩充、可升级，并具备软硬件在系统可编程的功能。SoPC 结合了 SoC 和 FPGA 各自的优点。

SoPC 设计技术实际上涵盖了嵌入式系统设计技术的全部内容，除了以处理器和实时操作系统（RTOS）为中心的软件设计技术、以 PCB 和信号完整性分析为基础的高速电路设计技术以外，SoPC 还涉及目前已引起普遍关注的软硬件协同设计技术。

二、IC 技术

1）全定制 VLSI

在全定制 VLSI 技术中，需要根据特定的嵌入式系统的数字实现来优化各层，设计人员从晶体管的版图尺寸、位置、连线开始设计以达到芯片面积利用率高、速度快、功耗低的最优化性能。利用掩膜在制造厂生产实际芯片，全定制 VLSI 设计也常称为大规模集成电路设计，具有很高的 NRE 成本、很长的制造时间，适用于对性能要求严格的应用。

2）半定制 ASIC

半定制 ASIC 是一种约束型设计方法，包括门阵列设计法和标准单元设计法。它是在芯片上制作一些具有通用性的单元元件和元件组的半成品硬件，设计者仅需要考虑电路的逻辑功能和各功能模块之间的合理连接即可。这种设计方法灵活方便，性价比高，缩短了设计周期，提高了成品率。

3）可编程 ASIC

可编程器件中所有各层都已经存在，设计完成后，在实验室里即可烧制出设计的芯片，不需要 IC 厂家参与，开发周期显著缩短。可编程 ASIC 具有较低的 NRE 成本，单位成本较高,功耗较大,速度较慢。

三、设计/验证技术

嵌入式系统的设计技术主要包括硬件设计技术和软件设计技术两大类。其中,硬件设计领域的技术主要包括芯片级设计技术和电路板级设计技术两个方面。

芯片级设计技术的核心是编译/综合技术、库/IP技术、测试/验证技术。编译/综合技术使设计者用抽象的方式描述所需的功能,并自动分析和插入实现细节。库/IP技术将预先设计好的低抽象级实现用于高级。测试/验证技术确保每级功能正确,减少各级之间反复设计的成本。

四、嵌入式实时操作系统(RTOS)

从20世纪80年代起,国际上就有一些IT组织、公司,开始进行商用嵌入式系统和专用操作系统的研发。

其中涌现了一些著名的嵌入式系统,具体如下。

(1)Microsoft Windows CE是从整体上为有限资源的平台设计的多线程、完整优先权、多任务的操作系统;Windows CE内核较小,能作为一种嵌入式操作系统应用到工业控制等领域。其优点在于便携性、提供对微处理器的选择以及非强行的电源管理功能。内置的标准通信能力使Windows CE能够访问互联网并收发电子邮件或浏览网页。除此之外,Windows CE特有的与Windows类似的用户界面使最终用户易于使用。Windows CE的缺点是速度慢、效率低、价格偏高、开发应用程序相对较难。

微软公司的Windows XP嵌入式操作系统与其台式XP操作系统专业版一样都基于相同的二进制代码,而且XP嵌入式操作系统是Windows NT 4.0嵌入式操作系统的后继版本。嵌入式版本含有台式版本所有的安全功能、多媒体功能、网页浏览功能、电源管理功能和设备支持功能,只是将台式版本分解为10000多个组件,所以开发人员可以选择某些单元来构建一个定制的占用内存容量小的操作系统。Windows XP嵌入式操作系统及最新的服务包都有很多新的通信选购件、文件系统选购件和开发工具选购件,这些选购件可使设计小组在以后的项目中选用这一操作系统。

(2)VxWorks是目前嵌入式系统领域中使用最广泛、市场占有率最高的系统。VxWorks支持各种工业标准,包括POSIX、ANSI C和TCP/IP网络协议。VxWorks运行系统的核心是一个高效率的微内核,该微内核支持各种实时功能,包括快速多任务处理、中断支持、抢占式和轮转式调度。目前在全世界装有VxWorks系统的智能设备数以百万计,其应用范围遍及互联网、电信和数据通信等众多领域。

(3)pSOS属于WIND RIVER公司的产品,这个系统是一个模块化、高性能的实时操作系统,专为嵌入式微处理器设计,提供一个完全多任务环境,在定制的或是商业化的硬件上提供高性能和高可靠性,可以让开发者根据操作系统的功能和内存需求定制成每一个应用所需的系统。开发者可以利用它来实现从简单的单个独立设备到复杂的、网络化的多处理器系统。

(4)QNX是一个实时的、可扩充的操作系统,它提供了一个很小的微内核以及一些可选的配合进程。QNX是由加拿大QSSL公司开发的分布式实时操作系统,它由微内核和一组共操作的进程组成,具有高度的伸缩性,可灵活地剪裁,最小配置只占用几十千字节的内存。因此,可以广泛地嵌入到智能机器、智能仪器仪表、机顶盒、通信设备、PDA等应用中去。

(5)3Com公司的Palm OS在PDA市场上占有很大的市场份额,它有开放的操作系统应用程序接口(API),开发商可以根据需要自行开发所需要的应用程序。

(6)Microwave 的 OS-9 是为微处理器的关键实时任务而设计的操作系统,广泛应用于高科技产品中,包括消费电子产品、工业自动化、无线通信产品、医疗仪器、数字电视及多媒体设备。它提供了很好的安全性和容错性。与其他的嵌入式系统相比,它的灵活性和可升级性非常突出。

(7)LynxOS 是一个分布式、嵌入式、可规模扩展的实时操作系统。

(8)Hopen OS 是凯思集团自主研制开发的嵌入式操作系统,由一个体积很小的内核及一些可以根据需要进行定制的系统模块组成。其核心 Hopen Kernel 一般为 10KB 左右大小,占用空间小,并具有实时、多任务、多线程的系统特征。

(9)嵌入式 Linux 操作系统。Linux 应用于嵌入式系统的开发有如下一些优点。①Linux自身具备一整套工具链,容易自行建立嵌入式系统的开发环境和交叉运行环境,并且可以跨越在嵌入式系统开发中仿真工具(ICE)的障碍。②内核的完全开放,使得可以自己设计和开发出真正的硬实时系统;对于软实时系统,在 Linux 中也容易得到实现。③强大的网络支持,使得可以利用 Linux 的网络协议栈将其开发成为嵌入式的 TCP/IP 网络协议栈。

五、嵌入式系统高级编程语言

目前,在嵌入式系统开发过程中使用的语言种类很多,但仅有少数几种语言得到了比较广泛的应用,主要为 Ada、C/C++、Modula-2 等几种。

Ada 语言是 20 世纪 70 年代由美国国防部开发并投入使用的功能强大的通用系统开发语言,最初为 Ada83。它支持模块化、独立编译、协处理等功能,其可靠性、可维护性、可读性都是相当好的。后来,为了更好地支持 OOP(object oriented programming),对其进行了改进,形成了目前广泛使用的 Ada95。使用 Ada 语言可以大大改善系统的清晰性、可靠性、可维护性等性能指标。它是美国国防部指定的唯一一种可用于军用系统开发的语言。

C 语言是由 Dennis Richie 于 1972 年在 Bell 实验室研究成功并投入使用的系统编程语言,其设计目标是使 C 语言既具有汇编语言的效率,又具有高级语言的易编程性,其最具代表性的应用是 UNIX 操作系统。从 20 世纪 80 年代中期 C 语言涉足实时系统后,受到了普遍欢迎。目前 C 语言是使用最广泛的嵌入式系统编程语言。C++ 语言是由 Bjarne Stroustrup 于 1995 年在 Bell 实验室研制成功并投入使用的。

C++语言在支持现代软件工程、OOP、结构化等方面对 C 语言进行了卓有成效的改进,但在程序代码容量、执行速度、程序复杂程度等方面比 C 语言程序性能差一些。

Modula-2 是由 Nicklans Wirth 在 20 世纪 70 年代后期根据 Pascal 和 Modula 开发的系统设计语言,其主要目标是在模块化、系统编程、协同处理等方面对 Pascal 进行改进。Modula-2 具有很强的类型检查能力和丰富的低级功能支持。因此,可用它设计一个完整的实时程序而不用汇编语言的支持。Modula-3 是 1988 年由 DEC(digital equipment corporation)和 ORC(olivetti research center)根据 Modula-2 开发研制并投入使用的系统开发语言。目标是设计一个功能强大但结构简单的通用编程语言,它在协同处理、OOP、自动垃圾收集以及对 C 语言和 UNIX 的支持等方面对 Modula-2 进行了改进。

8.5.5　嵌入式系统与物联网

物联网是在微处理器基础上,通用计算机与嵌入式系统发展到高级阶段相互融合的产物。提到嵌入式系统,不能不提到单片机。单片机与嵌入式系统是不同时代概念的同一事物,经历了许多不为人知的诞生环境与发展历程。单片机概念出现在 PC 机诞生之前,PC 机诞生后才有了嵌入式系统的概念。无论是单片机还是嵌入式系统,它们都呈现出单片、嵌入、物联的三位一体的特征。"单片"机强调的是形态,"嵌入式"系统强调的是应用形式,"物联"则是它们的本质。下面简单回顾一下嵌入式系统的三个发展阶段,以帮助我们理解嵌入式系统与物联网的密切关系。

一、嵌入式系统的三个发展阶段

(1)单片机时代(1974 年至 20 世纪末):单片机诞生后在电子技术领域中独立发展的时代。其主要任务是对传统工具的智能化改造。从事单片机应用的大多数是电子技术领域的人员。虽然计算机界人士意识到计算机面临"计算"与"智能化控制"两大挑战,并提出了通用计算机与嵌入式计算机系统两个分支的概念,却在发展嵌入式计算机系统上走入了微型计算机(工控机、单板化、单片化)的死胡同,加上嵌入式应用与对象紧耦合的特点,无法承担起嵌入式应用的重任,因而退出了单片机应用领域。单片机时代是电子技术领域单打独斗的时代,在这种情况下,许多单片机界人士并不知道什么是嵌入式系统。

(2)多学科融合时代(21 世纪第 1 个十年):多学科融合时代与后 PC 时代有关。通用计算机摆脱了嵌入式应用的羁绊后,进入到 20 多年飞速发展的时期。计算机从群众性科技向英特尔与微软的垄断性科技发展,与此同时,嵌入式应用的巨大市场诱惑,使大批计算机界人士转入单片机应用领域,并将"嵌入式系统"概念激活。这一时期的嵌入式系统是多学科交叉融合的发展时期。多学科的交叉融合,大大提升了单片机的应用水平。嵌入式系统应用进入飞速发展期,嵌入式应用突破了传统电子系统的智能化改造阶段,创造出众多的、全新概念的智能化系统。

(3)物联网时代(21 世纪第 2 个十年):物联网时代是嵌入式系统的网络应用时代。单片机诞生后,唯一的应用方式便是物联,从单片机物联到总线物联。早在 1987 年,英特尔公司在 RUPI-44 单片机的基础上就推出了位总线的分布式物联系统,推动了单片机的网络物联。其后,各种总线技术,如 RS-422/485、CAN BUS、现场总线技术等,形成了众多的有线局域物联网络系统。无线传感器网络出现后,使嵌入式系统局域物联网进入到一个全面(有线、无线)的发展阶段。与此同时,微控制单元(micro control unit,MCU)的以太网接入技术有了重大的突破,众多成熟的以太网单片机与单片机以太网接口器件,使众多的嵌入式系统、嵌入式系统局域物联网方便地与互联网相连,将互联网与嵌入式系统推进到一个全新的物联网时代。

在嵌入式处理器或微控制器基础上的嵌入式应用系统,嵌入到物理对象中,给物理对象完整的物联界面。与物理参数相连的是前向通道的传感器接口;与物理对象相连的是后向通道的控制接口;实现人-物交互的是人机交互接口;实现物-物交互的是通信接口。

嵌入式应用系统可以提供多种物联方式。以传感器网为例,传感器不具有网络接入功能,只有通过嵌入式处理器或嵌入式应用系统,将传统的传感器转化成智能传感器,才有可能通过相互通道的通信接口互联,或接入互联网,形成局域传感器网或广域传感器网。

二、物联网时代嵌入式系统的机遇

对嵌入式系统而言,物联网时代不是挑战而是新的机遇。两者之间的关系如图 8-8 所示。

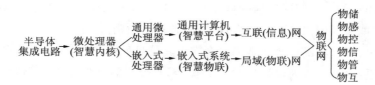

图 8-8　物联网与嵌入式系统的关系图

"单片"、"嵌入"、"物联"是单片机或嵌入式系统的三个本质特征。早期传统电子技术领域的智能化改造时代,突出了嵌入式系统的单片机应用特征;多学科融合时代,突出了处理器的嵌入式应用特征。当进入到物联网时代,理应强调嵌入式系统的物联特征。高校中的许多单片机实验室、嵌入式系统实验室也可称为物联实验室或物联网实验室;众多的嵌入式系统局域网(如智能家居)可称之为局域物联网。

1. 物联网的物联源头

物联网的物联源头是嵌入式系统。早期经历过电子技术领域独立发展的单片机时代,进入 21 世纪,才进入多学科支持下的嵌入式系统时代。从诞生之日起,嵌入式系统就以"物联"为己任,嵌入到物理对象中,实现对物理对象的智能化改造。如图 8-9 所示。

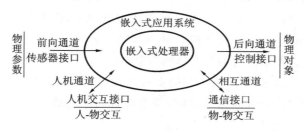

图 8-9　嵌入式系统的物联网基础

嵌入式应用系统历经 20 多年的发展,目前大多具备了局域互联或与互联网的联网功能。嵌入式应用系统的局域网有 RS-485 总线网、CAN 总线网、现场总线网,以及无线传感器网络等。嵌入式应用系统、嵌入式应用系统局域网与互联网的对接,将互联网变革到物联网。

2. 物联网与物联网事件

物质世界的无限性决定了物联网有无限多的应用领域。然而,每一个具体的物联网应用,都存在于一个具体的物联系统之中。如交通违章管理物联系统、智能家居物联系统、远程医疗救助物联系统、超市自助收费物联系统等。而物联系统中每一个独立、自主的任务过程,都可称为物联网事件。可以将不同物联系统中众多的物联网事件,抽象出 3 个典型的行为过程,即事件激励、信息处理、结果输出,简称激励、处理与输出。一个完整的物联网事件应该具备这样 3 个行为过程。

1)物联网事件的事件激励

物联网事件的事件激励,是物联网事件的激发因素。只有当物联系统中出现了激励事件时,才能引发物联网事件。例如,在交通违章管理的物联系统中,"违章事件"便是物联网事件的"激励"行为。

物联网事件的"激励",有主动激励与被动激励。主动激励常常是可预见的激励,被动激励常常是不可预见的。在智能家居物联系统中,主人对家居电气设备进行远程监控的激励是主动激励;智能家居中出现火情的事件激励,是被动激励。

在物联网事件的"激励"中,通常都包含有对其信息处理、控制输出要求的原始信息。如智能家居物联系统中,主人对电冰箱的远程监控,是要了解冰箱中的食品状况;对空调的远程控制,是要开启或关闭空调。

2)物联网事件的信息处理

物联网事件的信息处理,是物联系统在收到激励事件后,对激励事件的原始信息解读,以及在物联网事件路径上,对相关信息的采集、分析、处理与传输。例如,在智能家居物联系统中,出现了手机方式的空调远程控制"激励",便会启动对手机事件激励中的信息解读,核实主人身份,了解控制对象及对象的状态要求;随后采集室内温度、湿度状况,做出空调机的运行策略。

在物联网事件路径上,有众多微处理器,它们以通用计算机或嵌入式应用系统方式散布在物联系统中。每个微处理器都承担着相应的信息处理任务。

3)物联网事件的结果输出

物联网事件的结果输出,是物联系统对事件激励的响应。在物联网事件的"激励"中包含了结果输出的目的性要求。在物联系统正常状态下,结果输出会充分满足这些要求。例如,在智能家居物联系统中,远程空调控制必须满足主人对空调设定的控制要求;远程冰箱监视必须提供满足主人要求了解的真实储物信息。

物联网事件响应的结果输出,有不同的实时性要求。智能家居物联系统中出现火警、匪警,必须立即有报警响应;远程冰箱监视时,须及时告知冰箱储存状况;远程空调控制时,可设定在某个时间点上完成某个控制行为。

3. 物联网事件的行为元素

物联网中有众多的物联系统,物联系统中有众多的物联网事件。不同的物联网事件中,有许多不同的行为过程。物联网中所有不同的事件过程,都有相同的行为元素。这些行为元素是物储、物感、物控、物信、物管、物互。

1)物联网的存储(物储)

物联网的"物储"元素,是物联系统中物联网事件的知识与信息的存储行为。为了满足物联系统的构建,满足物联网事件过程要求,物联系统中要有足够的存储空间,以实现物联系统中的电子化信息存储、真实世界的虚拟存储、虚实交互存储与数字文件存储等。

2)物联网的传感(物感)

物联网的"物感"元素,是物联系统中物联网事件对物理对象的感知行为。这种感知行为的源头,是嵌入式应用系统中传感器的数字采集。通常物联网事件中的感知有物理对象的物理状态感知、物理参数感知,以及感知对象的时间、空间定位信息。物理状态信息与物理参数信息感知,通常是依靠各种类型的传感器将物理状态与物理参数变换成模拟电压信号,然后通过模/数转换技术转换成数字信号,输入到嵌入式应用系统的前向通道中;物理对象的时间、空间定位信息则依靠嵌入式应用系统与 GPS 系统的交互感知。

3)物联网的控制(物控)

物联网的"物控"元素,是物联系统中物联网事件对物理对象的控制行为。这种行为的源头是嵌入式应用系统控制接口对物理对象的伺控制能力。通常嵌入式应用系统控制接口输出的是归一化的"0、1"数字信号，必须通过相应的数/模转换技术转换成物理对象能够接受的模拟控制信号。

4）物联网的信息（物信）

物联网的"物信"元素是物联系统中物联网事件的信息流管理行为。物联网事件的信息流管理行为，主要表现在"0、1"归一化数字信息的变换与传输。它包括"0、1"数字化信息在不同介体中的变换、在不同运行环节间的编码与译码，以及各种形式的信号传输，如有线传输与无线传输、电缆与光缆传输、电力网载波传输与通信网的 GPRS 传输等。

5）物联网管理（物管）

物联网的物管元素，是物联系统中物联网事件行为的管理与调度。这些管理与调度有数据流管理、数据库互联、数据信息采集、认证、信息流通中的许可证制度、安全性管理与经营性管理等。

6）物联网交互（物互）

物联网的"物互"元素是物联系统中物联网事件相关者的交互行为。嵌入式应用系统中有 4 个物联界面，即传感界面、控制界面、人机界面、通信界面。每个界面都有相对应的物理对象，如传感界面的传感器、控制界面的物理对象、人机界面的人、通信界面的其他嵌入式应用系统或嵌入式应用系统的局域网与广域网。多种物理对象、多种物联界面，形成了人、物、网（广域/局域）的多种交互行为。

三、物联网中嵌入式系统的地位

物联网是多学科交叉融合的产物，对物联网的深层理解必须有多学科全方位的视野，任何一个学科都不可能独自对物联网做出正确的诠释。

长期以来，由于多方面原因使单片机、嵌入式系统专家缺少在国家 IT 产业政策领域的话语权。客观原因是，由于嵌入式系统的隐含性，只有嵌入式系统专业人士才能了解嵌入式系统在 IT 产业中的重要作用；主观原因是，不少嵌入式系统专业人士不注意了解嵌入式系统的历史与未来，缺少自己的语言。

物联网时代的到来，会使嵌入式系统从后台走上前台，承担起物联网的重大国家工程。在物联网重大国家工程决策中，任何领域视角的缺失都会影响我国物联网事业的健康发展。要想让政策决策者们了解嵌入式系统，嵌入式系统领域的专家就必须有自己的语言，当计算机专家说嵌入式系统是"专用计算机"时，还应该有嵌入式系统是"以嵌入式处理器为基础，嵌入到对象体系中的智能化电子系统"的视角；当通信专家说"物联网是互联网的延伸时"，应告诉人们，"物联网是嵌入式系统局域物联网对互联网的变革，它将互联网的信息网、人文网变革到物理网"；当计算机专家从计算角度诠释"云计算"时，应该让人们理解云计算是在物联网基础上无限时空的全方位软件服务。由此可见，在一个多学科的大科技领域，多领域专家的多学科视角，对正确舆论引导、政府政策制定而言十分重要。

物联网是一个全球化、无限时空、无限领域、多学科的大科技工程。嵌入式系统以形形色色的知识平台方式参与其中。物联网平台建设，是物联网时代嵌入式系统的重要发展机遇。随着嵌入式系统应用的广泛和深入发展，会不断创造新的物联网应用系统，对我国大型的物联网国家工程建设具有重大作用和深远意义。

本章小结

（1）应用层将网络层传输来的数据通过各类信息系统进行处理，并通过各种设备与人进行交互。这一层也可按形态直观地划分为两个子层：一个是应用程序层；另一个是终端设备层。应用层技术包括 M2M 技术、数据挖掘技术、中间件技术、云计算技术和嵌入式技术等。

（2）M2M 技术：从广义上说，M2M 代表机器对机器（machine to machine）、人对机器（man to machine）、机器对人（machine to man）、移动网络对机器（mobile to machine）之间的连接与通信，它涵盖了所有可以实现在"人、机、系统"之间建立通信连接的技术和手段。从狭义上说，M2M 代表机器对机器通信，目前更多的时候是指非 IT 机器设备通过移动通信网络与其他设备或 IT 系统的通信。

（3）数据挖掘技术是指从大量的、不完全的、有噪声的、模糊的、随机的实际应用数据中，提取隐含在其中的、人们事先不知道的，但又是潜在有用的信息和知识的过程。数据挖掘要求：数据源必须是真实的、大量的、含噪声的；发现的是用户感兴趣的知识；发现的知识要可接受、可理解、可运用；并不要求发现放之四海皆准的知识，仅支持特定的发现问题。

（4）中间件是基础软件的一大类，属于可复用的软件范畴。中间件在操作系统软件、网络、各种硬件和数据库之上，应用软件之下。其作用是为处于自己上层的应用软件提供运行与开发的环境，帮助用户灵活、高效地开发和集成复杂的应用软件。

中间件是一种独立的系统软件或服务程序，分布式应用软件借助这种软件在不同的技术之间共享资源，中间件定位于客户机/服务器的操作系统之上，管理计算机资源和网络通信。中间件包括：远程过程调用中间件、面向消息的中间件和对象请求代理中间件。

（5）云计算一般有狭义和广义之分。狭义云计算指 IT 基础设施的交付和使用模式，通过网络以按需、易扩展的方式获得所需的资源（硬件、平台、软件）。提供资源的网络被称为"云"。"云"中的资源在使用者看来是可以无限扩展的，并且可以随时获取、按需使用、随时扩展、按使用付费。这种特性经常被称为像水电一样使用的 IT 基础设施。广义云计算指服务的交付和使用模式，通过网络以按需、易扩展的方式获得所需的服务。这种服务可以是 IT 和软件、互联网相关的，也可以使用任意其他的服务。

云计算以三个模式提供服务：软件即服务（software as a service，SaaS）、平台即服务（platform as a service，PaaS）以及基础设施即服务（infrastructure as a service，IaaS）。

（6）嵌入式系统是"控制、监视或者辅助装置、机器和设备运行的装置"。它是以应用为中心，以计算机技术为基础，软件硬件可裁剪，适应应用系统对功能、可靠性、成本、体积、功耗严格要求的专用计算机系统。

它一般由嵌入式微处理器、外围硬件设备、嵌入式操作系统以及用户的应用程序等四个部分组成，用于实现对其他设备的控制、监视或管理等功能。

嵌入式系统一般指非 PC 系统，它包括硬件和软件两部分。硬件包括处理器/微处理器、存储器及外设器件和 I/O 端口、图形控制器等。软件部分包括操作系统软件（OS）（要求实时和多任务操作）和应用程序编程。

习　题

(1) M2M 技术与嵌入式技术有何联系？

(2) 试说明 M2M 标准化方面的进展情况。

(3) 试列举中国移动提供的 M2M 服务的应用领域。

(4) 数据挖掘对企业来说有何现实意义？

(5) 数据挖掘与传统的数据分析有何异同？

(6) 数据挖掘中的知识类别有哪些？各有何特点？

(7) 试说明中间件技术的特点和作用。

(8) 试说明中间件技术的不同类别及各自特点。

(9) 列举常用中间件技术平台并说明各自特点。

(10) 云计算的本质含义是什么？

(11) 试说明云计算的特点是什么？

(12) 云计算的三种不同服务模式各有什么特点和优势？

(13) 简述云计算中的各关键技术。

(14) 对比常见的云计算平台系统。

(15) 云计算面临的挑战有哪些？

(16) 嵌入式系统与通用计算机系统有何异同？

(17) 简述嵌入式系统的组成。

(18) 嵌入式系统的核心技术有哪些？

(19) 试论述嵌入式系统在物联网工程中的重要地位。

第5篇

Part 1
ANQUANPIAN 安全篇

第 5 篇
安全篇

第❾章 物联网安全概述

从物联网的信息处理过程来看，感知信息经过采集、汇聚、融合、传输、决策与控制等过程，整个信息处理的过程体现了物联网安全的特征与要求，也揭示了所面临的安全问题。

一是感知网络的信息采集、传输与信息安全问题。感知节点呈现多源异构性，感知节点通常情况下功能简单、携带能量少（通常依靠电池供电），使得它们无法拥有复杂的安全保护能力，而感知网络多种多样，从温度测量到水文监控，从道路导航到自动控制，它们的数据传输和消息也没有特定的标准，所以没有办法提供统一的安全保护体系。

二是网络层的传输与信息安全问题。传统的计算机互联网和移动通信网络具有相对完整的安全保护能力，但是由于物联网中节点数量庞大，且以集群方式存在，因此会导致在数据传播时，由于大量机器的数据发送使网络拥塞，产生拒绝服务攻击。此外，现有通信网络的安全架构都是从人通信的角度设计的，对以物为主体的物联网，要建立适合于感知信息传输与应用的安全架构。

三是物联网应用层的安全问题。支撑物联网业务的平台有着不同的安全策略，如云计算、分布式系统、海量信息处理等，这些支撑平台要为上层服务管理和大规模行业应用建立起一个高效、可靠和可信的系统，而大规模、多平台、多业务类型使物联网业务层次的安全面临新的挑战。

另一方面可以从安全的机密性、完整性和可用性来分析物联网的安全需求。信息隐私是物联网信息机密性的直接体现，如感知终端的位置信息是物联网的重要信息资源之一，也是需要保护的敏感信息。另外在数据处理过程中同样存在隐私保护问题，如基于数据挖掘的行为分析等，要建立访问控制机制，控制物联网中信息采集、传递和查询等操作，不会由于个人隐私或机构秘密的泄露而造成对个人或机构的伤害。信息的加密是实现机密性的重要手段，由于物联网的多源异构性，使密钥管理显得更为困难，特别是对感知网络的密钥管理是制约物联网信息机密性的瓶颈。

因此，物联网的安全体现了感知信息的多样性、网络环境的多样性和应用需求的多样性，呈现出网络的规模化、数据处理量大、决策控制复杂等特点，给安全研究提出了新的挑战。

 ## 9.1 计算机互联网安全的启示

计算机互联网络的广泛应用已经对人类社会各个领域的发展产生了重要影响，许多重要的信息、资源都与网络相关。然而，网络安全问题却一直困扰着每一个用户。尤其是在信息安全产业领域，其固有的敏感性和特殊性，直接影响着国家的安全利益和经济利益。

9.1.1 计算机互联网络面临的安全威胁

计算机网络所面临的威胁主要有对网络中信息的威胁和对网络中设备的威胁两种。影响计算机网络的因素有很多，其所面临的威胁来自多个方面，主要有以下几点。

1. 人为的失误

人为的失误如操作员安全配置不当造成的安全漏洞,用户安全意识不强,用户口令选择不慎,用户将自己的账号随意转借他人或与别人共享都会给网络安全带来威胁。

2. 信息截取

通过信道进行信息的截取,获取机密信息,或通过信息的流量分析,通信频度、长度分析,推出有用信息,这种方式不破坏信息的内容,不易被发现。这种方式是在过去军事对抗、政治对抗和当今经济对抗中最常用的,也是最有效的方式。

3. 内部窃密和破坏

内部窃密和破坏是指内部或本系统的人员通过网络窃取机密、泄露或更改信息以及破坏信息系统。据美国联邦调查局1997年9月进行的一项调查显示,70%的攻击是从内部发动的,只有30%是从外部攻进来的。

4. 黑客攻击

黑客已经成为网络安全最大的威胁。近年来,特别是2000年2月7—9日,美国著名的雅虎、亚马逊等8大顶级网站接连遭受来历不明的电子攻击,导致服务系统中断,整个网络使用率两天时间内下降20%,这次攻击给这些网站造成的直接损失达12亿美元,间接经济损失高达10亿美元。

5. 技术缺陷

由于认识能力和技术发展的局限性,在硬件和软件设计过程中,难免留下技术缺陷,由此可造成网络的安全隐患。其次,网络硬件、软件产品多数依靠进口,如全球90%的微机都装微软的Windows操作系统,许多网络黑客就是通过微软操作系统的漏洞和后门而进入网络的,这方面的报道经常见诸报端。

6. 病毒

从1988年报道的第一例病毒(蠕虫病毒)侵入美国军方互联网,导致8500台计算机染毒和6500台计算机停机,造成直接经济损失近1亿美元。此后这类事情此起彼伏,从2001年红色代码到近年来的冲击波和震荡波等病毒发作的情况看,计算机病毒感染方式已从单机的被动传播变成了利用网络的主动传播,不仅带来网络的破坏,而且会造成网上信息的泄露,特别是在专用网络上,病毒感染已成为网络安全的严重威胁。另外,对网络安全的威胁还包括自然灾害等不可抗力因素。

9.1.2 主要网络安全技术

1. 病毒防范技术

计算机病毒实际上就是一种在计算机系统运行过程中能够实现传染和侵害计算机系统的功能程序。病毒经过系统穿透或违反授权攻击成功后,攻击者通常要在系统中植入木马或逻辑炸弹等程序,为以后攻击系统、网络提供方便条件。当前的杀毒软件正面临着互联网的挑战。只有有效截断病毒的入口,才能避免企业及用户由于病毒的爆发而引起的经济损失。

2. 防火墙技术

防火墙技术是通过对网络作拓扑结构和服务类型上的隔离来加强网络安全的一种手段。它所保护的对象是网络中有明确闭合边界的一个网块,而它所防范的对象是来自被保护网块外部的安全威胁。目前防火墙产品主要有如下几种。

（1）包过滤防火墙。通常安装在路由器上，根据网络管理员设定的访问控制清单对流经防火墙信息包的 IP 源地址、IP 目标地址、封装协议（如 TCP/IP 等）和端口号等进行筛选。

（2）代理服务器防火墙。包过滤技术可以通过对 IP 地址的封锁来禁止未经授权者的访问。但是它不太适合于公司用来控制内部人员访问外界的网络。对于有这样要求的企业，可以采用代理服务器技术来加以实现。代理服务器通常由服务端程序和客户端程序两部分构成，客户端程序与中间节点连接，这样，从外部网络就只能看到代理服务器而看不到任何的内部资源。因此，采用代理服务器技术要比单一的包过滤技术更为可靠，同时还会详细地记录下所有的访问记录。不足之处在于由于它不允许用户直接访问网络，会导致合法用户访问信息的速度变慢，此外要说明的一点就是并非所有的互联网应用软件都支持代理服务器技术。

（3）状态监视防火墙。通过检测模块（一个能够在网关上执行网络安全策略的软件引擎）对相关数据的监测后，从中抽取部分数据（即状态信息），并将其动态地保存起来作为以后制定安全决策的参考。检测模块能支持多种协议和应用程序，并可容易地实现应用和服务的扩充。采用状态监视器技术后，当用户的访问到达网关操作系统之前，状态监视器要对访问请求抽取有关数据结合网络配置和安全规定进行分析，以便做出接纳、拒绝、鉴定或给该通信加密等的决定。一旦某个访问违反了上述安全规定，安全报警器就会拒绝该访问，并向系统管理器报告网络状态。但它的配置非常复杂，而且会降低网络信息的传输速度。

3. 加密技术

以数据加密为基础的网络安全系统的特征是：通过对网络数据的可靠加密来保护网络系统中（包括用户数据在内）的所有数据流，从而在不对网络环境作任何特殊要求的前提下，从根本上解决了网络安全的两大要求（即网络服务的可用性和信息的完整性）。采用加密技术网络系统的优点在于：不仅不需要特殊网络拓扑结构的支持，而且在数据传输过程中也不会对所经过网络路径的安全程度做出要求，从而真正实现了网络通信过程端到端的安全保障。

4. 入侵检测技术

入侵检测技术主要分成两大类型。①异常入侵检测：是指能够根据异常行为和使用计算机资源情况检测出来的入侵。异常入侵检测试图用定量方式描述可接受的行为特征，以区分非正常的、潜在的入侵行为。②误用入侵检测：是指利用已知系统和应用软件的弱点攻击模式来检测入侵。误用入侵检测的主要假设是具有能够被精确地按某种方式编码的攻击，并可以通过捕获攻击及重新整理，确认入侵活动是基于同一弱点进行攻击的入侵方法的变种。

5. 网络安全扫描技术

网络安全扫描技术主要包含以下几种。

（1）端口扫描技术。端口扫描向目标主机的 TCP/IP 服务端口发送探测数据包，并记录目标主机的响应。通过分析响应来判断服务端口是打开还是关闭，就可以得知端口提供的服务或信息。端口扫描也可以通过捕获本地主机或服务器的流入流出 IP 数据包来监视本地主机的运行情况，它仅能对接收到的数据进行分析，帮助我们发现目标主机的某些内在的弱点，而不会提供进入一个系统的详细步骤。

（2）漏洞扫描技术。漏洞扫描主要通过以下两种方法来检查目标主机是否存在漏洞。

①在端口扫描后得知目标主机开启的端口以及端口上的网络服务,将这些相关信息与网络漏洞扫描系统提供的漏洞库进行匹配,查看是否有满足匹配条件的漏洞存在。②通过模拟黑客的攻击手法,对目标主机系统进行攻击性的安全漏洞扫描,如测试弱势口令等。若模拟攻击成功,则表明目标主机系统存在安全漏洞。

除了以上介绍的几种网络安全技术之外,还有一些被广泛应用的安全技术,如身份验证、访问与存取控制、安全协议等。

作为计算机互联网络技术的拓展与延伸,物联网同样面临上述安全威胁。同时,由于物联网涉及具体的物品、设施的智能感知与操控,因此其对安全性提出了更高的要求。

9.2 物联网安全面临的特殊威胁

物联网除了传统网络安全威胁之外,还存在着一些特殊安全问题。这是由于物联网是由大量的机器构成,缺少人对设备的有效监控,并且数量庞大、设备集群度高,物联网特有的安全威胁主要有以下几个方面。

9.2.1 感知节点威胁

物联网的全面感知是通过传感设备、RFID、智能卡、摄像头、GPS 等来实现,把这些实现感知的设备统称为感知节点。由于物联网的应用可以取代人来完成一些复杂、危险和机械的工作,所以物联网机器/感知节点多数部署在无人监控的场景中。那么,攻击者就可以轻易地接触到这些设备,甚至通过本地操作更换机器的软硬件,从而对它们造成破坏;另一方面,攻击者可以冒充合法节点或者越权享受服务,对全面感知的破坏可通过控制感知节点来完成。因此,物联网中有可能存在大量的损坏节点和恶意节点,实施对感知节点的干扰、窃听、篡改以及拒绝服务攻击。

1. 干扰、窃听、篡改

物联网应用可以取代人来完成某些复杂、危险的工作,其多数设备安装在无人监管的公共环境中,攻击者可以轻易接触到设备,如感知节点。攻击者利用非法信号对感知节点接收及采集的数据进行干扰,使感知节点无法准确、快速获取有用信息,最终使节点失效。同时感知信息常常通过无线网络收发,很容易被窃听。攻击者窃听所需信息使得信息机密性遭到破坏,如金融系统个人账户信息等。攻击者还可以通过控制感知节点篡改感知信息,使得感知节点无法获取准确信息,进而影响整个网络的正常运行。

2. 拒绝服务攻击

拒绝服务攻击是一切阻止合法感知节点无法正常接入或使感知进程延迟的攻击。攻击者可以采取任何方式使得正常节点无法运行。广义上说攻击者可以利用干扰、篡改等手段导致拒绝服务的后果。攻击者还可以向被攻击节点发送海量垃圾信息,致使被攻击节点无法正常获取信息,最终使节点失效。

3. 重放攻击

在物联网标签体系中无法证明此信息已传递给服务器,攻击者可以获得已认证的身份,再次获得相应服务。

9.2.2 网络传输威胁

物联网的传输主要通过传统互联网、移动通信网、广播电视网、传感器网络等多种异构网络融合实现。影响物联网可靠传输的因素除传统网络固有的安全问题外，还有由于异构网络的融合带来的新挑战。一方面，物联网 ONS 以 DNS 技术为基础，ONS 同样也继承了 DNS 的安全隐患，例如 ONS 漏洞导致的拒绝服务攻击、利用 ONS 服务作为中间的攻击放大器去攻击其他节点或主机；另一方面，由于物联网中节点数量庞大，且以集群方式存在，因此会导致在数据传播时，由于大量机器的数据发送使网络拥塞，产生拒绝服务攻击。攻击者利用通信机制中优先级策略、虚假路由等协议漏洞同样可以产生拒绝服务攻击。

1. 跨异构网络的攻击

物联网的实现需要多种传统网络深入融合，在跨异构网络通信时会遇到认证、访问控制等安全问题。攻击者可以通过某一网络实现其身份合法性，在传输过程中利用另一异构网络来实施攻击，这种攻击具有极强的隐蔽性。由于目前还没有形成统一的跨异构网络安全体系，这种针对跨异构网络的攻击一旦实施，可能导致整个网络的瘫痪。

2. 三网融合通信平台的攻击

三网融合的推进为物联网的发展奠定了基础。物联网的部署必将利用三网融合通信平台来实现。针对三网融合通信平台的攻击势必给物联网的可靠传输造成威胁。攻击者可对三网融合通信平台利用各种措施实施攻击，如假冒攻击、中间人攻击、重放攻击等，使三网融合通信平台失去可靠性。

9.2.3 信息处理威胁

物联网的智能处理是利用云计算、数据挖掘、模糊识别等各种智能计算技术，对海量的数据和信息进行分析和处理，对物体实施智能化的控制。针对智能处理的安全威胁主要集中在云计算安全问题上。作为一种新兴技术，云计算技术必然存在许多安全隐患。云计算的访问权限控制，攻击者可以利用虚假信息获得合法的访问权限以实现对资源的占用，降低智能处理的运行效率，使智能处理平台无法正常处理有用数据，浪费网络资源；云计算的存储、运行、传输都应具有私密性。攻击者通过控制存储器、操作系统等软硬件来实施攻击，使信息泄露。这些攻击行为破坏了智能处理平台的持久可用性，同时降低其访问和运行速度，最终导致数据的丢失，系统无法正常工作，同时云计算平台还缺乏个体隐私的保护机制。

9.2.4 隐私威胁

未来物联网的应用还集中在智能家庭、智能交通等环境中，这些应用与人们的生活息息相关。大量应用数据涉及个人隐私，如个人出行路线、消费习惯、个体位置信息、健康状况等。攻击者可以通过以上任何一种攻击形式对物联网实施攻击，获取个人隐私信息，这会对个人生命和财产安全造成严重威胁。隐私问题中涉及盗取和篡改个人信息。攻击者可以利用盗用信息实施各种不利行为，或篡改个人隐私信息，被攻击者个人隐私信息泄露，却毫不知情。

 9.3 物联网的安全目标

与互联网相比，物联网主要实现人与物、物与物之间的通信，通信的对象扩大到了物品。根据功能的不同，物联网网络体系结构大致分为 3 个层次：底层是用来信息采集的感知层；中间层是数据传输的网络层；顶层则是应用/中间件层。物联网安全的总体需求就是物理安全、信息采集安全、信息传输安全和信息处理安全的综合。安全的最终目标是确保信息的机密性、完整性、真实性和数据新鲜性。具体的安全目标如下：

(1)身份真实性：能对通信实体身份的真实性进行鉴别；

(2)信息机密性：保证机密信息不会泄露给非授权的人或实体；

(3)信息完整性：保证数据的一致性，能够防止数据被非授权用户或实体建立、修改、破坏；

(4)服务可用性：保证合法用户对信息和资源的使用不会被拒绝；

(5)不可否认性：建立有效的责任机制，防止实体否认其行为；

(6)系统可控性：能够控制使用资源的人或实体的使用方式；

(7)在满足安全要求的条件下，系统应当操作简单、维护方便；

(8)可审查性：对出现的网络安全问题提供调查的依据和手段。

9.4 物联网安全的关键技术

1.密钥管理技术

密钥系统是安全的基础，是实现感知信息隐私保护的手段之一。对互联网由于不存在计算资源的限制，非对称和对称密钥系统都可以适用，互联网面临的安全主要是来源于其最初的开放式管理模式的设计，是一种没有严格管理中心的网络。移动通信网是一种相对集中式管理的网络，而无线传感器网络和感知节点由于计算资源的限制，对密钥系统提出了更多的要求，因此，物联网密钥管理系统面临两个主要问题：一是如何构建一个贯穿多个网络的统一密钥管理系统，并与物联网的体系结构相适应；二是如何解决传感网的密钥管理问题，如密钥的分配、更新、组播等问题。

2.数据处理与隐私性技术

物联网的数据要经过信息感知、获取、汇聚、融合、传输、存储、挖掘、决策和控制等处理流程，而末端的感知网络几乎要涉及上述信息处理的全过程，只是由于传感节点与汇聚点的资源限制，在信息的挖掘和决策方面不占据主要的位置。物联网应用不仅面临信息采集的安全性，也要考虑到信息传送的私密性，要求信息不能被篡改和非授权用户使用，同时，还要考虑到网络的可靠性和安全性。物联网能否大规模推广应用，很大程度上取决于其是否能够保障用户数据和隐私的安全。

3.安全路由协议技术

物联网的路由要跨越多类网络，有基于 IP 地址的互联网路由协议，有基于标识的移动通信网和传感网的路由算法，因此我们要至少解决两个问题：一是多网融合的路由问题；二是传感网的路由问题。前者可以考虑将身份标识映射成类似的 IP 地址，实现基于地址的统一路由体系；后者是由于传感网的计算资源的局限性和易受到攻击的特点，要设计抗攻击的安全路由算法。

4.认证与访问控制技术

认证指使用者采用某种方式来"证明"自己确实是自己宣称的某人，网络中的认证主要包括身份认证和消息认证。身份认证可以使通信双方确信对方的身份并交换会话密钥。保密性和及时性是认证的密钥交换中两个重要的问题。为了防止假冒和会话密钥的泄密，用户标识和会话密钥这样的重要信息必须以密文的形式传送，这就需要事先已有能用于这一目的的主密钥或公钥。因为可能存在消息重放，所以及时性非常重要，在最坏的情况下，攻击者可以利用重放攻击威胁会话密钥或者成功假冒另一方。

在物联网的认证过程中，传感网的认证机制是重要部分，无线传感器网络中的认证技术主要包括基于轻量级公钥算法的认证技术、基于预共享密钥的认证技术、随机密钥预分布的认证技术、基于单向散列函数的认证技术等。

5. 入侵检测与容侵容错技术

容侵就是指在网络中存在恶意入侵的情况下，网络仍然能够正常地运行。无线传感器网络的安全隐患在于网络部署区域的开放特性以及无线电网络的广播特性，攻击者往往利用这两个特性，通过阻碍网络中节点的正常工作，进而破坏整个传感器网络的运行，降低网络的可用性。无人值守的恶劣环境导致无线传感器网络缺少传统网络中的物理上的安全，传感器节点很容易被攻击者俘获或毁坏。目前，无线传感器网络的容侵技术主要集中于网络的拓扑容侵、安全路由容侵以及数据传输过程中的容侵机制。

6. 决策与控制安全技术

物联网的数据是一个双向流动的信息流，一是从感知端采集物理世界的各种信息，经过数据的处理，存储在网络的数据库中；二是根据用户的需求，进行数据的挖掘、决策和控制，实现与物理世界中任何互连物体的互动。在数据采集处理中我们讨论了相关的隐私性等安全问题，而决策控制又将涉及另一个安全问题，如可靠性等。前面讨论的认证和访问控制机制可以对用户进行认证，使合法的用户才能使用相关的数据，并对系统进行控制操作。但问题是如何保证决策和控制的正确性和可靠性。

物联网不同于现有通信网络，其结构更复杂，系统更庞大，因而存在着不同于现有互联网和移动通信网的安全问题，尤其是在信息感知和信息应用层面上，有着比传统计算机网络更高水平的安全要求。因此在研究物联网安全体系问题时，我们主要从物联网的三层体系架构来分析物联网的安全需求。

本 章 小 结

(1)计算机互联网络面临的安全威胁包括：①人为的失误；②信息截取；③内部窃密和破坏；④黑客攻击；⑤技术缺陷；⑥病毒等。

(2)针对计算机互联网面临的安全威胁，常用的网络安全技术主要有：①病毒防范技术；②防火墙技术；③加密技术；④入侵检测技术；⑤网络安全扫描技术等。除了这些主动对外防御技术外，还包括其他一些被广泛应用的安全技术，如身份验证、访问与存取控制、安全协议等。这些技术主要指从内部管理与访问授权管理等方面采取的安全措施与技术。

(3)物联网安全面临的特殊威胁：除了面临计算机互联网的威胁外，物联网还有自身独有的安全威胁，主要包括：①感知节点威胁；②异构网络传输威胁；③信息处理威胁；④隐私威胁等。

(4)物联网的安全目标：物联网安全的总体需求就是物理安全、信息采集安全、信息传输安全和信息处理安全的综合。安全的最终目标是确保信息的机密性、完整性、真实性和数据新鲜性。

(5)物联网安全的关键技术：①密钥管理技术；②数据处理与隐私性技术；③安全路由协议技术；④认证与访问控制技术；⑤入侵检测与容侵容错技术；⑥决策与控制安全技术等。

习　题

（1）物联网安全与计算机互联网安全有何联系？

（2）试说明物联网安全的紧迫性和重要性。

（3）相比于计算机互联网，物联网安全保障有哪些困难？

（4）物联网安全技术有哪些独特的要求？

（5）物联网面临的特殊安全要求有哪些？

第 **10** 章 物联网感知层安全

在物联网最底层的感知层,由于传感器节点受到能量和功能的制约,其安全保护机制较差,并且由于传感器网络尚未完全实现标准化,其中消息和数据传输协议没有统一的标准,从而无法提供一个统一完善的安全保护体系。因此,传感器网络除了可能遭受同现有网络相同的安全威胁外,还可能受到恶意节点的攻击、传输的数据被监听或破坏、数据的一致性差等安全威胁。

同时,感知层需要解决高灵敏度、全面感知能力、低功耗、微型化和低成本问题。感知层包括多种感知设备,如 RFID 系统、各类型传感器、摄像头、GPS 系统等。在基于物联网的应用服务中,感知信息来源复杂,需要综合处理和利用。在当前物联网环境与应用技术下,由各种感知器件构成的传感网络是支撑感知层的主体。传感网络内部的感知器件与外网的信息传递都要通过传感网络的网关节点,网关节点是所有内部节点与外界通信的控制渠道,因此传感网的安全性便决定了物联网感知层的安全性。

10.1 感知层的安全特征

与传统的计算机互联网相比,物联网多出了感知层。作为物联网最基本的一层,感知层主要负责物体的信息采集和识别。通过分析,感知层所面临的安全威胁可能有以下几种情况:①非法方控制了网关节点;②非法方窃取了节点密钥,控制了普通节点;③网关节点或普通节点受到来自于网络的拒绝服务攻击,造成网络瘫痪;④海量的传感节点接入到物联网,会带来节点识别、节点认证和节点控制等诸多问题。

作为信息感知这一功能层,感知器件或设施通常功能比较单一,信息处理能力有限且通常远离人们的可及范围,因此感知层的安全特征主要有以下几个方面。

1. 感知节点的计算能力和资源有限

与计算机互联网的各种信息终端(通常为各种计算机)相比,感知器件或设施功能简单、内存容量很小,且信息处理能力非常有限,传统的用于计算机互联网的安全技术无法直接应用于感知层。数据加密常用的各种密钥通常需要上百字节的存储空间,而且加密/解密的计算量也比较大,因此感知节点的数据安全问题需要重新考虑。

2. 感知节点之间需要自组路由网络

在实际组建一个感知网络时,感知节点数量通常很大,节点之间的位置有时并不能事先确定,而且需要节点之间进行信息传输的路由选择,即感知网络要有自动路由的功能。因此,能否在节点有限的信息处理能力的基础上,提供安全的信息路由是个关键的安全问题。

3. 安置区域的环境因素不可控

物联网应用中,有的感知节点需要布置在无人值守的区域,空间环境因素不可掌控,这除了直接影响到节点的物理安全,更可能遭到对手的俘获、修改或破坏。同时,周围的电磁环境因素也可能给感知节点带来干扰甚至是破坏。

4. 有限的通信带宽和能量供应

从目前常用的传感网技术来看，多为低速率、低功耗的无线通信技术（如 ZigBee 技术、6Lowpan 技术等）。这一方面带来了能耗的节省，但也意味着通信能力比较低下，加之电池的持续供电能力有限，因此也就给破坏者提供了一种通过刻意增加虚假通信而耗尽感知节点能量的简单破坏方法。

5. 网络信息安全层面多样

传统的计算机互联网络中，作为信息终端的计算机通常并不负责彼此之间的路由问题，即通信子网与信息资源子网是分开的。信息的路由主要由专门的网络设备（路由器、交换机等）完成。但在物联网中，信息节点不仅负责信息资源的采集和预处理，还要负责信息传输中的路由选择。因此，节点之间的身份识别问题、信息的加密解密问题等环节均增加了安全风险。

6. 应用层次差异性大

物联网的应用非常广泛，从民用、商用到国防安全等各个领域均有需求。因此，其安全级别也会随着应用领域的不同而大不一样。这对物联网的设计、实施和管理均提出了比互联网复杂得多的安全要求。

10.2 感知层面临的攻击方式

感知层在实际应用中，由于感知节点部署区域的开放性和无线网络的广播式传输信息的方式，造成了无线传感网相比于互联网，更容易遭到攻击。常见的攻击方式主要有以下几种。

1. 路由伪造

由于感知节点之间要承担路由的功能，因此，攻击者可以通过俘获并修改合法节点，也可以通过插入恶意节点等方式篡改路由消息、伪造路由消息、伪造断链信息、假冒多个节点身份等方式制造虚假的路由信息，以便干扰信息的正确传输。

2. 路由隐藏

路由隐藏是指攻击者通过特殊的方式隐藏可靠路由（即正常节点间构成的路由），使感知节点只能得到受攻击者控制的路由信息，从而使网络通信流向攻击者控制的节点，达到窃取信息的目的。

3. 黑洞攻击

在黑洞攻击中，攻击者通常会在传感网中插入一个恶意节点，由于无线网络的广播式传输信息的方式，攻击者通过窃听，截获合法节点的路由请求消息后，广播一个电源充足、可靠且高效的路由信息，告诉其他节点自己有到目的节点的最短路径，假如恶意节点的回复消息在合法节点发出的回复消息之前到达请求节点，那么就会生成一个假的路由信息广播。一旦恶意节点能够把自己加入到通信节点之间，它就可以任意处理通过自己的数据包。它可以丢弃数据，也可以窃取信息。

4. 虫洞攻击

虫洞攻击即 Wormhole 攻击。攻击者会在传感网络中，插入两个恶意节点，一个节点位于传感网中的 Sink 节点附近，另一个则在较远的地方。较远的一个恶意节点声称自己和

Sink 节点附近的那个恶意节点之间可以建立低时延、高带宽的链路,以吸引周围节点将其数据发送给它,从而达到任意处理信息的目的。

5. 拒绝服务攻击

拒绝服务攻击又分为 RREQ flooding 攻击或 DATA flooding 攻击。RREQ flooding 攻击:攻击者不顾路由协议对发送 RREQ 包的限制,发送大量 RREQ 包,尽力消耗网络资源,导致其他节点的路由请求表溢出不能接收合法节点的路由请求,而且消耗了其他节点的电池量。DATA flooding 攻击是指攻击节点在网络中泛洪发送大量无用数据包给一些节点,导致网络中充满了它发送的路由请求包和数据包,其他节点忙于处理这些包而造成其他路由包和数据包的延迟甚至丢失,也消耗了其他节点的电量,阻塞了节点的正常通信。这种攻击主要针对按需路由协议。

6. 女巫攻击

女巫攻击即 Sybil 攻击。这种攻击通过插入一个恶意节点,并非法地对外呈现出多个身份,以便更容易地成为传感网中的路由节点,然后开始各种攻击,主要包括:直接通信和间接通信、同时攻击与非同时攻击。

另外一个可能的攻击方式是攻击者可能有多个恶意节点部署在网络中,这些恶意节点轮流使用这些身份,当身份的个数和恶意节点的个数相同时,每个恶意节点在不同的时间就具有不同的身份。

10.3 两种感知技术的安全

感知技术主要包括条码、磁卡、RFID 和各种传感器等技术,其中用的比较普遍的是 RFID 和主要由传感器组成的无线传感网两种技术,因为这两种技术可以实现信息的自动采集。下面针对这两种技术讨论一下它们在实际应用中的安全问题。

10.3.1 RFID 安全

RFID(radio frequency identification),即射频识别。RFID 系统由 3 部分组成,如图 10-1 所示。

标签(标签):由耦合元件及芯片组成,每个标签具有唯一的产品电子代码(electronic product code,EPC)附着在物体上,标识目标对象。

阅读器:读取标签信息的设备,可设计为手持式或固定式。

天线:在标签和读取器间传递射频信号。

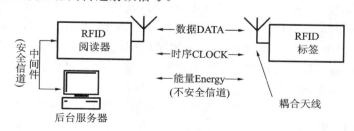

图 10-1　RFID 系统的组成框图

其中 RFID 中间件是一种面向消息的中间件。它是一个处于阅读器与后台服务器系统之间的软件系统,在系统中发挥着应用程序和标签之间中介机构的作用,负责处理来自一个或多个阅读器的标签或传感器的数据流。应用程序使用由中间件提供的一组通用应用程序接口(API),就能通过 RFID 阅读器的数据读取功能采集标签数据。它将阅读器获取的标签数据传输给后台的服务器系统并对这些数据进行管理,具有阅读器集成和控制、信息基础过滤的功能。

后台系统可以对阅读器上传的数据进行分析和管理,它可以是如 SQL、Oracle 这样的标准数据库或相似产品。在不同的应用项目中,后台系统可以是单独的一台 PC 机,也可以是大型机,甚至可以通过全球通信网络来对系统进行管理。

1. RFID 自身的脆弱性

在 RFID 系统中,电子标签内部的计算资源有限、能量储备有限,加之开放性传输信息的方式,使得 RFID 系统的安全保障能力有限,这加大了安全传输信息的难度,具体表现在以下几个方面。

1)安全保障资源的局限

为了保证信息安全和电子标签标识的安全,通常依靠的密钥管理和身份识别等技术均需要较高的运算能力和存储空间。但是电子标签内这类资源非常有限。电子标签是整个 RFID 系统中最薄弱的环节之一。原因是,为了追求低成本、低功耗的应用普及,牺牲了其安全方面的设计与能力。由于标签的应用通常附加在物品之上,数量巨大,且远离监管人员的触及范围。因此,攻击者可以轻易地接触到电子标签,通过对其分解和分析,窃取其中的数据,并利用获取的数据进行标签仿造。当然,也可以进行物理破坏。

2)标签身份识别的困难

电子标签与阅读器之间的信息传输有不同的方式,有的是一次读取一个标签信息(如简单的门禁应用系统),有的则是同时读取多个标签信息(如物流管理应用系统)。不同的工作方式要求精确的读取时间控制,同时不同的电子标签工作距离又不一样,容易出现漏读标签的情况,这限制了信息完整性与可靠性的安全要求。

3)密钥管理的困难

在一个较大型的 RFID 应用系统(如物流管理系统)中,电子标签的数量比较多。如果每个标签都具有唯一的密钥,那么密钥的数量将变得十分庞大,被窃或丢失的标签容易泄露密钥信息,这将造成整个应用系统的不安全性。因此,密钥的管理将非常困难。

由于上述的资源局限性,通常来说,攻击者可以攻击组成 RFID 系统的各个部分和信息传输环节,如电子标签、空中接口、阅读器、后端信道及应用系统等。

4)空中接口

由于电子标签本身在安全处理信息方面的弱势,使得在电子标签和阅读器之间的空中接口成为泄露信息的一个通道。尽管各种经典的加密算法、认证方法和数据完整性措施可以解决部分问题,但由于标签的功耗和成本的限制,使得这些经典方法很难顺利实施。这给攻击者在空中接口这一环节进行攻击提供了方便。攻击者通过自制的阅读器可以远距离截获电子标签与阅读器之间的信息,实现窃听、篡改等攻击。

同时,由于电子标签能量有限,其反向传输给阅读器的信号比较弱,也容易招致工作频带内的干扰,形成拒绝服务式攻击。

5)阅读器

阅读器的脆弱表现在物理安全上,容易被盗取、滥用和伪造,尤其是在无人看守的应用场合。由于阅读器负责感知电子标签内的信息,其处理的数据量比较大,又是整个 RFID 系统的核心部件,因此阅读器的安全要求相比于电子标签要更高一些。在阅读器中,除了中间件完成数据筛选、时间过滤和管理之外,只能提供用户业务接口,而不能提供能够让用户自行提升安全性能的接口。

2. RFID 面临的主要威胁

1)伪造电子标签

电子标签已经被普遍应用于物流系统、商品零售、食品溯源、交通管理、门禁系统等诸多领域。在这些领域中,由于多涉及资金结算、安全保障等利益诱惑,加之电子标签的防伪功能比较简单,使得不法分子可以轻松破解其序列号等信息,从而伪造电子标签进行非法利用。

2)伪造阅读器

对于移动阅读器来说,读写器与后台数据之间不存在任何固定的物理连接,通过射频信道传输其身份信息,攻击者截获一个身份信息时,就可以用这个身份信息来假冒该合法读写器的身份,从而进行非授权服务、否认与拒绝服务等攻击。

3)隐私泄露

RFID 的应用日益广泛,其中不乏涉及个人信息的各种身份证件或标识的应用。这些个人信息的载体如果安装有电子标签,那么极有可能造成隐私的泄露和对个人安全的威胁。因为,电子标签与阅读器之间传递信息是通过开放的电磁波进行的,攻击者通过自己的阅读器,可以跟踪并截获 RFID 系统所传输的信息并进行技术破解,极易造成非法分子获得他人的相关信息,对财产或安全造成威胁。

4)非法干扰和破坏

各种 RFID 标签的工作频率是公开的,对于一些重要的 RFID 应用中的各类电子标签或者阅读器,可以轻易通过无线电干扰使其 RFID 系统不能正常工作。

3. RFID 系统的攻击手段

攻击该系统的常用手段包括被动攻击、主动攻击、物理攻击等。

1)被动攻击

被动攻击是指攻击者对整个 RFID 系统并不进行破坏,只是希望在不被他人知晓的情况下,获得 RFID 系统中的敏感信息。由于 RFID 系统中的信息传输是以开放的无线电方式,信号很容易被攻击者窃听到。攻击者通过监听到的信号,分析其中的数据信息,获取物品本身的价格、产地、去向等信息,为商业竞争提供参考。对于持有电子标签的人来说,则可获得有关这个人的敏感信息,威胁到个人的隐私信息安全。

2)主动攻击

主动攻击是指通过影响 RFID 系统的正常运行,改变信息传输的完整性、真实性,从而达到对系统进行攻击的目的。主动攻击包括欺骗攻击、插入攻击、信息篡改攻击、重放攻击、假冒攻击、拒绝服务攻击和芯片攻击等。

（1）欺骗攻击。欺骗攻击是指攻击者向系统提供虚假信息。在 RFID 系统中,当系统要求提供一个有效数据时,攻击者就在空中广播一个 EPC 编码（electronic product code,产品电子代码）,哄骗读写器等设备提供相关信息。

（2）插入攻击。插入攻击是指在需求数据的地方插入系统的指令。将恶意代码插入到网站的应用程序,或在数据库中插入 SQL 语句是插入攻击的常见形式。RFID 系统中,在标签的存储区中本应保存 EPC 编码的区域插入一个系统指令就能使这张标签失效。

（3）信息篡改攻击。攻击者将非法窃取到的信息修改之后将信息回传给接收者。这种攻击的目的可能是阻止合法标签与阅读器之间建立连接，还可能用于骗取阅读器的信任。插入攻击和信息篡改攻击最大的区别在于插入攻击向存储器中写入的是一段指令，而信息篡改攻击则是改写了数据。

（4）重放攻击。重放攻击是在一次正常的 RFID 对话中，攻击者将标签发送的数据保存下来，并不断地向阅读器重放，接下来阅读器就会以固定的程序来回应或处理这些"有效"数据。重放攻击用来复制标签，也可能用来阻塞标签。

（5）假冒攻击。假冒攻击也称为复制攻击。由于标签与阅读器之间仅通过射频信道传送身份信息，攻击者在射频信道中截获一个合法用户身份信息，就可以利用这个身份信息进行假冒攻击。这个信息被放入一张标签内，攻击者就能复制一张合法的标签。

（6）拒绝服务攻击。拒绝服务攻击也称为淹没攻击。当数据量超过了系统的处理能力，这时便导致信号淹没，就形成了拒绝服务攻击。在 RFID 系统领域，拒绝服务攻击的变种就是射频阻塞（RF jamming）。射频信号被噪声信号淹没后就产生了射频阻塞，这种攻击成功后能导致系统失效。

（7）芯片攻击。RFID 芯片攻击技术常常被用于窃取电子标签中的重要信息，其手段有版图重构技术、存储器读出技术和电流分析攻击、故障攻击等，前两者均属于破坏性攻击，后两者属于非破坏性攻击。

3）物理攻击

RFID 应用系统中，存在着大量的电子标签附着于物品之上。移除或破坏这些标签的物理攻击非常容易实现，阅读器通常也是暴露在攻击者可触及的环境中，破坏阅读器等设施也成了最简单但最有效的一种攻击手段。

4. RFID 安全技术

1）RFID 物理安全手段

（1）静电屏蔽。法拉第盒是基于由特定的金属制成的金属网能够提供一个天然的无线电波的屏障的原理。这种简单的保护方法有几个实际应用。比如，将带有电子标签的护照放置于法拉第盒内来防止存储数据与 RFID 芯片中的数据在未授权的情况下被非法访问。

（2）Kill 命令。Kill 命令是用来在需要的时候使标签失效的命令。接收到这个命令之后，标签便终止其功能，无法再发射和接收数据，这是一个不可逆操作。将电子标签销毁或在购买产品后将其丢弃并不能解决 RFID 技术所有的隐私问题，更何况电子标签在出售后对消费者来说还有很多用处（如退换货），所以简单的执行 kill 命令的方案并不可行。

（3）阻塞标签。基于二进制树型查询算法的阻塞标签，通过模拟标签 ID 来干扰算法的查询过程。阻塞标签方法的优点是 RFID 标签基本不需要修改，也不必执行密码运算，减少了投入成本，并且阻塞标签本身非常便宜，与普通标签价格相差不大，这使得阻塞标签可作为一种有效的隐私保护工具。但阻塞标签也可能被用于进行恶意攻击：通过模拟标签 ID，恶意阻塞标签能阻塞规定 ID 隐私保护范围之外的标签，从而干扰正常的 RFID 应用。

（4）夹子标签。夹子标签是 IBM 公司针对 RFID 隐私问题开发的新型标签。消费者能够将 RFID 天线扯掉或者刮除，缩小标签的可阅读范围，使标签不能被随意读取。使用夹子标签技术，尽管天线不能再用，阅读器仍然能够近距离读取标签（当消费者返回来退货时，可以从 RFID 标签中读出信息）。

（5）假名标签。给每个标签一套假名 $P_1, P_2, \cdots, P_k$，在每次阅读标签的时候循环使用这些假名，这就是假名标签。它实现了不给标签写入密码，只简单改变他们的序号就可以保护消费者隐私的目的。但是,攻击者可以反复扫描同一标签,从而迫使它循环使用所有可用的假名。

(6)天线能量分析。国外学者 Kenneth Fishkin 和 Sumit Roy 提出了一个保护隐私的系统,该系统的前提是合法阅读器可能会相当接近标签(比如一个收款台),而恶意阅读器可能离标签很远。由于信号的信噪比随距离的增加迅速降低,所以阅读器离标签越远,标签接收到的噪声信号越强。加上一些附加电路,一个 RFID 标签就能粗略估计一个阅读器的距离,并以此为依据改变它。

2)RFID 密钥安全协议

与基于物理方法的硬件安全机制相比,基于密码技术的软件安全机制受到人们更多的青睐。其主要研究内容是利用各种成熟的密码方案和机制来设计和实现符合 RFID 安全需求的密码协议。这已经成为当前 RFID 安全研究的热点。目前,已经提出了多种 RFID 安全协议,例如 Hash-Lock 协议、随机化 Hash-Lock 协议、Hash 链协议等。但遗憾的是,现有的大多数 RFID 协议都存在着各种各样的缺陷。

10.3.2 无线传感网节点安全

1.无线传感网概念

无线传感器网络(wireless sensor network,WSN)通常包括传感器节点和汇聚节点。汇聚节点也称网关,可汇聚附近传感器节点的报告数据,剔除一些错误或异常的数据,并能结合一定时间段内的报告数据,进行数据融合和事件判断。传感器节点随机分布于目标区域的各个部分,用于收集数据,并且将数据路由至汇聚节点(sink)。汇聚节点与用户节点通过广域网络(如 Internet 或者卫星网络等)通信或直接进行通信,从而实现用户对收集到的数据进行处理。

传感器节点由数据采集单元、数据处理单元、数据传输单元和能量供应单元 4 部分组成,如图 10-2 所示。

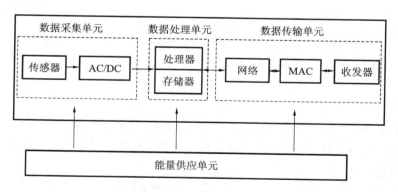

图 10-2 传感器节点组成示意图

数据采集单元:负责监测区域内信息的采集和数据转换,可以是温度、湿度、光强度、加速度和大气压力等传感器。

数据处理单元:负责控制整个节点的处理操作、路由协议、同步、定位、能量管理、任务管理、数据融合等。

数据传输单元:负责与其他节点进行无线通信,交换控制消息和收发采集数据。

能量供应单元:可由各类微型电池组成,以减少传感器节点的体积。

2. 无线传感网节点安全要求

无线传感网节点安全要求主要有两个方面,即通信安全需求和信息安全需求。

通信安全需求:在不确定的非可信环境下,WSN系统必须保证数据中继前传的安全性;必须具备鉴别伪装成可信节点,实际上为有害节点的能力;必须保证前传数据的机密性;必须保证前传数据的完整性(不被有害节点篡改)。

信息安全需求:信息安全就是要保证WSN中信息中继前传的安全性,即保证中继前传信息不被非法窃听;保证用户收到的信息来自可信节点而非有害节点;保证数据在中继前传中没有被篡改等。

概括来说,无线传感网节点安全主要有以下几个方面的具体要求。

1)机密性

机密性要求对WSN节点间传输的信息进行加密,让任何人在截获节点间的物理通信信号后不能直接获得其所携带的消息内容。

2)完整性

WSN的无线通信环境为恶意节点实施破坏提供了方便。完整性要求节点收到的数据在传输过程中未被插入、删除或篡改,即保证接收到的消息与发送的消息是一致的。

3)健壮性

WSN一般被部署在恶劣环境、无人区域或敌方阵地中,外部环境条件具有不确定性,另外,随着旧节点的失效或新节点的加入,网络的拓扑结构不断发生变化。因此,WSN必须具有很强的适应性,使得单个节点或者少量节点的变化不会威胁整个网络的安全。

4)真实性

WSN的真实性主要体现在两个方面:点到点的消息认证和广播认证。点到点的消息认证使得某一节点在收到另一节点发送来的消息时,能够确认这个消息确实是从该节点发送过来的,而不是别人冒充的;广播认证主要解决单个节点向一组节点发送统一通告时的认证安全问题。

5)新鲜性

在WSN中由于网络多路径传输延时的不确定性和恶意节点的重放攻击使得接收方可能收到延后的相同数据包。新鲜性要求接收方收到的数据包都是最新的、非重放的,即体现消息的时效性。

6)可用性

可用性要求WSN能够按预先设定的工作方式向合法的用户提供信息访问服务,然而,攻击者可以通过信号干扰、伪造或者复制等方式使WSN处于部分或全部瘫痪状态,从而破坏系统的可用性。

7)访问控制

WSN不能通过设置防火墙进行访问过滤,由于硬件受限,也不能采用非对称加密体制的数字签名和公钥证书机制。WSN必须建立一套符合自身特点,综合考虑性能、效率和安全性的访问控制机制。

3. 无线传感网节点面临的安全挑战

无线传感网自身的特性,对信息安全提出了新的挑战。由于无线传感网的一次性、无人看管、无线通信、低成本、资源受限等特点,传感器容易突发异常状况,攻击者发动物理攻击、密钥破解、拒绝服务攻击、偷听、流量分析等相对容易,而无线传感网量大和资源受限性也使得设计密钥存储、分发和加解密机制成为一个挑战性问题。

1）密钥安全问题

密钥存储与分发：大多数安全协议需要采用密码技术并用到密钥，如加密和解密、身份鉴别、签名等。与传统的密钥通过加密方式存储不一样，传感器由于无人看管的原因，需要直接存储自身的密钥信息和密码算法。攻击者通过控制传感器节点，能够获取密钥，从而作为一个内部合法节点发动一系列攻击。

2）物理安全问题

（1）传感器攻击。与传统的计算机终端有专人保护不一样，传感器部署后，由于无人看管，很难阻止攻击者获取传感器，进行拆解，从而获得传感器存储的密码和感知的数据，并用于进一步的攻击。无线传感网安全的一个挑战就是如何限制这些被劫持的传感器影响的范围和程度，减小这些被劫持的传感器造成的威胁。

（2）传感器异常。传感器通常被部署在恶劣的环境中，拥有有限的资源。这些传感器会因电源不足等原因停止工作或出现功能异常，给传感器网络的安全造成威胁。

（3）覆盖空洞问题。一些应用为了容错、冗余或对目标对象进行精确定位，需要在目标区域部署大量传感器，对目标区域进行高密度覆盖。但在随机部署过程中或受到攻击时，会造成该区域内正常工作的传感器稀疏，造成覆盖空洞，影响传感器网络的正常工作。

（4）节点复制攻击。攻击者有意在网络中的多个位置放置被控节点的复制节点，以引起网络的不一致，达到攻击网络的目的。

（5）无线电干扰。无线传感网中，传感器之间、传感器与网关之间都是通过无线信号传输信息的，攻击者可以在传感网内放置干扰信号源，使得网络不能正常工作。

3）节点组网安全问题

资源耗尽与冲突：攻击者放置的恶意传感节点通过大量占用某些传感器节点的通信资源使得这些传感器的通信资源分配不公正，与其他传感器通信的资源非常少，不能满足正常通信的需要，甚至造成这些传感器不能与其他传感器进行通信，从而破坏无线传感网的正常运转。

4. 无线传感网节点安全防护手段

无线传感网由众多传感器节点、协调器节点、网关节点以及应用系统组成。在各个组成节点之间的通信链路多为无线的方式，因而成为攻击者和保护者之间攻防争夺的关键环节。对于防护者来说，可以采用以下几种手段。

1）数据信息加密

信息加密技术历来是信息安全体系中重要的防护手段，对通信信息进行加密，来保护数据传输过程中的安全，以防止攻击者截获信息造成的威胁。

2）数据信息校验

数据的完整性是安全的一个重要方面，接收节点对接收到的数据进行完整性校验，检测数据是否在传输过程中遭到篡改或丢失，以确保数据的完整性。通过数据校验不仅能够确保数据的完整性，也可以阻止攻击者的重放攻击，从数据中辨明真伪。

3）身份认证

传感网络中的传感节点数量通常较大，节点之间的身份识别也是确保通信安全的重要一环。为了确保通信是在可靠可信的节点间进行，要对数据的收发双方身份进行认证。通过身份认证可以确保每个数据包来源的真实性，阻止恶意节点的插入，抵制虫洞攻击、女巫攻击、重放攻击和拒绝服务攻击等多种攻击。

4）扩频和跳频

常用的无线传感网通信带宽总是有限的，当网络中多个节点同时进行数据传输时，加之周围电磁环境的干扰，将导致网络延迟及冲突与干扰的频繁发生。同时，无线节点之间如果长时间使用固定频率进行数据传输，则比较容易招致攻击者探听到通信的参数，进而采取窃听手段而截获信道中的信息。因此，在无线局域网通信中，常采用扩频或调频等手段进行通信，以确保信息安全。通过将这个信道划分出多个子信道的方式，虽然节点间同时还是单一频率，但这一频率在每次通信时都是不一样的，减少冲突和延迟，也可以防御攻击者监听信道频率等参数，进行信息窃取。同时，也增加了通信信道的数量，因为不同对节点之间在某一时刻可以采用不同的频率进行通信。

5）安全路由

传统互联网的路由技术主要是考虑路由的效率需求，虽然也加进了安全的网络协议，但由于是建立在高级的路由器等硬件设备上的技术，通常需要较高的存储资源和计算能力，因此并不适用于存储资源和计算能力均有限的无线局域网。由于传感网络节点间需要自组网络和自寻路由的功能。因此，通过提高路由协议的安全性可以有效地抵御攻击者对网络层的攻击，增加网络获取信息的可靠性，延长网络的工作寿命。

6）入侵检测

在数据加密和身份识别仍无法保证安全的情况下，入侵检测是无线传感网有效抵御各种攻击的有效手段。无线传感网入侵检测模式分为以下 4 种。

（1）持续的检测模式。入侵检测系统在一段时间内持续监视无线传感网，若发现攻击则进行记录但并不通知管理员，直到检测周期结束，系统才发出警报。

（2）基于事件的检测模式。不需要设置检测周期，只要发现攻击的异常行为，入侵检测系统会立即通知管理员进行处理。

（3）基于观测的模式。与上述两种模式不同，该模式下只要系统被攻击，异常信息就会被直接处理。如果受到的攻击非常严重，管理员可以立即采取隔离的方法以防止更大的破坏发生。

（4）综合模式。结合上述 3 种检测模式，在正常情况下，传感器节点会周期性报告检测数据。若发现异常攻击行为，入侵检测系统将发出警报，以便管理员调整系统进行防御。

本 章 小 结

（1）感知层的安全特征包括：①感知节点的计算能力和资源有限；②感知节点之间需要自组路由网络；③安置区域的环境因素不可控；④有限的通信带宽和能量供应；⑤网络信息安全层面多样；⑥应用层次差异性大等。

（2）感知层面临的攻击方式有：①路由伪造；②路由隐藏；③黑洞攻击；④虫洞攻击；⑤拒绝服务攻击；⑥女巫攻击。

（3）RFID 面临的主要威胁包括：①伪造电子标签；②伪造阅读器；③隐私泄露；④非法干扰和破坏等。

（4）RFID 物理安全技术手段有：①静电屏蔽；②Kill 命令；③阻塞标签；④夹子标签；⑤假名标签；⑥天线能量分析。

（5）无线传感网节点面临的安全威胁主要有：①密钥安全问题；②物理安全问题；③节点组网安全问题等。

（6）无线传感网节点安全防护手段主要有：①数据信息加密；②数据信息校验；③身份认证；④扩频和跳频；⑤安全路由；⑥入侵检测等。

习　　题

（1）试说明物联网感知层的安全特征有哪些？

（2）试说明物联网感知层常见的攻击方式。

（3）RFID 感知系统面临的常见安全威胁有哪些？

（4）RFID 感知系统的安全防护有哪些常用技术手段？

（5）无线传感节点面临哪些安全威胁？

（6）无线传感节点安全保障的技术手段有哪些？

（7）物联网感知层节点的安全脆弱性表现在哪些方面？

第11章 物联网网络层安全

由于物联网网络层的异构性,在实际的应用环境下,网络层可能会由多个不同类型的网络组成,这便给信息的传递带来极大的安全威胁。

目前在网络环境下会遇到多方面的安全挑战,而基于物联网的网络层也面临着更高更为复杂的安全威胁,主要是因为物联网网络层由多样化的异构性网络相互连通而成,因此实施安全认证需要跨网络架构,这会带来许多操作上的困难。通过调查分析可以认为网络层有下列几种情形的安全威胁:①假冒攻击、中间人攻击等;②DoS 攻击、DDoS 攻击;③跨异构网络的网络攻击。在目前的物联网网络层中,传统的互联网仍是传输多数信息的核心平台。在互联网上出现的安全威胁仍然会出现在物联网网络层上,因此我们可以借助已有的互联网安全机制或防范策略来增强物联网的安全性。由于物联网上的终端类型种类繁多,小到 RFID 标签,大到用户终端,各种设备的计算性能和安全防范能力差别非常大,因此面向所有的设备设计出统一完整的安全解决方案非常困难,最有效的方法是针对不同的网络安全需求设计出不同的安全措施。

11.1 网络层安全需求

11.1.1 物联网网络层的安全要素

影响物联网安全的要素很多,物联网不仅要面对移动通信网络和计算机互联网所带来的传统网络安全问题,由于物联网是由大量的自动设备设施构成,缺少人对这些设备设施的实时有效监管,并且各类终端数量巨大,设备种类和应用场景复杂,这些因素都将对物联网的网络安全造成威胁。相对于传统的单一 TCP/IP 网络技术而言,所有的网络监管措施、防护技术不仅面临更复杂机构的网络数据,同时又有更高的实时性要求。在网络通信、网络融合、网络安全、网络管理、网络服务和其他相关学科领域面前都将是一个全新的课题,带来全新的挑战。物联网的网络层安全要素主要有以下 3 个方面。

1. 物联网终端设备设施安全

由于物联网要链接数量庞大的各种业务终端设备,终端的计算能力和存储空间不断增强,物联网应用更加丰富,这些应用同时也增加了终端感染病毒、木马或各种恶意代码的风险。一旦终端被俘获或被入侵成功,那么通过网络层传输的各种数据信息极易被篡改和窃取。同时,由于广泛的联网功能,病毒、木马或恶意代码在整个物联网体系内就具有更大的传播性、更高的隐藏性、更强的破坏性。相比于结构单一的传统通信网络而言更加难以防范,带来的安全威胁也更大。同时,网络终端自身系统平台缺乏完整性保护和验证机制,平台软硬件模块容易被攻击者篡改,内部各个通信接口缺乏机密性和完整性保护,在此基础上传递的数据信息容易被窃取或篡改。物联网终端的丢失和物理破坏也是极有可能发生的安全问题。

2. 承载网络信息传输安全

物联网的承载网络是一个异构多网络体系叠加的开放性网络系统。随着网络融合加速及网络结构的日益复杂多样,物联网基于无线和有线链路进行数据传输面临的威胁更大。攻击者可以随意窃取、篡改或删除链路上的数据,并伪装成网络实体截取业务数据及对网络流量进行主动与被动分析;对系统无线链路中传输的业务与信令、控制信息进行篡改,包括插入、修改、删除等破坏性操作;攻击者通过物理级和协议级干扰,伪装成合法网络实体,诱使特定的协议或者业务流程失效。

3. 核心网络安全

基于物联网终端身份识别的需要,以 IPv6 为主的全 IP 化的移动通信网络和计算机互联网将是物联网网络层的核心承载网络。大多数物联网业务信息要利用互联网传输。移动通信网络和互联网的核心网络具有相对完整的安全保护能力,但对于一个全 IP 化的开放性网络,仍将面临各种传统的网络攻击,如 DoS 攻击、DDoS 攻击、IP 欺骗等。并且物联网中业务节点数量大大超过任何传统的通信网络,节点之间以分布式或集群式存在,在大量传输数据时,将使承载网络出现堵塞等风险,无疑加大了遭受拒绝服务攻击的风险。

同时,核心网络的接入层和各种服务实体也将面临巨大的安全威胁,如移动通信系统中各类实体,攻击者可以伪装成合法用户使用网络服务,在空中接口对合法用户进行非法跟踪而获取用户的私密信息,从而开展进一步的攻击和破坏。伪装成网络实体对系统数据传输实体进行非法访问,对非授权业务进行非法访问和使用。同时,由于物联网的广泛性要求,不同架构体制的承载网络需要互联互通,跨网络结构的安全认证、访问控制和授权管理方面会面临更大的安全挑战。

目前,全球都在针对 IP 网络固有的安全缺陷寻求解决之道,名址分离、源地址认证等技术就是其中的典型代表,也有一些全新的技术方案被提及。总之,物联网核心网今后可能发展为与现有核心网差别很大的网络,届时,目前存在的众多安全威胁或减轻或消失,但也会有新的威胁出现,从而提出新的安全要求。

11.1.2 物联网网络层安全技术需求

1. 网络层安全特点

物联网是一种虚拟网络与现实世界实时互动的新型系统,其核心和基础仍然是互联网络。物联网的网络安全体系和技术涉及网络安全接入、网络安全防护、嵌入式终端防护、自动控制与检测、中间件的稳健性等多种技术,需要长期研究和探索其中的理论、技术和标准。与移动网络和计算机互联网络相同,物联网同样面临网络的管控及服务质量等一系列问题。根据物联网自身的特点,物联网除了面临移动通信网络和计算机互联网络等传统网络的安全问题外,还存在着一些与现有网络安全不同的特殊安全问题。这是由物联网是由大量的节点构成、缺少现场人员监管、数量庞大、设备集群等相关特点造成的。物联网的网络安全区别于传统的 TCP/IP 网络的特点如下。

(1)物联网是在移动通信网络和计算机互联网基础上延伸和扩展的网络。由于不同应用领域的物联网具有完全不同的网络安全和服务质量要求,使得它无法再复制计算机互联网成功的技术模式。此外,现有通信网络的安全架构都是从人通信的角度设计的,并不适用于机器间的通信应用。使用现有安全机制会割裂物联网机器间的逻辑关系。对物联网不同应用领域的专用性要求,需要客观地设计物联网的网络安全机制,科学地设定网络层安全技术要求和开发目标。

(2)物联网的网络面临现有 TCP/IP 网络的所有安全问题,同时还因为物联网在感知层所采集的数据格式多样,来自各种各样感知节点的数据是海量的,且数据结构差异大,带来的网络安全问题将更加复杂。

(3)物联网和计算机互联网的关系密不可分、相辅相成。计算机互联网基于优先级管理的典型特征使得其对安全性、可信性、可控性、可管性等都没有特殊要求。但是,物联网对于实时性、安全可信性、资源保证性等方面却有更高的要求。

(4)物联网需要严密的安全性和可控性。物联网的绝大多数应用都涉及个人隐私或企业商业敏感信息。物联网必须提供严密的安全性和可控性,具有保护个人隐私、防御网络攻击的多种能力。

2. 物联网的网络层安全需求

从信息与网络安全的角度看,物联网作为一个多网并存的异构网络,不仅存在与传感器网络、移动通信网络和计算机互联网同样的安全问题,同时还有其特殊性,如异构网络的认证、访问控制、信息融合等。物联网的网络层主要用于实现物联网信息的双向传递和控制,网络通信适应物物通信需求的无线接入网络安全和核心网的安全,同时在物联网的网络层,异构网络的信息交换将成为安全性的脆弱点,特别在网络鉴权认证过程中,难免会遭受到网络攻击。

物联网应用承载网络主要由计算机互联网、移动通信网和其他无线网络构成,物联网网络层对安全的需求包括以下几个方面。

(1)业务数据在承载网络中的传输安全。需要保证物联网业务数据在承载网络传输过程中,数据内容不被泄露、篡改及数据流量信息不被非法窃取等。

(2)承载网络的安全防护。病毒、木马、DDoS 攻击是网络中最常见的攻击手法。这些攻击未来在网络中将会更加突出,物联网中需要解决的问题是如何对脆弱传输节点或核心网络设备的非法攻击进行安全保护。

(3)终端及异构网络的鉴权认证。在物联网的网络层,为物联网终端提供轻量级鉴权认证和访问控制,实现对物联网终端接入认证、异构网络互连的身份认证、鉴权管理及对应用的细粒度访问控制是物联网网络层安全的核心需求。

(4)异构网络下终端安全接入。物联网应用业务承载包括计算机互联网、移动通信网、WLAN、WPAN 等多种类型的承载网,在异构网络环境下大规模网络融合应用需要对网络安全接入体系结构进行全面设计,针对物联网 M2M 的业务特征,对网络接入技术和网络架构都需要进行改进和优化,以满足物联网业务网络安全应用需求。其中包括网络对低移动性、低数据量、高可靠性、海量容量的优化,包括适应物联网业务模型的无线安全接入技术、核心网络优化技术,包括终端寻址、安全路由、鉴权认证、网络边界管理、终端管理等技术,包括适用于传感器节点的短距离安全通信技术,以及易购网络的融合技术和协调技术。

(5)物联网应用网络统一协议需求。物联网是计算机互联网的延伸,在物联网核心网络层面是基于 TCP/IP 协议的,但在物联网接入层面,协议类别多样,物联网需要一个统一的协议栈和相应的技术标准,以此杜绝通过篡改协议、协议漏洞等安全风险威胁网络应用安全。

(6)大规模终端分布式安全管控。物联网与计算机互联网的关系是密不可分的,互联网基于优先级管理的典型特征使得其对安全性、可信性、可控性、可管性等都没有特殊要求,但是,物联网对于实时性、安全可信性、资源保证性等方面却有更高的要求。物联网的安全框架、网络动态安全管控系统对通信平台、网络平台、系统平台和应用平台等提出更高的安全要求。物联网应用终端的大规模部署,对网络安全管控体系、安全管控与应用服务统一部署、安全检测、应急联动、安全审计等提出了新的安全需求。

11.1.3　物联网网络层安全框架

随着物联网的发展,建立端到端的全局物联网成为趋势,现有互联网、移动通信网络将成为物联网的基础承载网络。由于通信网络在物联网架构中的应用不足,使得早期的物联网应用往往在部署范围、应用领域、安全保护等诸多方面有所局限,终端之间及终端与后台应用系统之间难以协同。传统互联网、移动通信网络中,网络层的安全和业务层的安全是相对独立的。而物联网的特殊安全问题很大一部分是由于物联网是在现有通信网络基础上集成了感知网络和应用平台而形成的。因此,网络中的大部分机制仍然可以适用于物联网并能够提供一定的安全保障,如认证机制、加密机制等。物联网的网络层可分为业务网、核心网、接入网三个层次。物联网网络层的安全体系结构如图11-1所示。

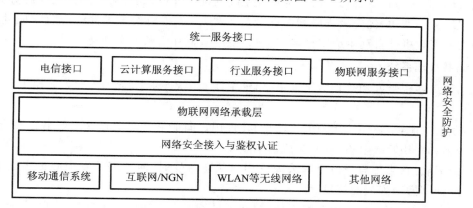

图 11-1　物联网网络层的安全体系结构

网络层安全解决方案应该包括以下内容。

(1)构建物联网与互联网、移动通信网相融合的网络安全体系结构,重点对网络体系架构、网络与信息安全、加密机制、密钥管理体制、安全分级管理机制、节点间通信、网络入侵检测、路由寻址、组网及鉴权认证和安全管控等方面进行全面设计。

(2)建设物联网网络安全统一防护平台,通过对核心网络和终端进行全面的安全防护部署,建设物联网网络安全防护平台,完成对终端安全管控、安全授权、应用访问控制、协调处理、终端态势监控与分析等方面的管理。

(3)提高物联网系统各应用层次之间的安全应用与保障措施,重点规划异构网络集成、功能集成、软硬件操作界面集成及职能控制、系统级软件和安全中间件等技术应用。

(4)不同行业的需求千差万别,面向实际应用需求,建立全面的物联网网络安全接入与应用访问控制机制,满足物联网终端产品的多样化网络安全需求。

11.2　物联网核心网安全

目前,物联网核心网主要是运营商的核心网络,其安全防护系统组成包括安全通道管控设备、网络密码机、防火墙、入侵检测系统、漏洞扫描系统、病毒防护系统、补丁分发系统、综合安全管理系统等。核心网安全防护系统可以为物联网终端设备提供本地和网络应用的身份认证、网络过滤、访问控制、授权管理等安全防护服务。

通过在核心网络中部署通道管控设备、应用访问控制设备、权限管理设备、防火墙、入侵检测设备、漏洞扫描设备、补丁分发设备等基础安全设施,为物联网终端的本地和网络应用的身份、网络过滤、访问控制、授权管理、传输加密等提供安全应用服务。

1. 综合安全管理设备

综合安全管理设备能够对全网的安全态势进行统一监控,实时反映全网的安全状态,对安全设备或系统进行统一管理,能够构建全网安全管理体系,对专网各类安全实现统一管理;可以实现全网安全时间的上报与归类分析,全面掌握网络安全状况,实现网络各类安全系统和设备的联防联动。

综合安全管理设备对核心网络环境中的各类安全设备进行集中管理和配置,在统一调度下完成对安全通道管控设备、防火墙、入侵检测设备、应用安全访问控制设备、补丁分发设备、防病毒服务器、漏洞扫描设备、安全管控系统的统一管理,能够对产生的安全态势数据进行汇聚、过滤、标准化、优先级排序和关联分析等处理,支持对安全事件的应急响应处理,能够对确切的安全事件自动生成安全响应策略,及时减低和阻断安全威胁。

2. 证书管理系统

证书管理系统签发和管理数字证书,由证书注册中心、证书签发中心及证书目录服务器组成。

(1)证书注册:审核注册用户的合法性,代理用户向证书签发中心提出证书签发请求,并将用户证书和密钥写入身份令牌,完成证书签发。

(2)证书撤销:当用户身份令牌丢失或用户状态改变时,向证书签发中心提出证书撤销请求,完成证书撤销列表的签发。

(3)证书恢复:当用户身份令牌损坏时,向证书签发中心提出证书恢复请求,完成用户证书的恢复。

(4)证书发布:负责将签发或恢复好的用户证书及证书撤销列表发布到证书目录服务器中。

(5)身份令牌:为证书签发、恢复等模块提供用户身份令牌的操作接口,包括用户临时密钥的生成、私钥的解密写入、用户证书的写入及用户信息的读取等。

(6)证书签发服务:接受证书注册中心的证书签发请求,完成证书的签发。

(7)证书撤销服务:接受证书注册中心的证书撤销请求,完成证书撤销列表的签发。

(8)密钥申请:向证书密钥管理系统申请密钥服务,为证书签发、撤销、恢复等模块提供密钥的发放、撤销和恢复接口。

(9)证书查询服务:为证书签发服务系统、证书注册服务系统和其他应用系统提供证书查询接口。

(10)证书发布服务:为证书签发服务系统、证书注册服务系统和其他应用系统提供证书和证书撤销列表的发布接口。

(11)证书状态查询服务:提供证书当前状态的快速查询,以判断证书在当前时刻是否有效。

(12)日志审计:记录证书管理操作过程,提供查询统计功能。

(13)备份恢复:提供数据库备份和恢复功能,保障用户证书等数据的安全。

3. 应用安全访问控制设备

应用安全访问控制采用安全隧道技术,在应用的物联网终端和服务器之间建立一个安全隧道,并且隔离终端和服务器之间的直接连接,所有的访问都必须通过安全隧道,没有经过安全隧道的访问请求一律丢弃。应用访问控制设备收到终端从安全隧道发来的请求,首先通过验证终端设备的身份,并根据终端设备的身份查询该终端设备的权限,根据终端设备的访问权限决定是否允许该终端设备的访问。

应用安全访问控制设备需要实现的主要功能包括以下几方面。

(1)统一的安全保护机制:为网络中多台应用服务器提供集中式统一身份认证、安全传输、访问控制等。

(2)身份认证:基于各种数字证书的身份认证机制,在应用层严格控制终端设备对应用系统的访问接入,可以完全避免终端设备身份假冒事件的发生。

(3)数据安全保护:终端设备与应用访问控制设备之间建立访问被保护服务器的专用安全通道,该安全通道为数据传输提供数据封装、完整性检验等安全保障。

(4)访问控制:结合授权管理系统,对各种网络应用服务实现目录一级的访问控制,在授权管理设备中没有授予任何访问权限的终端设备,将不被允许登录应用访问控制设备。

(5)透明转发:支持根据用户策略的设置,实现多种协议的透明转发。

(6)日志审计:能够记录终端设备的访问日志,能够记录管理员的所有配置管理操作,可以查看历史记录。

(7)应用安全访问控制设备和授权管理设备共同实现对方位服务区域的终端设备的身份认证及访问权限控制,通过建立统一的身份认证体系,在终端部署认证机制,通过应用访问控制设备对访问应用服务安全域应用服务器的终端设备进行身份认证和授权访问控制。

4. 安全通道管理设备

安全通道管理设备部署于物联网 LNS 服务器与运营商网关之间,用于抵御来自公网或终端设备的各种安全威胁。其主要特点体现在两个方面:①透明,即对用户透明、对网络设备透明,满足电信级要求;②管控,即根据需要对网络通信内容进行管理和监控。

5. 网络加密机

网络加密机部署于物联网应用的终端设备和物联网业务系统之间,通过建立一个安全隧道,并且隔离终端设备和中心服务器之间的直接连接,所有的访问都必须通过安全隧道。网络加密机采用对称密码体制的分组密码算法,加密传输采用 IPSec 的 ESP 协议、通道模式进行封装。在公共移动通信网络上构建自助安全可控的物联网虚拟专用网(VPN),使物联网业务系统的各种应用业务数据安全、透明地通过公共通信环境,确保终端数据传输的安全保密。

6. 漏洞扫描系统

漏洞扫描系统可以对不同操作系统下的计算机进行漏洞扫描,主要用于分析和指出安全保密分系统计算机网络的安全漏洞及被测系统的薄弱环节,给出详细的检测报告,并针对检测到的网络安全隐患给出相应的修补措施和安全建议,提高安全保密分系统安全防护性能和抗破坏能力,保障安全保密分系统的运行安全。漏洞扫描系统的主要功能如下。

(1)可以对各种主流操作系统的主机和智能网络设备进行扫描,发现安全隐患和漏洞,并提出修补建议。

(2)可以对单 IP、多 IP、网段进行定时扫描,无须人工干预。

(3)扫描结果可以生成不同类型的报告,提供修补漏洞的解决方法,在报告漏洞的同时,提供相关的技术站点和修补方法,方便管理员进行处理。

(4)漏洞分类,包括拒绝服务攻击、远程文件访问测试、一般测试、FTP 测试、CGI 攻击测试、远程获取权限、毫无用处的服务、后门测试、NIS测试、Windows测试、Finger攻击测试、防火墙测试、SMTP测试、端口扫描、RPC测试、SNMP测试等。

7. 防火墙

防火墙阻挡的是对内网非法访问和不安全数据的传递。通过防火墙可以达到以下多方面的目的：过滤不安全的服务和非法用户。防火墙根据制定好的安全策略控制不同安全域之间的访问行为，将内网与外网分开，并能根据系统的安全策略控制出入网络的信息流。

防火墙以TCP/IP和相关的应用协议为基础。防火墙分别在应用层、传输层、网络层与数据链路层对内外通信进行监控。应用层主要侧重于对链接所有的具体协议内容进行检测；在传输层和网络层主要实现对IP、ICMP、TCP和UDP协议的安全策略进行访问控制；在数据链路层实现MAC地址检查，防止IP欺骗。采用这样的体系结构，形成立体的防卫，防火墙能够最直接地保证安全。其基本功能如下。

（1）状态检测包过滤：实现状态检测包过滤，通过规则表与连接状态表共同配合，实现安全性动态过滤；根据实际应用的需要，为合法的访问链接动态地打开所需接口。

（2）地址转换：灵活多样的网络地址转换，提供对任意接口的地址转换。并且无论防火墙工作在何种模式（路由、透明、混合）下，都能实现NAT功能。

（3）带宽管理：支持带宽管理，可按接口细分带宽资源，具有灵活的带宽使用控制功能。

（4）VPN：支持网关-网关的IPSec隧道，实现虚拟专用网。

（5）日志和告警：完善的日志系统，独立的日志接收及告警装置，采用符合国际标准的日志格式审计和报警功能，可提供所有网络的访问活动情况，同时具备对可疑的和有攻击性的访问情况向系统管理员告警的功能。

8. 入侵检测系统

入侵检测设备为终端子网提供异常数据检测，及时发现攻击行为，并在局域网或全网预警。攻击行为的及时发现可以触发安全事件应急响应机制，防止安全事件的扩大和蔓延。入侵检测系统在对全网数据进行分析和检测的同时，还可以提供多种应用协议的审计，记录终端设备的应用访问行为。

入侵检测设备首先获得网络中的各种数据，然后对IP数据进行碎片重组。此后，入侵检测模块对协议数据进一步分拣，将TCP、UDP和ICMP数据分流。针对TCP数据，入侵检测模块进行TCP流重组。在此之后，入侵检测模块、安全审计模块和流量分析模块分别提取与其相关的协议数据进行分析。

入侵检测系统由控制中心软件和探测引擎组成，控制中心软件管理所有探测引擎，为管理员提供管理界面查看和分析检测数据，根据告警信息及时做出相应。探测引擎的采集接口部署在交换机的镜像接口，用于检测进出的网络信息。

9. 防病毒服务器

防病毒服务器用于保护网络中的主机和应用服务器，防止主机和服务器由于感染病毒导致系统异常、运行故障，甚至瘫痪或数据丢失。防病毒服务器由监控中心和客户端组成，客户端分服务器版和主机版，分别部署在服务器或者主机上，监控中心部署在安全保密基础设施子网中。

10. 补丁分发服务器

补丁分发服务器部署在安全防护系统内网中，补丁分发系统采用B/S模式，可在网络的任何终端通过登录内网补丁分发服务器的管理页面进行管理和各种信息查询；所有的网络终端需安装客户端程序以对其进行监控和管理。补丁分发系统同时需要在外网部署一台补丁下载服务器，用来更新补丁信息。补丁分发系统将来可根据实际需要在客户端数量、管理层次和功能扩展上进行无缝平滑扩展。

 ## 11.3 移动通信接入安全

移动通信一直是大家很关注的话题，从最初的 1G 系统发展到现在的 4G 系统，从中我们能够很清楚地看到系统的完善和技术的进步。随着网络业务的不断增多，网络上传输的数据越来越敏感，以及使用移动通信网络人数的不断增多，移动通信的安全性也越来越受到人们的重视。

11.3.1 移动通信面临的威胁

移动通信所面临的攻击有多种，其分类方法也是各式各样，按照攻击的位置分类可以分为对无线链路的威胁、对服务网络的威胁，还有对移动终端的威胁；按照攻击的类型分类可以分为拦截侦听、伪装、资源篡改、流量分析、拒绝服务、非授权访问服务、DoS 和中断；根据攻击方法可以分为消息损害、数据损害以及服务逻辑的损害。

1. 移动通信网络的脆弱性

首先，移动通信网络是一个无线网络，这样的话，移动通信网就不可避免地要遭受所有无线网络所受的攻击，而无线网络所受的攻击一方面是本身在有线中就存在的安全攻击；另一方面那就是因为以空气作为传输介质，这是一个开放的媒介，能够很容易地被接入。

移动通信网络的构建，应该是在物理基础设施之上构造的重叠网络，在重叠网络上涉及服务提供商的利益，而重叠网上面临的威胁就是通过多种形式获取重叠网的信息，然后以合法的身份加入重叠网，然后大规模地使用重叠网络资源而不用花费一分钱。

对移动终端的威胁莫过于盗取移动终端中的系统密钥，以及银行账号和密码等，攻击者通过一些网络工具监听和分析通信量来获得这些信息。

2. 移动通信网络攻击分类

(1)消息损害：通过对信令的损害达到攻击的目的。

(2)数据损害：通过损害存储在系统中的数据达到攻击的目的。

(3)服务逻辑损害：通过损害运行在网络上的服务逻辑，即改变以往的服务方式，方便进行攻击。

3. 移动通信网络攻击类型

(1)拦截侦听：入侵者被动地拦截信息，但是不对信息进行修改和删除，所造成的结果不会影响到信息的接收和发送，但造成了信息的泄露，如果是保密级别的消息，就会造成很大的损失。

(2)伪装：入侵者将伪装成网络单元用户数据、信令数据及控制数据来获取服务。

(3)资源篡改：即修改、插入、删除用户数据或信令数据以破坏数据的完整性。

(4)流量分析：入侵者主动或者被动地监测流量，并对其内容进行分析，获取其中的重要信息。

(5)拒绝服务：在物理上或者协议上干扰用户数据、信令数据以及控制数据在无线链路上的正确传输，实现拒绝服务的目的。

（6）非授权访问服务：入侵者对非授权服务的访问。

（7）DoS：这是一个常见的攻击方法，即利用网络无论是存储还是计算能力都有限的情况，使网络超过其工作负荷导致系统瘫痪。

（8）中断：通过破坏网络资源达到中断的目的。

11.3.2　移动通信接入系统安全

1. 2G 移动通信安全接入系统

第二代移动通信 GSM 的安全性包含以下几个方面：用户身份认证、用户身份保密、信令数据的保密性，以及用户数据的保密性。GSM 中每个用户都分配了一个唯一的国际移动用户识别码（IMSI）。同在第一代模拟系统中的电子序列码 ESN 和 MIN 一样，用户还有一个自己的认证密码。GSM 的认证和加密的设计是高度机密信息不在射频信道传输。

1）身份认证

认证的目的有三个：一个是证实 SIM 卡的合法性；二是禁止网络非授权使用；三是建立会话密钥。

2）用户身份保密

用户身份泄露的一个主要原因是攻击者在无线网络上监听跟踪 GSM 用户，来获取用户身份。所以为了实现用户身份的保密，GSM 使用了 TMSI 临时身份标识来代替 IMSI，而且 TMSI 由 MSC/VLR 分配，并不断进行更新，这样的话就极大程度地保证了用户身份不被泄露。不过在用户开机或者 VLR 丢失数据的时候，IMSI 会被以明文的形式发送，只有在这个时候用户的身份才可能被泄露。VLR 中保存了 TMSI 和 IMSI 之间的对应关系。

3）信令和数据的保密性

为保证无线传输的数据安全，至今为止采用最多的方法就是对数据进行加密。在 GSM 中采用的就是对数据加密的算法，其中运用的是 A5 加密算法。在对数据进行加密之前，首先要进行密钥的产生，跟上面的认证过程很相似，首先是由 GSM 网络生成一个 RAND 挑战随机数，接着将 RAND 发送给移动终端 SIM，之后根据同样的 A8 算法和同样的 Ki 私钥，获得同样的 64bit 的加密密钥 Kc。从上面这个过程中可以看到，Ki 的密级是很高的，从来没有在无线通话上被传送过。由此产生的加密密钥也才能保证信令和数据的安全。

2. 3G 移动通信安全接入系统

2G 系统很好地解决了 1G 系统当中的问题，如有限的容量、欺骗漏洞、监听等。然而，2G 系统虽然优化了语音服务，但是并不适合数据通信。所以，随着电子贸易、多媒体通信，其他的互联网服务，以及移动同步性要求增多的时候，发展更为先进的 3G 技术就显得很有必要了。

3G 是针对 2G 的一些不足而提出的，在安全性方面，首先，它会考虑到在操作环境中对实际或者预期改变需要额外增加的功能；其次，它会尽可能地保持与 GSM 的兼容性；第三，它会保留 GSM 中被用户和网络操作者证明了的比较有用的功能；最后，它会添加功能以弥补 2G 系统中的漏洞。

1）认证和密钥协议

3G 中使用 AKA 机制完成 MS 和网络的双向认证，并建立新的加密密钥和完整性密钥。AKA 安全算法的执行分为两个阶段：第一个阶段是认证向量（AV）从归属环境（HE）到服务网络（SN）的传送；第二个阶段是 SGSN/VLR 和 MS 执行询问应答程序取得相互认证。

2)信令消息和数据完整性保护

数据完整性保护是作为 GSM 的一项漏洞提出来的,3G 中,为了保护数据的完整性,采用了消息认证来保护用户和网络间的通信消息没有被篡改。其采用的是 f9 认证算法。

3)加密

在无线链路上的加密,过程仍然跟 GSM 一致,仅有的区别就是使用的算法是 f8 加密算法,其中有五个输入,分别为密钥序列号、链路身份指示、上下行链路指示、密码长度,以及 128bit 的加密密钥 CK。

3. 4G 移动通信安全接入系统

4G 网络系统是一个集多种通信系统于一体的网络系统。它包括移动终端、无线接入网、无线核心网络和 IP 骨干网络 4 个部分。因此 4G 网络面临的安全威胁正是从这几个方面突显出来的。为保证网络运行的可靠性,只有通过认证才能为移动性管理和移动业务提供必要的保障。与此同时认证方式也是访问控制计费的前提条件。4G 网络系统的结构有其特殊性,因此要将安全问题作为一个重点的因素来考虑。

1)4G 网络的安全需求

4G 无线网络的安全需求包括以下的几个方面:安全灵活性、接入网及空中接口的安全性、用户域的安全需求。对于移动通信安全构成威胁的主要是在应用安全上。这里所指的安全威胁主要是指网络系统遭到可能出现的借助无线接入网进行入侵时的安全性,并不是指操作系统、基站子系统及相关运行系统本身。

2)4G 网络的安全体系

4G 安全系统可以基于移动 IPv6,实现认证、授权、审计以及计费。4G 网络还具有各种协议或算法计算量轻等特征。为保证移动设备的安全性我们要对 4G 网络提出轻量的、复合式的、可重配置的安全体制。

安全体系中包括以下几个方面的安全内容。

(1)安全的可见性和自动配置性:用户是否可以得知操作中的安全,以及对安全程度自行配置的安全特性。

(2)应用程序域安全:用户应用程序与网络运营商应用程序安全交换数据的安全特性。

(3)用户域安全:释义了安全接入移动设备的安全特性。

(4)网络域安全:释义了在运营商节点间安全传输数据的安全特性。

(5)网络接入安全:释义了用户安全接入 4G 的安全特性,加强防止无线链路的攻击。

该安全体系比 3G 具有更为优越的性能特征,具体表现在:综合考虑了对无线和有线链路的保护,提高了有线链路的安全性;通过在网络域中各个实体间建立认证机制,如用户、接入网和归属网络之间相互认证,从而提高了网络的安全级别;在移动终端植入 TPM,可以在安全体系中引入可信移动平台的构想。将用户、USIM 和 ME/TPM 视为 3 个独立的实体,利用可信计算的安全特性来提高用户域的安全。

11.3.3 移动通信终端安全

移动终端作为用户使用移动业务的工具,作为存储用户个人信息的载体,在信息安全方面要配合移动网络保证移动业务的安全,要实现移动网络与移动终端之间通信通道的安全可靠,同时还要保证用户个人私密信息的安全。物联网的应用系统中,离不开智能移动终端设备的部署与管理。因此,移动终端安全不仅仅涉及用户个人的信息安全,将来随着物联网应用的普及和深入,更多的将涉及商业信息的安全,甚至是社会公众的安全。

1. 移动终端面临的威胁

近年来移动终端安全事件层出不穷。总体来讲,移动终端所面临的安全威胁主要来自以下几个方面:空中接口带来的安全威胁、外部接口带来的安全威胁、高速接入互联网带来的安全威胁、终端本身信息存储面临的安全威胁、SIM卡面临的安全威胁。各方面的安全威胁可能造成的安全问题有:病毒感染、信息泄露、资费损失等。其中病毒感染既可能造成手机不能够正常使用,也会引起信息泄露、资费损失,如:卧底软件、自动拨打电话发送短信的病毒等。

2. 提高移动终端信息安全的技术和手段

从上面的分析可以看到,目前移动终端存在多方面的安全威胁,为了保证移动终端的信息安全,需要从各方面着手,来全面保障移动终端的信息安全。

1)移动通信标准层面

2G/3G/4G标准均采取了一些安全机制。比如,终端接入网络的鉴权。在2G只有网络对终端的认证,到了3G/4G已经增加了终端对网络的认证,相应的安全性有所提高。另外在2G/3G/4G的标准中规定了对语音的加密,对信令进行完整性保护。

2)高层业务角度

手机上开展的新业务越来越多,部分新业务对信息安全有特殊的要求,部分新业务可能为用户带来新的安全隐患。

对信息安全有特殊要求的业务要顺利开展,需要在业务本身的层面考虑如何增强业务的安全性,如基于证书开展业务、使用安全通信协议等。

对于可能为用户带来新的安全隐患的业务,如:定位业务是为移动用户提供基于位置查询的一种增值业务。移动定位服务的核心技术是移动定位技术,如A-GPS技术。采用该技术,终端上会集成GPS模块,可以随时获得自身的位置信息,而位置信息是个人用户的私密信息,因此在使用移动定位业务的同时,必须从技术角度考虑去保护用户个人的位置信息不被泄露。

3)移动终端自身的信息安全技术

对于移动终端自身的信息安全技术,要从底层到高层,从移动终端芯片、移动终端操作系统、移动终端软件、移动终端外部接口等各个角度来考虑。主要目标是防止用户私密信息被泄露,防范病毒的感染。

移动终端的硬件安全包含几个层面的安全,首先是物理器件、芯片的安全性。目前高科技手段发达,通过探针、光学显微镜等物理攻击方式有可能获得硬件信息,因此为了保证信息安全方面要从硬件角度设计具有抗物理攻击的能力的芯片;另一方面,通常移动终端的芯片都具有调试端口(如:JTAG端口),为了保障信息安全,调试端口应当在出厂时被禁用,以防止专业人士通过该端口轻松获得机密信息。

操作系统是移动终端应用软件运行的基础,因此保障移动终端操作系统的安全是保障移动终端信息安全的必要条件。首先,移动终端应能够进行系统程序的一致性检测,如果系统程序被非授权修改,则在启动过程中可以被检测出来,这样可以有效地防止非法刷机。另外,AT指令可使用户通过电脑来对终端进行操作,因此移动终端操作系统不应向未授权应用程序提供直接调用AT指令的公开API函数(当移动终端开放了串口等外部接口时)。

在智能手机上可以安装各种各样的应用,对于这些应用软件,移动终端应当具备应用软件的一致性检验能力。在用户安装任一软件时,系统应能够检验应用软件的合法性,防范未授权的可能携带病毒的软件被安装。对应用软件进行一致性检验只是防范病毒的一个手段,具有操作系统的智能手机还应具备安装防病毒软件的能力,可以实时更新防病毒软件,安装防火墙。

通常智能终端都具有丰富的外围接口,对于通过外围通信接口进行通信,移动终端应提供一定的防范措施,特别是无线的连接方式(如:红外、蓝牙、WLAN),终端必须为用户提供连接请求指示,当用户认可该次连接后方可进行连接,这样可以在一定程度上控制病毒等恶意代码的肆意传播。

目前移动终端存储空间巨大,通常存储了大量的用户个人信息,为了保证用户私密信息的安全,终端可提供相应的密码保护,如开机密码保护(或指纹识别)、用户关键信息的密码保护,还可提供文件及文件系统的加密保护等。由于移动终端更新换代很快,当用户想转让旧的移动终端时,为了保证用户信息能被彻底删除,移动终端可提供文件粉碎功能来彻底清除用户的所有信息。另外,移动终端丢失的情况时有发生,当终端丢失时,为了保护用户私密数据,移动终端可提供(U)SIM 卡更换告警、个人信息远程销毁、个人信息远程取回等业务功能来有效地保护用户的个人信息安全。

 ## 11.4 无线接入安全技术

无线局域网(WLAN)具有安装便捷、使用灵活、经济节约、易于扩展等有线网络无法比拟的优点,因此无线局域网得到越来越广泛的使用。但是由于无线局域网信道开放的特点,使得攻击者能够很容易进行窃听,恶意修改并转发密码,因此安全性成为阻碍无线局域网发展的最重要因素。虽然一方面对无线局域网需求不断增长,但同时也让许多潜在的用户对不能够得到可靠的安全保护而对最终是否采用无线局域网系统犹豫不决。

目前,有很多种无线局域网的安全技术,包括物理地址(MAC)过滤、服务区标识符(SSID)匹配、有线对等保密(WEP)、端口访问控制技术(IEEE802.1x)、WPA(WiFi Protected Access)、IEEE 802.11i 等。面对如此多的安全技术,应该选择哪些技术来解决无线局域网的安全问题,才能满足用户对安全性的要求,成为摆在我们面前的一道难题。

11.4.1 无线局域网的安全威胁

利用 WLAN 进行通信必须具有较高的通信保密能力。对于现有的 WLAN 产品,它的安全隐患主要有以下几点。

1. 未经授权使用网络服务

由于无线局域网采用开放的访问方式,非法用户可以未经授权而擅自使用网络资源,这样不仅会占用宝贵的无线信道资源,增加带宽费用,降低合法用户的服务质量,而且未经授权的用户没有遵守运营商提出的服务条款,甚至可能导致出现法律纠纷。

2. 地址欺骗和会话拦截(中间人攻击)

在无线环境中,非法用户通过侦听等手段获得网络中合法站点的 MAC 地址比在有线环境中要容易得多,这些合法的 MAC 地址可以被用来进行恶意攻击。另外,由于 IEEE802.11 没有对 AP 身份进行认证,非法用户很容易装扮成 AP 进入网络,并进一步获取合法用户的鉴别身份信息,通过会话拦截实现网络入侵。

3. 高级入侵(企业网)

一旦攻击者进入无线网络,它将成为进一步入侵其他系统的起点。多数企业部署的

WLAN 都在防火墙之后,这样 WLAN 的安全隐患就会成为整个安全系统的漏洞,只要攻破无线网络,就会使整个网络暴露在非法用户面前。

11.4.2 无线局域网安全技术

通常网络的安全性主要体现在访问控制和数据加密两个方面。访问控制保证敏感数据只能由授权用户进行访问,而数据加密则保证发送的数据只能被所期望的用户所接收和理解。下面对在无线局域网中常用的安全技术进行简介。

1. 物理地址(MAC)过滤

每个无线客户端网卡都由唯一的 48 位物理地址(MAC)标识,可在 AP 中手工维护一组允许访问的 MAC 地址列表,实现物理地址过滤。这种方法的效率会随着终端数目的增加而降低,而且非法用户通过网络侦听就可获得合法的 MAC 地址表,而 MAC 地址并不难修改,因而非法用户完全可以盗用合法用户的 MAC 地址来实现非法接入。

2. 服务集标识符(SSID)匹配

无线客户端必须设置与无线访问点 AP 相同的 SSID,才能访问 AP。如果出示的 SSID 与 AP 的 SSID 不同,那么 AP 将拒绝它通过本服务区上网。利用 SSID 设置,可以很好地进行用户群体分组,避免任意漫游带来的安全和访问性能的问题。可以通过设置隐藏接入点(AP)及 SSID 区域的划分和权限控制来达到保密的目的,因此可以认为 SSID 是一个简单的口令,通过提供口令认证机制,实现一定的安全保护功能。

3. 有线等效保密(WEP)

在 IEEE802.11 中,定义了 WEP 来对无线传送的数据进行加密,WEP 的核心是采用的 RC4 算法。在标准中,加密密钥长度有 64 位和 128 位两种。其中有 24 位的 IV 是由系统产生的,需要在 AP 和 Station 上配置的密钥就只有 40 位或 104 位。

WEP 协议是 IEEE802.11 标准中提出的认证加密方法。它使用 RC4 流密码来保证数据的保密性,通过共享密钥来实现认证,理论上增加了网络侦听、会话截获等的攻击难度。

4. 端口访问控制技术(IEEE802.1x)和可扩展认证协议(EAP)

IEEE802.1x 并不是专为 WLAN 设计的。它是一种基于端口的访问控制技术。该技术也是用于无线局域网的一种增强网络安全的解决方案。当无线工作站 STA 与无线访问点 AP 关联后,是否可以使用 AP 的服务要取决于 802.1x 的认证结果。如果认证通过,则 AP 为 STA 打开这个逻辑端口,否则不允许用户连接网络。

IEEE802.1x 提供无线客户端与 RADIUS 服务器之间的认证,而不是客户端与无线接入点 AP 之间的认证;采用的用户认证信息仅仅是用户名与口令,在存储、使用和认证信息传递中存在很大安全隐患,如泄露、丢失信息;无线接入点 AP 与 RADIUS 服务器之间基于共享密钥完成认证过程协商出的会话密钥的传递,该共享密钥为静态,存在一定的安全隐患。

802.1x 协议仅仅关注端口的打开与关闭,对于合法用户(根据账号和密码)接入时,该端口打开,而对于非法用户接入或没有用户接入时,则该端口处于关闭状态。认证的结果在于端口状态的改变,而不涉及通常认证技术必须考虑的 IP 地址协商和分配问题,是各种认证技术中最简化的实现方案。

在 802.1x 协议中,只有具备了以下三个元素才能够完成基于端口的访问控制的用户认证和授权。

（1）客户端：一般安装在用户的工作站上，当用户有上网需求时，激活客户端程序，输入必要的用户名和口令，客户端程序将会送出连接请求。

（2）认证系统：在无线网络中就是无线接入点 AP 或者具有无线接入点 AP 功能的通信设备。其主要作用是完成用户认证信息的上传、下达工作，并根据认证的结果打开或关闭端口。

（3）认证服务器：通过检验客户端发送来的身份标识（用户名和口令）来判别用户是否有权使用网络系统提供的服务，并根据认证结果向认证系统发出打开端口或保持端口关闭的状态。

在具有 802.1x 认证功能的无线网络系统中，当一个 WLAN 用户需要对网络资源进行访问之前必须先要完成以下的认证过程。

① 当用户有网络连接需求时打开 802.1x 客户端程序，输入已经申请、登记过的用户名和口令，发起连接请求。此时，客户端程序将发出请求认证的报文给 AP，开始启动一次认证过程。

② AP 收到请求认证的数据帧后，将发出一个请求帧要求用户的客户端程序将输入的用户名送上来。

③ 客户端程序响应 AP 发出的请求，将用户名信息通过数据帧送给 AP。AP 将客户端送上来的数据帧经过封包处理后送给认证服务器进行处理。

④ 认证服务器收到 AP 转发上来的用户名信息后，将该信息与数据库中的用户名表相比对，找到该用户名对应的口令信息，用随机生成的一个加密字对它进行加密处理，同时也将此加密字传送给 AP，由 AP 传给客户端程序。

⑤ 客户端程序收到由 AP 传来的加密字后，用该加密字对口令部分进行加密处理（此种加密算法通常是不可逆的），并通过 AP 传给认证服务器。

⑥ 认证服务器将送上来的加密后的口令信息和其自己经过加密运算后的口令信息进行对比，如果相同，则认为该用户为合法用户，反馈认证通过的消息，并向 AP 发出打开端口的指令，允许用户的业务流通过端口访问网络。否则，反馈认证失败的消息，并保持 AP 端口的关闭状态，只允许认证信息数据通过而不允许业务数据通过。

这里要提出的一个值得注意的地方是：在客户端与认证服务器交换口令信息的时候，没有将口令以明文直接传送到网络上进行传输，而是对口令信息进行了不可逆的加密算法处理，使在网络上传输的敏感信息有了更高的安全保障，杜绝了由于下级接入设备所具有的广播特性而导致敏感信息泄露的问题。

5. WPA(Wi-Fi Protected Access)

在 IEEE 802.11i 标准最终确定前，WPA 标准是代替 WEP 的无线安全标准协议，为 IEEE 802.11 无线局域网提供更强大的安全性能。WPA 是 IEEE802.11i 的一个子集，其核心就是 IEEE802.1x 和 TKIP。

1）认证

在 802.11 中几乎形同虚设的认证阶段，到了 WPA 中变得尤为重要起来，它要求用户必须提供某种形式的证据来证明它是合法用户，并拥有对某些网络资源的访问权，并且是强制性的。WPA 的认证分为两种：第一种采用 802.1x＋EAP 的方式，用户提供认证所需的凭证，如用户名密码，通过特定的用户认证服务器（一般是 RADIUS 服务器）来实现。在大型企业网络中，通常采用这种方式。但是对于一些中小型的企业网络或者家庭用户，架设一台专用的认证服务器未免代价过于昂贵，维护也很复杂，因此 WPA 也提供一种简化的模式，它不需要专门的认证服务器,这种模式叫作 WPA 预共享密钥(WPA-PSK),仅要求在每个 WLAN 节点(AP、无线路由器、网卡等)预先输入一个密钥即可实现。只要密钥吻合,客户就可以获得 WLAN 的访问权。由于这个密钥仅仅用于认证过程,而不用于加密过程,因此不会导致诸如使用 WEP 密钥来进行 802.11 共享认证那样严重的安全问题。

2)加密

WPA 采用 TKIP 为加密引入了新的机制,它使用一种密钥构架和管理方法,通过由认证服务器动态生成分发的密钥来取代单个静态密钥、把密钥首部长度从 24 位增加到 48 位等方法增强安全性。而且,TKIP 利用了 802.1x/EAP 构架。认证服务器在接受了用户身份后,使用 802.1x 产生一个唯一的主密钥处理会话。然后,TKIP 把这个密钥通过安全通道分发到 AP 和客户端,并建立起一个密钥构架和管理系统,使用主密钥为用户会话动态产生一个唯一的数据加密密钥,来加密每一个无线通信数据报文。TKIP 的密钥构架使 WEP 静态单一的密钥变成了 500 万亿可用密钥。虽然 WPA 采用的还是和 WEP 一样的 RC4 加密算法,但其动态密钥的特性很难被攻破。

TKIP 与 WEP 一样基于 RC4 加密算法,但相比 WEP 算法,将 WEP 密钥的长度由 40 位加长到 128 位,初始化向量 IV 的长度由 24 位加长到 48 位,并对现有的 WEP 进行了改进,即追加了"每发一个包重新生成一个新的密钥(Per Packet Key)"、"消息完整性检查(MIC)"、"具有序列功能的初始向量"和"密钥生成和定期更新功能"四种算法,极大地提高了加密安全强度。

标准工作组认为:WEP 算法的安全漏洞是由于 WEP 机制本身引起的,与密钥的长度无关,即使增加加密密钥的长度,也不可能增强其安全程度,初始化向量 IV 长度的增加也只能在有限程度上提高破解难度,比如延长破解信息收集时间,并不能从根本上解决问题。因为作为安全关键的加密部分,TKIP 没有脱离 WEP 的核心机制。而且,TKIP 甚至更易受攻击,因为它采用了 Kerberos 密码,常常可以用简单的猜测方法攻破。另一个严重问题是加/解密处理效率问题没有得到任何改进。

Wi-Fi 联盟和 IEEE802 委员会也承认,TKIP 只能作为一种临时的过渡方案,而 IEEE802.11i 标准的最终方案是基于 IEEE802.1x 认证的 CCMP(CBC-MAC protocol)加密技术,即以 AES(advanced encryption standard)为核心算法。它采用 CBC-MAC 加密模式,具有分组序号的初始向量。CCMP 为 128 位的分组加密算法,相比前面所述的所有算法其安全性更高。

6. 消息完整性校验(MIC)

MIC 是为了防止攻击者从中间截获数据报文、篡改后重发而设置的。除了和 802.11 一样继续保留对每个数据分段(MPDU)进行 CRC 校验外,WPA 为 802.11 的每个数据分组(MSDU)都增加了一个 8 个字节的消息完整性校验值,这和 802.11 对每个数据分段(MPDU)进行 ICV 校验的目的不同。ICV 的目的是为了保证数据在传输途中不会因为噪声等物理因素导致报文出错,因此采用相对简单高效的 CRC 算法,但是黑客可以通过修改 ICV 值来使之和被篡改过的报文相吻合,可以说没有任何安全的功能。而 WPA 中的 MIC 则是为了防止黑客的篡改而定制的,它采用 Michael 算法,具有很高的安全特性。当 MIC 发生错误的时候,数据很可能已经被篡改,系统很可能正在受到攻击。此时,WPA 还会采取一系列的对策,比如立刻更换组密钥、暂停活动 60 秒等,来阻止黑客的攻击。

本 章 小 结

(1)网络层安全需求包括：①物联网终端设备设施安全；②承载网络信息传输安全；③核心网络安全等。

(2)根据物联网自身的特点，物联网除面对移动通信网络和计算机互联网络等传统网络的安全问题外，还存在着一些与现有网络安全不同的特殊安全问题。这是由物联网是由大量的节点构成、缺少现场人员监管、数量庞大、设备集群等相关特点造成的。

(3)物联网的网络层安全需求主要包括：①业务数据在承载网络中的传输安全；②承载网络的安全防护；③终端及异构网络的鉴权认证；④异构网络下终端安全接入；⑤物联网应用网络统一协议需求；⑥大规模终端分布式安全管控等。

(4)物联网核心网安全是指：通过在核心网络中部署通道管控设备、应用访问控制设备、权限管理设备、防火墙、入侵检测设备、漏洞扫描设备、补丁分发设备等基础安全设施，为物联网终端的本地和网络应用的身份、网络过滤、访问控制、授权管理、传输加密等提供安全应用服务。物联网核心网安全体系包括：①综合安全管理设备；②证书管理系统；③应用安全访问控制设备；④安全通道管理设备；⑤网络加密机；⑥漏洞扫描系统；⑦防火墙系统；⑧入侵检测系统；⑨防病毒服务器；⑩补丁分发服务器等。

(5)移动通信所面临的攻击有多种，按照攻击的位置分类可以分为对无线链路的威胁、对服务网络的威胁，还有对移动终端的威胁；按照攻击的类型分类可以分为拦截侦听、伪装、资源篡改、流量分析、拒绝服务、非授权访问服务、DoS和中断；根据攻击方法可以分为消息损害、数据损害，以及服务逻辑的损害。

(6)无线接入安全技术：目前，有很多种无线局域网的安全技术，包括物理地址（MAC）过滤、服务集标识符（SSID）匹配、有线等效保密（WEP）、端口访问控制技术（IEEE802.1x）、WPA(Wi-Fi Protected Access)、IEEE 802.11i 等，具体包括：①物理地址（MAC）过滤；②服务集标识符（SSID）匹配；③有线等效保密（WEP）；④端口访问控制技术（IEEE802.1x）和可扩展认证协议（EAP）；⑤WPA(Wi-Fi Protected Access)；⑦消息完整性校验（MIC）等。

习 题

(1)试说明物联网网络层的安全方案应该包括哪些内容？

(2)试说明物联网网络层中的核心网安全技术主要有哪些？

(3)试说明移动接入网的安全脆弱性表现在哪些方面，有哪些攻击方式？

(4)移动通信终端的安全措施有哪些？

(5)试说明无线接入网（WLAN）面临的安全威胁，有哪些安全保障技术？

(6)相比于物联网的感知层和应用层，网络层面临的安全威胁为什么更多？

第 12 章 物联网应用层安全

应用层面向实际需要的各类应用服务,实现信息处理和共享服务。与感知层和网络层不同,应用层会面临一些新的安全性问题,必须采用一些新的安全解决方案来应对这些问题。

12.1 应用层安全概述

12.1.1 物联网应用层面安全层次

物联网应用层一般包括中间件层和应用服务层两个层次。因此,其安全层次也就包括中间件层安全和应用服务层安全问题。

1. 中间件层安全风险

中间件层完成对网络层传输来的数据和信息的收集、分析和整合、存储、共享、智能处理和管理等功能。

该层的重要特征是智能化地自动处理信息,其目的是使处理过程方便迅速。但自动化过程对恶意数据特别是恶意指令信息的判断能力有限,攻击者很容易避开安保规则,对中间件进行攻击。中间件层的安全问题主要包括以下几个方面。

1)恶意信息和指令

中间件层在从网络中接收信息的过程中,需要判断哪些信息是真正有用合法的信息,哪些是垃圾和恶意的信息。在来自网络的信息中,有些属于一般性的数据,而有些则是系统中的操作指令。这些指令有些可能是某种原因造成的无效或错误指令,甚至是攻击者恶意传输进来的指令。如何通过一定技术手段甄别出真正的信息和指令,是物联网中间件层的重大安全内容。

2)海量数据的处理

物联网时代需要处理的信息是多元的和海量的。产生信息和处理信息的平台也是分布式的。信息的处理过程中需要在这些分布式的信息平台间传输和有序分配。这些信息在传输过程中的安全直接关系到整个物联网应用系统的安全。因此,信息的智能处理和加密解密任务成为中间件层的一项重要安全内容。

3)智能处理的漏洞

物联网的信息传输与处理过程较多是自动化进行的。计算机的智能判断在速度上有优势,但在安全事件识别和判断上不及人为干预有效。攻击者有机会在数据的采集、传输、分配、存储和应用等环节中躲过智能处理过程中的识别和过滤,从而达到攻击系统的目的。因此,安全层面的高智能化处理是物联网安全领域重要的问题。

4)灾难控制和恢复

物联网传感节点和传输网络的工作环境千差万别,有的甚至远离人所触及的地方。因此,各种因素导致的系统失灵不可避免。在处理失灵不及时的情况下,就给攻击者提供了机会。中间件在此过程中，能否有效隔离灾难的影响，并将攻击和自然失灵所造成的损失降到最低程度，尽快从灾难中恢复到正常工作状态，是物联网中间件层的一个重要安全任务。

5）非法人为干预（内部攻击）

中间件层虽然使用智能化地自动处理，但还是允许人为干预的存在。人为干预可能发生在智能处理过程无法做出正确判断之时，也可能发生在智能处理过程中出现关键中间结果或最终结果时，还可能发生在任何其他原因而需要人为干预的时候。人为干预的目的是为了中间件层更好地工作，但实施人为干预的人员若实施恶意行为时，来自于人的恶意行为具有很大的不可预测性，防范措施除技术审计手段外，更多地靠管理手段。因此，物联网中间层的信息安全保障还需进一步加强管理水平。

6）设备丢失

中间件层能处理的平台大小不同，大到高性能的工作站，小到移动终端（手机等），工作站的威胁来自内部人员，而移动终端的重大威胁是设备丢失。由于移动终端是信息处理与应用平台，而且其本身通常携带大量重要机密信息，因此如何降低作为处理平台的移动终端设备丢失问题，也是物联网中间件层面临的重要安全问题。

2. 应用服务层安全风险

应用服务层提供各种物联网系统的具体应用服务，它所涉及的安全问题通过前面几个逻辑层的安全解决方案可能仍然无法解决，属于应用服务层的特殊安全问题主要包括以下几点。

1）访问权限决策

由于物联网需要根据不同应用需求对共享数据分配不同的访问权限，而且不同权限访问同一数据库可能得到不同的结果。因此，如何以安全的方式处理信息的合理权限分配访问是应用服务层的第一个安全问题。

2）用户隐私信息

隐私保护问题在感知层和网络层都不会出现，但在某些实际场合下，该问题是应用服务的特别安全要求，开发人员必须考虑和解决这类问题。随着个人和商业信息的网络化应用与传播，特别是物联网时代，越来越多的信息涉及用户的隐私数据。在很多情况下，这些隐私数据会被不法之人滥用，借以谋取私利。因此，如何对这些数据信息提供隐私保护，是一个具有挑战性的安全问题。

3）信息的隔离与审计

在物联网应用中，很多关键信息或个人隐私信息需要重点关注其安全性。那么，这些信息在传输、使用之时能否提供有效的隔离和行为审计服务，将是关系到信息安全的重要问题。关键数据信息在使用的整个过程中，应该严格与无关人员或服务隔离，并对信息的使用"痕迹"进行严格的审计记录。

4）剩余信息保护

数据销毁的目的是销毁那些在加密与解密过程中所产生的临时中间数据，一旦密码算法或协议实施完毕，这些中间数据将不再有用。但这些数据如果落入到攻击者手里，则会带来不可预知的风险。因此，这些剩余信息的处理成为一个不可忽视的安全因素。

5）应用服务软件本身的安全

软件的非法破解已成为业内让人头疼的问题，应用软件产权的保护，不仅涉及软件开发者与拥有者的经济利益，也涉及物联网应用系统的安全问题。因为，一旦应用软件本身被破解了，随之带来的安全隐患将是无法估量的。

12.1.2 应用服务层的攻击

应用服务层的攻击主要包括以下几类。

1. 蠕虫病毒

网络蠕虫病毒的工作流程一般可以分为四个阶段：扫描、攻击、处理、复制。扫描阶段主要是对目标地址空间内存在漏洞的计算机，收集相关信息以备攻击计算机，为攻击目标而准备；攻击阶段则是对扫描出的存在漏洞的计算机进行攻击，并感染目标机器；处理阶段则是将自己隐藏在已感染的主机上，并且给自己留下后门，执行破坏命令；复制阶段主要是自动生成多个副本，主动感染其他主机，达到破坏网络的效果。

蠕虫病毒的行为其主要特性有以下几方面。

（1）自我复制和主动攻击。蠕虫病毒具有自我复制和主动攻击的功能。当蠕虫病毒被释放后，它们会自动搜索当前网络系统是否存在机器漏洞，如果存在则进行攻击，反之则寻找新的系统查找漏洞，整个流程都是蠕虫病毒自身完成的，不需要人工进行任何干预。

（2）利用系统漏洞进行攻击。蠕虫病毒通过计算机系统漏洞进行攻击，没有漏洞则不能攻击系统。因此蠕虫病毒最基本的行为特征是利用系统漏洞进行攻击。

（3）极具破坏性。随着网络的发展，蠕虫病毒也越来越具有破坏性，会造成巨大的经济损失，严重时可使计算机系统崩溃。

（4）反复攻击性。即使清理掉了蠕虫病毒，在计算机重新连接到网络之前若没有为其漏洞打补丁，那么这台计算机依然可能会被感染，蠕虫病毒会反复攻击。

（5）使得计算机系统性能下降，整个网络堵塞甚至瘫痪。蠕虫病毒进行攻击之前会进行网络大面积的扫描，对同一个端口不断地发送数据包，造成计算机系统性能下降；当扫描到存在系统漏洞的计算机时会产生额外的网络流量，引起网络拥塞，甚至可能造成网络瘫痪，带来巨大的经济损失。

（6）极具伪装性。蠕虫病毒一般都具有较高隐藏功能，用户不容易发现它们。

2. 木马间谍软件

木马是指通过一段特定的程序（木马程序）来控制另一台计算机。木马通常有两个可执行程序：一个是客户端，即控制端；另一个是服务端，即被控制端。木马的设计者为了防止木马被发现，通常采用多种手段隐藏木马。木马的服务一旦运行并被控制端连接，其控制端将享有服务端的大部分操作权限，例如给计算机增加口令，浏览、移动、复制、删除文件，修改注册表，更改计算机配置等。

随着病毒编写技术的发展，木马程序对用户的威胁越来越大，尤其是一些木马程序采用了极其狡猾的手段来隐藏自己，使普通用户很难在中毒后发觉。

间谍软件是一种能够在用户不知情的情况下，在其电脑上安装后门、收集用户信息的计算机程序或文件。它们大部分情况是在 PC 用户不知道的情况下安装或写入计算机的。这类软件一般不会对计算机系统进行破坏，而是通过窃取用户在计算机上存储的信息，如个人网上银行账户和密码，电子邮箱的密码，以及用户的网络行为（如用户的浏览习惯）等，利用用户的网络资源，把这些信息发送到远端的服务器，从而损害用户的利益。有的软件虽然在安装时会有用户授权协议，但是其实际行为往往与宣称的不符，从而有潜在的间谍软件的行为，也会被列入间谍软件的分类中。

间谍软件大致可分为以下四类。

(1)间谍软件：一种可以秘密地收集有关用户计算机信息的软件，并且可能向一些未知网站发送数据，包括"键盘记录软件"或"按键捕获寄生虫"（不要与"恶意软件"混淆，恶意软件包括病毒、蠕虫和特洛伊木马程序）。

(2)广告软件：一种可以随机或者根据当前浏览器内容弹出广告和条幅的软件。

(3)劫持软件：可以改变浏览器主页、缺省搜索引擎，甚至改变用户浏览的方向，使用户无法到达其想要到达的网站。

(4)小甜饼文件：可以跟踪 Web 网站参数选择和口令的小型文件。该软件可以在用户不知道的情况下收集和扩散信息。

3. DoS/DDoS 攻击

DoS，denial of service 的简称，即拒绝服务，造成 DoS 的攻击行为被称为 DoS 攻击，其目的是使计算机或网络无法提供正常的服务。最常见的 DoS 攻击有计算机网络带宽攻击和连通性攻击。带宽攻击指以极大的通信量冲击网络，使得所有可用网络资源都被消耗殆尽，最后导致合法的用户请求无法通过；连通性攻击指用大量的连接请求冲击计算机，使得所有可用的操作系统资源都被消耗殆尽，最终计算机无法再处理合法用户的请求。

DDoS，distributed denial of service 的简称，即分布式拒绝服务。DDoS 的攻击方式有很多种，最基本的 DDoS 攻击就是利用合理的服务请求来占用过多的服务资源，从而使合法用户无法得到服务的响应。

DDoS 攻击手段是在传统的 DoS 攻击基础之上产生的一类攻击方式。单一的 DoS 攻击一般是采用一对一方式的，当攻击目标的 CPU 速度低、内存小或者网络带宽小时，它的攻击效果是明显的。随着计算机与网络技术的发展，计算机的处理能力迅速增长，内存大大增加，同时也出现了千兆级别的网络，这使得 DoS 攻击的困难程度加大了，目标对恶意攻击包的"抵抗能力"得以提高。这时候分布式的拒绝服务攻击手段（DDoS）就应运而生了。DDoS 利用众多的傀儡机来发起进攻，以比从前更大的规模来进攻受害目标。高速广泛连接的网络给大家带来了方便，也为 DDoS 攻击创造了极为有利的条件。在低速网络时代时，黑客占领攻击用的傀儡机时，总是会优先考虑离目标网络距离近的机器，因为经过路由器的跳数少，效果好。而电信骨干节点之间的连接都是以 G 为级别的，大城市之间更可以达到 2.5G 的连接，这使得攻击可以从更远的地方或者其他城市发起，攻击者的傀儡机位置可以分布在更大的范围，选择起来也更加灵活了。

12.2 应用服务层的安全技术

12.2.1 中间件安全架构

中间件安全构架包括安全服务入口、身份认证器、授权管理器、拦截验证器、拦截审计器、安全上下文、混淆传输对象、安全日志管理器、安全管道等要素。

(1)服务入口：安全服务入口集中实现安全功能，将安全机制封装为服务，并暴露给应用开发人员简单的接口以便调用，当用户提出一种安全请求时，由安全服务入口维护安全上下文，并将安全上下文传递给能够实现服务的模块或服务器。对应用开发人员来说屏蔽了安全机制的复杂性，只需要与安全服务入口这一个部分进行交互，同时降低了耦合度，为变更和提升安全机制提供了灵活性。

(2)身份认证器：合法用户须经过合适的认证后才能访问中间件。对身份的认证方法有很多,如基于密码的认证和基于证书的认证等,对应不同种类的用户凭证可采用相应的认证方法。安全架构采用集中认证,将认证机制封装于通用接口的后面,这样为认证机制的变更和复用预留了空间,隐藏了认证机制的细节。经过认证后将用户获得认证后的信息存放至安全上下文。中间件安全架构实现了密码认证、证书认证和智能卡认证。

(3)授权管理器:授权管理由用户角色映射来实现。每类角色都要根据特定准则访问特定资源,这些准则由业务规范和策略定义。授权管理器也是集中控制的,提供了访问控制的检查集中点,避免了复制代码,也提高了复用性。中间件安全架构根据 Java API 提供的安全接口精确地实现了细粒度授权,轻松地添加新权限类型。中间件主要有以下几种用户角色:中间件管理员、各行业用户,如零售用户、物流用户、医药用户、服装用户及军事用户等。

(4)拦截验证器:当前著名的攻击策略都是发送非法数据或恶意代码来破坏系统,拦截验证器就是用来扫描和验证传入的数据是否含有恶意代码和非法内容,在数据使用之前对其进行拦截和清理。拦截验证器采用动态加载机制,即在拦截验证器内包含了一个验证器链,可动态添加和组合验证器。当验证数据时,可根据用户指定的配置文件获取合适的验证器进行验证,验证完成后,系统可以使用这些安全的数据。在中间件中两次使用拦截验证器,设备管理层使用拦截验证器来验证从读写器捕获的标签数据,防止伪造和重放攻击;业务整合层使用拦截器用于检查从用户处获得的数据,确保数据的合法性和有效性,避免遭受伪装请求、参数篡改等攻击。

(5)拦截审计器:审计是安全解决方案的基本方法。拦截审计器使用策略对应用中发生的行为或事件进行协调和管理,集中执行审计功能,并以声明方式定义审计事件,即使用配置文件,这样能便于在系统运行过程中,逐步完善审计事件。作为审计集中点的拦截审计器可以使变更限定在一个地方,提高可维护性。

(6)安全上下文:安全上下文是包含认证和授权凭证的数据结构,应用组件能够验证这些凭证,达到共享和传输客户全局安全信息的目的。安全上下文在上层系统的安全请求发出时创建,存储的请求内容、凭证信息最大限度地减少了安全任务的重复。

(7)混淆传输对象:混淆传输对象用来保护在各层之间传输的关键数据,传输对象能有效地移动大量数据。混淆传输对象使开发人员能根据业务需求指定传输对象中要保护的数据,使用对象中的队列存放数据,屏蔽在特定时限内对数据的访问,防止这些敏感数据在传输过程中泄露和写入日志。

(8)安全日志管理器:安全日志记录下敏感数据和应用事件,用于调试和攻击证据,同时要防止日志数据被恶意追踪和修改。安全日志管理器集中管理和监控系统中的日志,避免了冗余。通过对日志文件加解密来保护数据的机密性和完整性,使用序列号检测数据是否被非法删除。

(9)安全管道:数据在传输时可能泄露用户隐私已经成了一个越来越受关注的问题,为了防止对客户隐私的窃取、跟踪和重放攻击,使用安全管道来保障数据的传输安全。安全管道使用 SSL 连接保护点对点的通信链路,SSL 技术为应用层间数据通信提供安全途径,它位于可靠的传输层之上,为高层的应用提供透明的服务,保证传输信息的私密性、可靠性和不可否认性。

12.2.2 数据安全

1. 数据安全因素

数据的安全技术主要建立在保密性(confidentiality)、完整性(integrity)和可用性

（availability）三个安全原则基础之上。实际上，数据面临着严重的威胁，主要受到通信因素、存储因素、身份认证因素、访问控制因素、数据发布因素、审计因素、法律制度因素和人员问题因素等的威胁。

通信因素：通信因素指数据在网络通信和传输过程中所面临的威胁因素，主要包括数据截获篡改、盗窃和监听、蠕虫和拒绝服务攻击。

存储因素：存储因素是指数据在存储过程中由于物理安全所面临的威胁，包括自然因素或者人为因素导致的数据破坏、盗窃或者丢失。

身份认证因素：身份认证因素是指数据面临的各种与身份认证有关的威胁，包括外部认证服务遭受攻击、通过非法方式（如使用特洛伊木马）获取用户认证信息。

访问控制因素：访问控制因素是指数据面临的所有对用户授权和访问控制的威胁因素，主要包括未经授权的数据访问、用户错误操作或滥用权限、通过推理通道获取一些无权获取的信息。

数据发布因素：数据发布因素是指在开放式环境下，数据发布过程中所遭受的隐私侵犯、数据盗版等威胁因素。

审计因素：审计因素是指在审计过程中所面临的威胁因素，如审计记录无法分析、审计记录不全面、审计功能被攻击者或管理员恶意关闭。

法律制度因素：法律制度因素是指由于法律制度相关原因而使数据面临威胁，主要原因包括信息安全保障法律制度不健全、对攻击者的法律责任追究不够等。

人员因素：人员因素是指因为内部人士的疏忽或其他因素导致数据面临威胁，如管理员滥用权力、用户滥用权限、管理员的安全意识不强等。

2. 数据安全技术

1）数据加密与封装技术

数据加密保护基于如下一些机制。

（1）过滤驱动文件透明加/解密：采用系统指定的加解密策略（如加解密算法、密钥和文件类型等），在数据创建、存储、传输的瞬态进行自动加密，整个过程完全不需要用户的参与，用户无法干预数据在创建、存储、传输、分发过程中的安全状态和安全属性。

（2）内容加密：系统对数据使用对称加密密钥加密，然后打包封装。数据可以在分发前预先加密打包存储，也可以在分发时即时加密打包。

（3）内容完整性：内容发送方向接收方发送数据时，数据包包含数据的 Hash 值，接收方收到数据包解密后获得数据明文，计算 Hash 值，并与对应数据包中携带的 Hash 值作比较，两者相同表示该数据信息未在传输过程中被修改。

（4）身份认证：所有的用户都各自拥有自己唯一的数字证书和公私钥对，发送方和接收方通过 PKI 证书认证机制，相互确认对方身份的合法性。

（5）可靠与完整性：为保证数据包的可靠性和完整性，数据包中携带的重要信息（如内容加密密钥）采用接收方的公钥进行加密封装，从而将数据包绑定到该接收方，确保仅有指定的接收方才能正确解密该数据包，使用其私钥提取内容加密密钥。另外，发送方向接收方发送数据包前，先用其私钥对封装后的数据包进行数字签名。接收方对收到的数据包采用发送方的公钥对数字签名进行验证，从而确认数据包是否来自于发送方，且在传输过程中未被修改。

2）密钥管理技术

在一个安全系统中，总体安全性依赖于许多不同的因素，例如算法的强度、密钥的大小、口令的选择、协议的安全性等,其中对密钥或口令的保护是尤其重要的。另外,有预谋的修改密钥和对密钥进行其他形式的非法操作,将涉及整个安全系统的安全性。密钥管理包括密钥的产生、装入、存储、备份、分配、更新、吊销和销毁等环节,是提供数据保密性、数据完整性、可用性、可审查性和不可抵赖性等安全技术的基础。

3) 数字证书

加密是指对某个内容加密,加密后的内容还可以通过解密进行还原。比如我们把一封邮件进行加密,加密后的内容在网络上进行传输,接收者在收到后,通过解密可以还原邮件的真实内容。

4) 内容安全

内容安全主要是直接保护在系统中传输和存储的数据(信息)。在内容安全工作中,主要是对信息和内容本身做一些变形和变换,或者对具体的内容进行检查。我们也可以将内容安全理解为在内容和应用的层次上进行的安全工作,一些系统层次的安全功能在这个层次都有对应和类似的功能。

加密(保密性、完整性、抗抵赖性等):加密是非常传统,但又一直是一项非常有效的技术。

内容过滤:对于企业关心的一些主题进行内容检查和过滤,技术可能用关键字技术,也可能使用基于知识库语义识别过滤系统。

防病毒:计算机病毒一般都隐藏在程序和文档中。目前典型的防病毒技术就是对信息中的病毒特征代码进行识别和查杀。

VPN 加密通道:虚拟专用网 VPN 需要通过不可信的公用网络来建立自己的安全信道,因此加密技术是重要的选择。

水印技术:水印技术是信息隐藏技术的一种。一般信息都是要隐藏在有一定冗余量的媒体中,比如图像、声音、录像等多媒体信息,在文本中进行隐藏比较少。水印技术是可以替代一般密码技术的保密方法。

12.2.3　云计算安全

云计算是继计算机、网络出现之后的又一次信息领域的革新,通过跨地域、跨国界的整合,将计算资源以服务的形式提供给用户,将用户从复杂的底层硬件、软件与网络协议中解放出来,具有超强的计算能力和低成本、规模化等特性,只需少量投入就能得到所需要服务,已经成为下一代互联网的发展趋势。

目前,各国都加大了对云计算研究的投入力度,力争在技术、标准、服务和用户资源上获得控制权。就我国而言,云计算更合乎中国经济向服务型和高科技型转变的趋势,三网融合、政府和医疗信息化,以及大量快速成长的电子商务应用,给予了中国云计算强大的市场驱动力,可以说云计算的时代已经到来。另一方面,发达国家经过多年的技术研究和资源重组,正在逐步形成行业垄断;云计算安全事件频发,其稳定性、安全性、完整性等都是亟待解决的问题;加上公共平台的开放和不可控特性,云计算在给我国带来机遇的同时,也面临着信息安全的巨大挑战。

1. 云计算面临的安全隐患

1) 云计算平台的安全隐患

系统可靠性的隐患:由于"云"中存储大量的用户业务数据、隐私信息或其他有价值信息,因此很容易受到攻击,这些攻击可能来自于窃取服务或数据的恶意攻击者、滥用资源的合法云计算用户或者云计算运营商内部人员,当遇到严重攻击时,云计算系统将可能面临崩溃的危险,无法提供高可靠性的服务。

安全边界不清晰:因为虚拟化技术是实现云计算的关键技术,实现共享的数据具有无边界性,服务器及终端用户数量都非常庞大,数据存放分散,因此无法像传统网络一样清楚地定义安全边界和保护措施,很难为用户提供充分的安全保障。

2)"云"数据安全

数据隐私:首先,"云"中的数据是随机地存储在世界各地的服务器上,用户并不清楚自己的数据具体被存储在什么位置;另外当终端用户把自己的数据交付给云计算提供商之后,数据的优先访问权已经发生了变化,即云计算提供商享有了优先访问权,因此如何保证数据的机密性变得非常重要。

数据隔离:在通过虚拟化技术实现计算和资源共享的情况下,如果恶意用户通过不正当手段取得合法虚拟机权限,就有可能威胁到同一台物理服务器上的其他虚拟机。因此进行数据隔离是防止此类事件发生的必要手段,但是隔离技术的选择及效果评估目前仍在进一步研究之中。

3)其他安全隐患

云计算提供商能否提供持久服务:在云计算系统中,终端用户对提供商的依赖性更高,因此在选择服务提供商时,应考虑这方面的风险因素,当云计算技术供应商出现破产等现象,导致服务中断或不稳定时,用户如何应对数据存储等问题。

安全管理问题:企业用户虽然使用云计算提供商的服务或者将数据交给云计算提供商,但是涉及网络信息安全相关的事宜,企业自身仍然负有最终责任。但用户数据存储在云端,用户无法知道具体存储位置,很难实施安全审计与评估,因此会带来很多的安全管理困难。

2. 云计算给国家安全带来的风险

云计算在提供便利服务的同时,也带来了多种多样的信息安全风险,以上列出的仅是云计算技术本身的风险,就云计算服务体系来说,其最重要、最核心的风险是:国家安全风险和产业经济信息失控风险。

1)云计算对国家信息安全的威胁

以美国为代表的发达国家,为占领云计算这一制高点,保持在标准、技术和信息资源等方面的绝对优势,纷纷投入大量人力、物力,逐步推进符合自身利益的云计算战略,企图通过对云计算技术、标准和平台的垄断,进而达到控制全球信息资源的目的。试想,如果未来国家的数据和资源都高度集中在云端的话,一旦被窃取整合、处理分析,将势必对我们的国家信息安全造成严重威胁。

2)云计算对产业信息安全的威胁

工业和信息化部、科技部等五部委联合发布了《关于加快推进信息化与工业化深度融合的若干意见》,其中明确指出要创新信息化与工业化深度融合推进机制。目前在研发、设计、采购、生产到营销这一价值链上,工业化和信息化的结合比以往任何时候都要紧密。其中,多数大中型企业选择的软件平台,都是由技术和服务水平上实力雄厚的跨国公司所提供的。同时,在云计算环境下,为满足用户对信息资源的访问和应用服务的需求,企业的管理信息系统将依托大型服务器集群,统一架构在虚拟化资源池中,形成所谓的"企业级云计算"。在这个大平台上,企业内部的商业机密必然会存在随时暴露的隐患,极大地威胁了企业的生存发展,进而影响了我国整体的产业信息安全。因此,美国提出并主导的云计算服务体系虽然在应用上非常有价值,但是对于全球其他国家来说,这就是美国国家战略的一个部分,如果忽略了对这一点的深刻认识,不能从战略的高度去着手解决云计算带来的安全问题,中国的国家信息安全和信息产业发展必将会被美国所挟持。

1994年,国务院颁布了《中华人民共和国计算机信息系统安全保护条例》,之后又出台了一系列的意见、细则和办法。作为计算机信息系统重要发展方向之一的云计算系统,按照"分区分域、纵深防御"的原则,实行信息安全等级保护,建立健全云计算安全防御体系,是从整体上、根本上解决其安全问题的有效办法,已经成为关系到国家信息安全与信息产业发展的战略工程。

3. 云计算安全机制

1)建立纵深防御机制,确保基础网络安全

一是要建立集中统一的云计算安全服务中心。在云计算环境下,物理的安全边界逐步消失,云计算平台的用户只能依靠基于逻辑的划分来实现隔离,而不再是以往基于单个或者按照类型来进行划分,更不能只实施简单的流量汇聚或部署孤立的安全防护系统来保障整个平台的安全。因此必须将安全服务的部署应用由基于各子系统的安全防护,转变为基于整个云计算架构网络的安全防护,提供集中统一的安全服务,从而适应这种逻辑隔离模型的要求。二是通过VPN和数据加密等技术,构建安全的逻辑边界。利用搭建好的技术安全通道,将提出安全服务需求的用户数据流,交付至安全服务中心分析处理,当服务完成后再按原有的转发路径返回至用户端,保障用户数据的网络传输安全。三是完善云计算平台的容灾备份机制,包括重要系统、数据的异地容灾备份。总之,建立云计算系统的纵深安全防御机制,就是要覆盖整个云计算服务的后台、网络和前端,从而提高整个云计算平台的安全性、可靠性,保障云计算服务的稳定性和连续性。

2)构建可靠的虚拟化环境,确保云计算服务安全

"按需服务"是云计算平台的终极目标,而只有借助虚拟化技术,才有可能根据用户的需求,来提供个性化的应用服务和合理的资源分配。也就是说,无论是基础的网络架构,还是存储和服务器资源,都必须要支持虚拟化,才能提供给用户端到端的云计算服务。因此,秉承安全即服务的理念,在云计算数据中心内部,一是应采用VLAN和分布式虚拟交换机等技术,通过虚拟化实例间的逻辑划分,实现不同用户系统、网络和数据的安全隔离;二是应采用虚拟防火墙和虚拟设备管理软件为虚拟机环境部署安全防护策略,并对云计算系统的运行状态和进出的数据流量实施实时监控,及时发现并修复虚拟网络和系统异常;三是应采用防恶意软件,建立补丁和版本管理机制,防范因虚拟化带来的潜在安全隐患,确保虚拟化环境与物理网络环境一样安全、可靠。

3)综合应用多种技术手段,确保数据安全

数据的存储安全,确保用户信息的可用性、隐私性和完整性,是云计算安全的核心内容,无论是数据的加密、隐藏,还是数据资源的灾难备份等方面,都是围绕着数据安全展开的。因此,在云计算环境下,一是应采用数据加密技术,建立密钥管理与分发机制,实现用户信息和数据的安全存储与安全隔离,防止用户间的非法越权访问;二是应实施严格的身份监控、登录认证、权限控制和用户访问审计,实现用户信息和数据的高效维护与安全管理;三是应完善和建立数据备份恢复机制和残余信息保护措施,保证当用户数据发生异常时能够及时进行恢复;保证当存储资源被重新分配给新用户时,提前做好可靠的数据擦除,防止原用户数据被非法恢复。

4. 安全防护手段

一个完整的云计算安全模型,应该是以身份认证(身份鉴别)为基础,以数据安全(数据

加密)和授权管理(访问控制)为核心,以监控审计(安全审计)为辅助的安全防御体系,结合云计算安全体系等级防护结构模型,应将各类安全防护手段落实到各个等级区域边界中,从而保证各级安全目标的实现。如表 12-1 所示。

表 12-1　云计算安全等级防护体系与安全防护手段对照表

	防护等级		
	基础网络级	虚拟化服务级	数据存储级
技术手段	主机身份鉴别	VLAN 隔离	身份认证
	VPN 和数据加密	分布式虚拟交换	数据加密
	安全隔离	流量监控	数据擦除
	访问控制	虚拟防火墙	备份与恢复
	安全审计	身份认证	
	入侵防范	访问控制	
	恶意代码防范	安全审计	
	终端准入控制	版本和补丁管理控制	
	终端安全加固	资源控制	
	容灾备份		

作为下一代互联网技术的一项重大变革,云计算给予中国一个新的发展机遇,如果错过了这次机会,中国将失去信息技术领域的话语权和实现跨越式发展的主动权。而在发展云计算的同时,必须认识到云计算给信息安全带来的巨大威胁。安全是云计算服务的首要前提,是云计算可持续发展的基础,面对诸多挑战,没有回避的空间,只能积极参与到云计算安全平台的建设研发当中,通过大力推广具有自主技术的云产品,实行严格的信息安全等级保护,进而构建中国自己的云计算安全防御体系,最终使云计算的安全性难题得到破解。相信随着整个云计算产业链各类人员不懈的努力,中国的云计算应用及服务必将朝着可信、可靠、可持续的方向健康发展。

本 章 小 结

(1)物联网应用层面安全层次包括:①物联网中间件安全风险;②应用服务层安全风险。

(2)中间件安全风险包括:①恶意信息和指令;②海量数据的处理;③智能处理的漏洞;④灾难控制和恢复;⑤非法人为干预(内部攻击);⑥设备丢失等。

(3)应用服务层安全风险包括:①访问权限决策;②用户隐私信息;③信息的隔离与审计;④剩余信息保护;⑤应用服务软件本身的安全等。

(4)物联网应用服务层的攻击包括:①蠕虫病毒;②木马间谍软件;③DoS/DDoS 攻击等。

(5)中间件安全构架包括:安全服务入口、身份认证、授权管理、拦截认证、拦截审计、安全上下文、混淆传输对象、安全日志管理、安全管道等要素。

(6)数据的安全技术主要建立在保密性(confidentiality)、完整性(integrity)和可用性(availability)三个安全原则基础之上。实际上,数据面临着严重的威胁,主要受到通信因素、存储因素、身份认证因素、访问控制因素、数据发布因素、审计因素、法律制度因素和人员间题因素等的威胁。

(7)云计算面临的安全隐患包括：①云计算平台的安全隐患；②"云"数据安全隐患；③其他安全隐患等。

(8)云计算给国家安全带来的风险包括：①云计算对国家信息安全的威胁；②云计算对产业信息安全的威胁等。

习　　题

(1)试说明物联网应用层的安全层次,各层的具体风险内容有哪些？

(2)试说明物联网中间件环节对整个物联网安全的重要意义。

(3)试说明物联网应用服务层安全面临的风险。

(4)简单说明物联网应用层安全与普通互联网应用层安全的区别。

(5)影响物联网应用层数据信息安全的因素有哪些？

(6)云计算的安全与否为什么会影响到国家战略层面？

参 考 文 献

[1]《物联网白皮书》(2011),中国工业和信息化部电信研究院.

[2] 王保云. 物联网技术研究综述[J]. 电子测量与仪器学报,2009,23(12).

[3] 梁鹏斌. 基于 RFID 的物流系统研究[D]. 北京:北京工业大学,2007.

[4] 杨永志,高建华. 试论物联网及其在我国的科学发展[J]. 中国流通经济,2009,2.

[5]《物联网产业发展研究(2010)》,中关村物联网产业联盟、长城战略咨询,2010.

[6]《中国物联网产业发展年度蓝皮书(2010)》,中国物联网研究发展中心、中国科学院物联网研究中心、江苏中科物联网科技发展有限公司,2010.

[7] 中国物品编码中心. 商品条码应用指南[S]. 北京:中国标准出版社,2003.

[8] 李永婵,李安平. 现代物品信息技术应用指南[M]. 北京:中国标准出版社,2008.

[9] 中国射频识别(RFID)技术政策白皮书,中华人民共和国科学技术部等十五部委,2006.

[10] 贾晓林. RFID 技术的发展历史和标准现状[J]. 家电科技,2008,19.

[11] 董丽华. RFID 技术及应用[M]. 北京:电子工业出版社,2007.

[12] 董耀华,佟锐等. 物联网技术与应用[M]. 上海:上海科学技术出版社,2011.

[13] 刘华军,刘传青. 物联网技术[M]. 北京:电子工业出版社,2010.

[14] 游战清. 无线射频识别技术 RFID 理论与应用 [M]. 北京:电子工业出版社,2004.

[15] 乔永峰,曹美玲. 射频识别技术研究[J]. 工业控制计算机 ,2010,23(6):121-122.

[16] 安敏英等. 光学传感与测量[M]. 北京:电子工业出版社,2001.

[17] 徐开先,马丽敏. 传感器是国内物联网发展的瓶颈[J]. 仪表技术与传感器,2010,12.

[18] 刘成林,谭铁牛. 模式识别研究进展[J]. 中国计算机学会通讯,2007,3(12):45-52.

[19] 沈庭芝. 数字图像处理及模式识别[M]. 北京:北京理工大学出版社,2005.

[20] 边肇祺. 模式识别[M]. 2 版. 清华大学出版社,2000.

[21] 曾韬. 物联网在数字油田的应用[J]. 电信科学,2010,6(4).

[22] 李迎春,朱诗兵,陈刚. 无线传感器网络体系结构研究[J]. 山西电子技术,2009,4.

[23] 石军锋,钟先信. 无线传感器网络结构及特点分析[J]. 重庆大学学报(自然科学版),2005,2.

[24] 朱红松,孙利民. 无线传感器网络技术发展现状[J]. 中兴通信技术,2009,6.

[25] 李香. 蓝牙应用分析设计与组网通信技术[M]. 哈尔滨:哈尔滨工业大学出版社,2009.

[26] 刘淑良. 蓝牙技术及其发展现状[J]. 中兴通信技术. 2001,8.

[27] 杨永会,李立中,张建康. 蓝牙系统构成及其协议体系[J]. 广东通信技术,2002,22(3).

[28] 邹艳碧,吴智量,李朝晖. 蓝牙技术软件实现模式分析[J]. 微计算机信息,2003,5.

[29] 张春飞. WiFi 技术的原理及未来发展趋势[J]. 数字社区 & 智能家居,2008,11.

[30] 钟永锋,刘永俊. ZigBee 无线传感网络[M]. 北京:北京邮电大学出版社,2011.

[31] 王志克,张宏科. IEEE 802.15.4 的嵌入式 Ipv6 研究[J]. 北京交通大学学报,2005,29(5).

[32] 牛艳华. IPv6 低速无线个域网关键技术研究[D]. 北京:北京交通大学 IP 网络实验室,2005.

［33］顾嘉,王能.6LoWPAN 适配层的网络自组能力的仿真与研究［J］.计算机应用与软件, 2008,10.

［34］李海.6LoWPAN 适配层研究与实现［D］.上海:华东师范大学,2007.

［35］宋小倩,吴杉杉.IPv6 技术与物联网应用［J］.中国新技术新产品,2011,6.

［36］董晓鲁.WiMAX 发展情况介绍［J］.电信网技术,2008,5.

［37］谢展鹏,熊思民.无线定位技术及其发展［J］.现代通信,2004,3.

［38］谭述森.卫星导航定位工程［M］.北京:国防工业出版社,2007.

［39］边少锋,李文魁.卫星导航系统概论［M］.北京:电子工业出版社,2005.

［40］范平志,邓平.蜂窝无线定位技术［M］.北京:电子工业出版社,2002.

［41］马玉秋,龙承志,沈树群.长距离移动定位技术与室内定位技术［J］.数据通信,2004,5.

［42］张治,朱良学,朱近康.移动通信系统中的蜂窝定位［J］.现代电信科技,2002,1(1).

［43］陆文远,何颖霞,景宁.蜂窝移动电话定位技术与应用［J］.移动通信,2000,24(1).

［44］谢展鹏,熊思民,徐志强.无线电定位技术及其发展［J］.现代通信,2004,3.

［45］聂颖,张刚,张德民.基于移动通信网络的无线定位技术及其应用［J］.信息技术,27(8).

［46］周洪波.物联网:技术、应用、标准和商业模式［M］.北京:电子工业出版社,2007.

［47］马龙,陈玉林.超声波多点定位［J］.物理实验,31(3).

［48］王富东.超声波定位系统的原理与应用［J］.自动化与仪表,1998,13(3).

［49］汪苑,林锦国.几种常用室内定位技术的探讨［J］.中国仪器仪表,2011,2.

［50］林玮,陈传峰.基于 RSSI 的无线传感器网络三角形质心定位算法［J］.现代电子技术,2009,2.

［51］卢恒惠,刘兴川.基于三角形与位置指纹识别算法的 WiFi 定位比较［J］.移动通信, 2010,10.

［52］原羿,苏宏根.基于 ZigBee 技术的无线网络应用研究［J］.计算机应用与软件,2004,21(6).

［53］李同松.基于 ZigBee 技术的室内定位系统研究与实现［D］.大连:大连理工大学,2008.

［54］黄中林,邓平等.无线传感器网络定位技术研究进展［J］.传感器与微系统,2009,28(11).

［55］《中国移动物联网白皮书》,2010 年 2 月.

［56］彭晓睿.物联网中 M2M 技术与标准进展［J］.标准与技术追踪.2010,11.

［57］谭建豪.数据挖掘技术［M］.北京:中国水利水电出版社,2009.

［58］何清.物联网中的数据挖掘云服务［J］.中国人工智能学会通讯,2011,2.

［59］张莉萍,邵雄凯.中间件技术研究［J］.通讯和计算机,2008,5(8).

［60］梅宏,王怀民.软件中间件技术现状及发展［M］.北京:清华大学出版社,2004.

［61］宋丽华,王海涛.中间件技术的现状及发展［J］.数据通讯,2005,1.

［62］吴明芳,陈琳等.中间件技术的研究与实现［J］.微处理机,2006,1.

［63］王建新,杨世凤.中间件技术［J］.电气传动,2006,4.

［64］张福生,边杏宾.物联网中间件技术是物联网产业链的重要环节［J］.科技创新与生产力,2011,3(206).

［65］张健.云计算概念和影响力解析［J］.电信网技术,2009,1(1).

［66］张建勋,古志民,郑超.云计算研究进展综述［J］.计算机应用研究,2010,2.

［67］吴吉义,平玲娣,潘雪增,李卓.云计算从概念到平台［J］.电信科学,2009,12.

［68］李乔,郑啸.云计算研究现状综述［J］.计算机科学,2011,4(38).

［69］SUN 公司云计算架构介绍白皮书（第 1 版），2009 年 6 月．

［70］原野，冯文哲，张明琰．云计算与物联网的融合［J］．科技信息，2012，4．

［71］SUN 公司《云计算入门指南》，2009．

［72］梅海涛．基于云计算的物联网运营平台浅析［J］．电信技术，2011，5．

［73］方彦军．嵌入式系统原理与设计［M］．北京：国防工业出版社，2010．

［74］徐端全．嵌入式系统原理与设计［M］．北京：北京航空航天大学出版社，2009．

［75］郑文波，曹金安．嵌入式系统产业化发展——市场、技术与前景［J］．自动化博览，2005，1．

［76］何立民．物联网时代的嵌入式系统机遇［J］．单片机与嵌入式系统应用，2011，3．

［77］何立民．从嵌入式系统视角看物联网［J］．单片机与嵌入式系统应用，2010，10．

［78］黄翔星，李伟．国内外物联网产业现状分析与厦门市的发展思路［J］．厦门科技，2011，1．

［79］臧鑫．物联网在铁路集装箱运输中的应用研究［J］．铁道运输与经济，7（33）．

［80］张玉洁，刘军等．RFID 技术在铁路集装箱堆场进出口的应用［J］．物流科技，2008，2．

［81］北京北科光大信息技术股份有限公司．基于物联网的环境监测管理信息系统白皮书，2011 年 5 月．

［82］韩敏，李书琴，等．智能温室远程监控系统的研究与实现［J］．微计算机信息，2007，29．

［83］北京理工大学自动化学院．智能交通物联网研究报告，2010．

［84］曾韬．物联网在数字油田的应用［J］．电信科学，2010，4．

［85］李祥珍，刘建明．面向智能电网的物联网技术及其应用［J］．电信网技术，2010（8），41-45．

［86］饶威，丁坚勇，李锐．物联网技术在智能电网中的应用［J］．华中电力，2011，2．

［87］李娜，陈晰，等．面向智能电网的物联网信息聚合技术［J］．信息通信技术，2010，4（2）：21-28．

［88］郭文书．物联网工程导论［M］．北京：国家行政学院出版社，2013．

［89］马卫．物联网安全关键技术研究［J］．电脑知识与技术，2013，1．

［90］赵章界，刘海峰．无线传感网中的安全问题［J］．计算机安全，2010，6．

［91］周永彬，冯登国．RFID 安全协议的设计与分析［J］．计算机学报，2006，29（4）．

［92］陈欣，郎为民．射频识别安全问题［J］．电子技术，2006（4）：37-40．

［93］张烨．RFID 中间件安全解决方案研究与开发［D］．上海：上海交通大学，2008．

［94］沈苏彬，范曲立．物联网的体系结构与相关技术研究［J］．南京邮电大学学报，2009，29（6）．

［95］杨庚，许建，陈伟，祁正华，王海勇．物联网安全特征与关键技术［J］．南京邮电大学学报，2010，8．

［96］赵章界，刘海峰．无线传感网中的安全问题［J］．计算机安全，2010，6．

［97］郭俐，毛喜成．射频识别（RFID）系统安全对策技术研究的概述［J］．网络安全技术与应用，2005，9．

［98］曾丽华，熊璋．Key 值更新随机 Hash 锁对 RFID 安令隐私的加强［J］．计算机工程，2007，33（3）．

［99］周永彬，冯登国．RFID 安全协议的设计与分析［J］．计算机学报，2006，29（4）．

［100］李光远．无线传感网入侵检测技术研究［J］．软件导刊，2011，8．

［101］裴庆祺，沈玉龙，马建峰．无线传感器网络安全技术综述［J］．通信学报，2007，8．

［102］曾迎之，苏金树．无线传感器网络安全认证技术综述［J］．计算机应用与软件，2009，3．

［103］李挺，冯勇．网络安全路由研究综述［J］．计算机应用研究，2012，12．

[104] 崔捷,许蕾.无线传感器网络入侵检测系统[J].电子科技,2011,10(24).

[105] 任方,马建峰.物联网感知层一种基于属性的访问控制机制[J].西安电子科技大学学报,2012,4.

[106] 张烨,王东.RFID 中间件及安全解决方案[J].计算机安全,2007,12.

[107] 董建锋,裴立军,王兰英.云计算环境下信息安全分级防护研究[J].技术研究,2011,6.

[108] 朱爱华,杨娜.2G 与 3G 移动网络接入的安全性分析[J].邮电设计技术,2007,1(1).

[109] 李挺,冯勇.无线传感器网络安全路由研究综述[J].计算机应用研究,2012,12.

[110] 王潮.基于可信度的无线传感器网络安全路由算法议的研究[J].计算机研究与发展,2006,43(Z2).

[111] 乔亲旺.物联网应用层关键技术研究[J].电信科学,2011,10.

[112] 凡菊,姜元春.网络隐私问题研究综述[J].情报理论与实践,2008(1).

[113] 李睿阳.物联网中间件系统的研究与设计[D].上海:上海大学,2007.

[114] 付才,洪帆.基于信任保留的移动 Ad-Hoc 网络安全路由协议[J].计算机学报,2007,30(10).

[115] 朱近之.智慧的云计算[M].北京:电子工业出版社,2010.

[116] 张云勇.云计算安全关键技术分析[J].电信科学,2010,9.

[117] 雷吉成.物联网安全技术[M].北京:电子工业出版社,2012.

[118] 任伟.物联网安全[M].北京:清华大学出版社,2012.

[119] 施荣华,杨政宇.物联网安全技术[M],北京:电子工业出版社,2013.

[120] 张振波.4G 无线网络安全若干关键技术研究[J].科技创业家,2014,3.

[121] 朱朝旭,果实,薛磊.4G 网络特性及安全性研究[J].数据通信,2011,3.

[122] http://www.worldembed.com/

[123] http://www.itsvc.com.cn/

[124] http://ka.hanwang.com.cn/

[125] http://tech.sina.com.cn/s/s/2006-06-08/07597221.shtml

[126] http://www.wulian.cc/

[127] http://www.worldembed.com/

[128] http://net.yesky.com/46/2429546.shtml

[129] http://www.chainless.cn/

[130] http://www.frotech.com/

[131] http://www.wuliancg.qianyan.biz/

[132] http://hzcl.alibole.com/

[133] http://tech.ccidnet.com/art/302/20100809/2147073_1.html。

[134] http://www.919.com.cn/

[135] http://www.haier.com/

[136] http://www.5lian.cn/

[137] http://www.3gtx.com.cn/